최상위수학 라이트

이 책을 만드신 선생님

최문섭 최희영 송낙천 한송이 김종군 민승기 남덕우 김의진 이상범 박선영

이 책을 검토하신 선생님

최상위에듀 집필연구소

최상위수학 라이트 중 2-1

펴낸날 [초판 1쇄] 2024년 11월 1일 [초판 3쇄] 2025년 10월 1일
펴낸이 이기열
펴낸곳 (주)디딤돌 교육
주소 (03972) 서울특별시 마포구 월드컵북로 122 청원선와이즈타워
대표전화 02-3142-9000
구입문의 02-322-8451
내용문의 02-336-7918
팩시밀리 02-335-6038
홈페이지 www.didimdol.co.kr
등록번호 제10-718호

Light 라이트 중 2 / 1

최상위 수학

Structure

상위권으로 가는 필수 교재,
최상위 수학 라이트

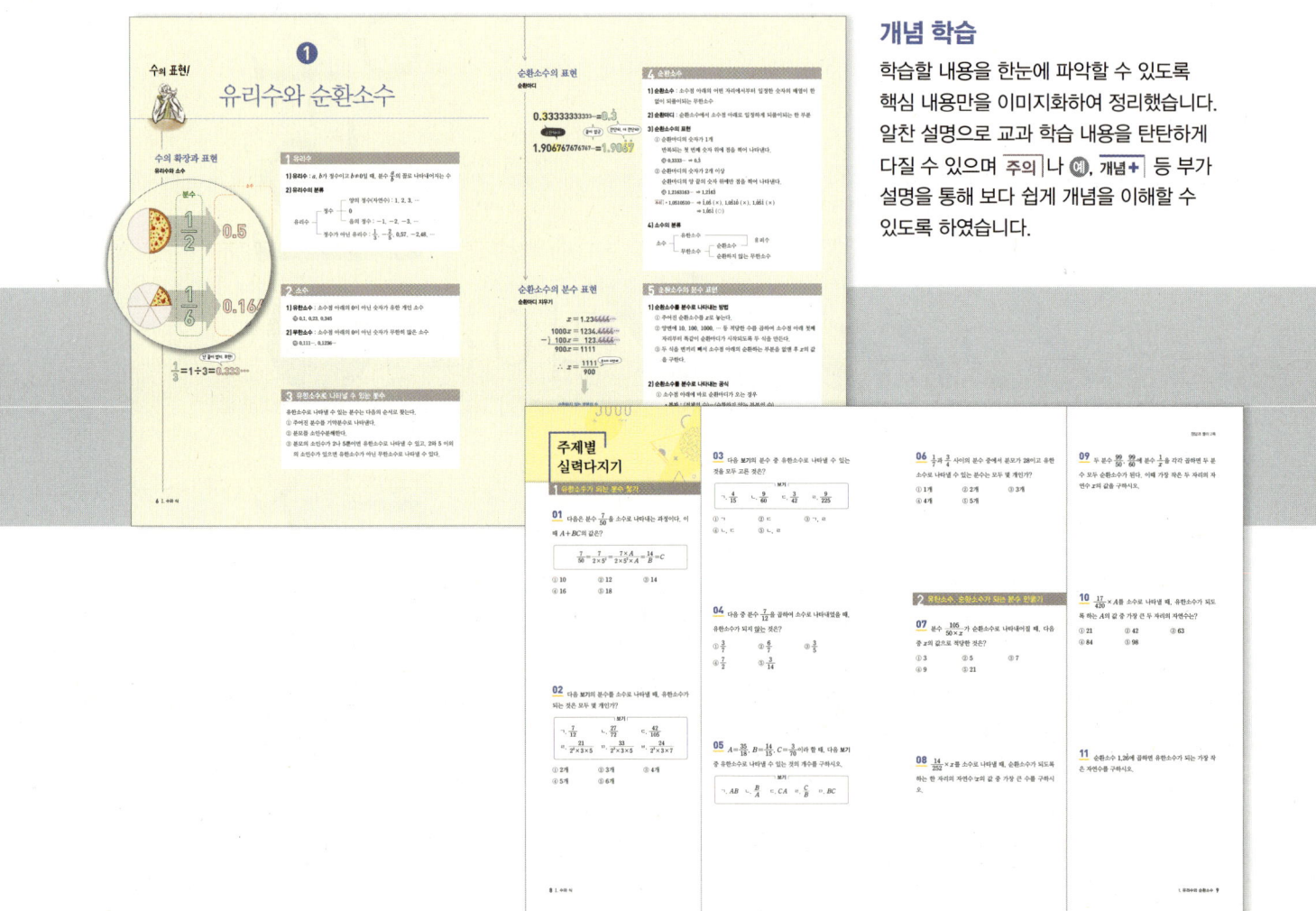

개념 학습

학습할 내용을 한눈에 파악할 수 있도록
핵심 내용만을 이미지화하여 정리했습니다.
알찬 설명으로 교과 학습 내용을 탄탄하게
다질 수 있으며 주의 나 예, 개념+ 등 부가
설명을 통해 보다 쉽게 개념을 이해할 수
있도록 하였습니다.

주제별 실력 다지기

중단원별로 세분화 유형 중 시험에 잘 나오거나
틀리기 쉬운 핵심 유형을 수록하여 집중 연습할 수
있도록 하였습니다. 보다 깊이있는 수학적 개념의
이해를 위한 엄선된 문제를 제시하여 문제해결
능력을 키울 수 있도록 하였습니다.

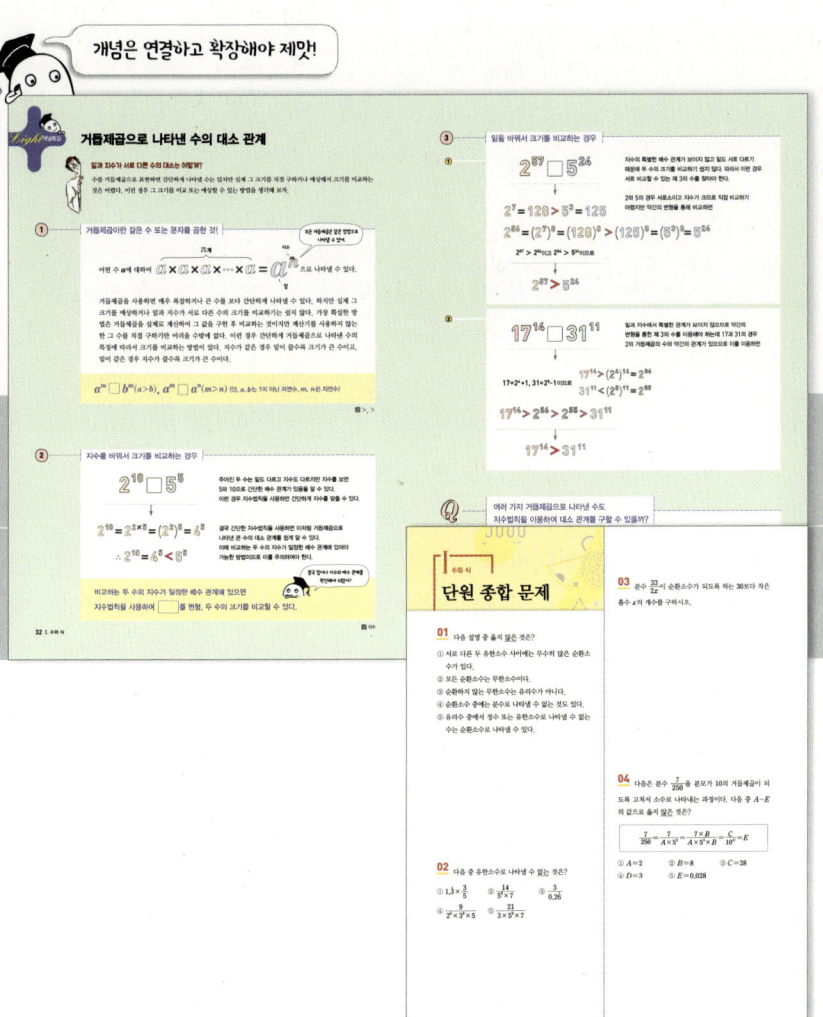

Light 개념특강

학습한 내용에서 자연스럽게 확장되는 과정과 개념을 보여주어 논리적 사고를 넓힐 수 있도록 하였으며, 이를 통해 이후 학습에 대한 방향성을 제시하였습니다.

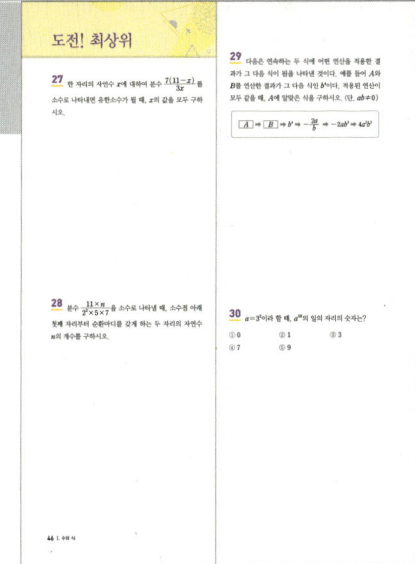

단원 종합 문제

대단원 학습 내용을 정리할 수 있도록 학습 내용, 난이도, 문제 형태를 고려하여 엄선된 문제를 구성하였습니다.

도전! 최상위

최상위 문제의 도전을 통해 학습의 성취감을 느끼며, 심화 학습에 대한 자신감을 가질 수 있도록 하였습니다.

Contents

수와 식

수의 표현!

유리수와 순환소수

1

수의 확장과 표현

유리수와 소수

분수　　　　　소수

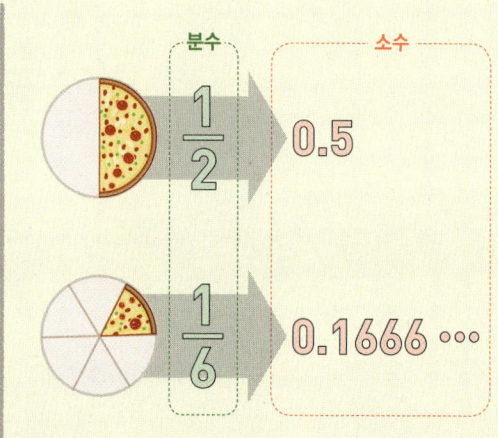

$\dfrac{1}{2}$ ➡ 0.5

$\dfrac{1}{6}$ ➡ 0.1666 …

유리수의 소수 표현

유한소수와 순환소수

난 끝이 있지. 유한!

$\dfrac{1}{2}=1\div2=0.5$

난 끝이 없지. 무한!

$\dfrac{1}{3}=1\div3=0.333\cdots$

1 유리수

1) 유리수 : a, b가 정수이고 $b\neq0$일 때, 분수 $\dfrac{a}{b}$의 꼴로 나타내어지는 수

2) 유리수의 분류

$$
\text{유리수}
\begin{cases}
\text{정수}
\begin{cases}
\text{양의 정수(자연수)} : 1,\ 2,\ 3,\ \cdots \\
0 \\
\text{음의 정수} : -1,\ -2,\ -3,\ \cdots
\end{cases} \\
\text{정수가 아닌 유리수} : \dfrac{1}{3},\ -\dfrac{2}{5},\ 0.57,\ -2.48,\ \cdots
\end{cases}
$$

2 소수

1) 유한소수 : 소수점 아래의 0이 아닌 숫자가 유한 개인 소수

　예 0.1, 0.23, 0.345

2) 무한소수 : 소수점 아래의 0이 아닌 숫자가 무한히 많은 소수

　예 0.111…, 0.1236…

3 유한소수로 나타낼 수 있는 분수

유한소수로 나타낼 수 있는 분수는 다음의 순서로 찾는다.

① 주어진 분수를 기약분수로 나타낸다.

② 분모를 소인수분해한다.

③ 분모의 소인수가 2나 5뿐이면 유한소수로 나타낼 수 있고, 2와 5 이외의 소인수가 있으면 유한소수가 아닌 무한소수로 나타낼 수 있다.

순환소수의 표현

순환마디

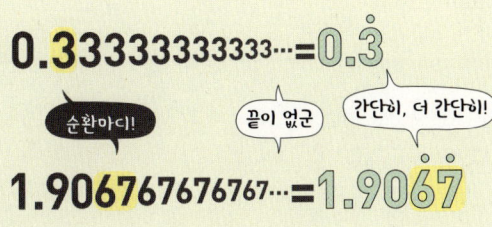

$0.33333333333\cdots = 0.\dot{3}$

순환마디! 끝이 없군 간단히, 더 간단히!

$1.90676767676767\cdots = 1.90\dot{6}\dot{7}$

---

4 순환소수

1) 순환소수 : 소수점 아래의 어떤 자리에서부터 일정한 숫자의 배열이 한없이 되풀이되는 무한소수

2) 순환마디 : 순환소수에서 소수점 아래로 일정하게 되풀이되는 한 부분

3) 순환소수의 표현

① 순환마디의 숫자가 1개

반복되는 첫 번째 숫자 위에 점을 찍어 나타낸다.

예 $0.3333\cdots \Rightarrow 0.\dot{3}$

② 순환마디의 숫자가 2개 이상

순환마디의 양 끝의 숫자 위에만 점을 찍어 나타낸다.

예 $1.2163163\cdots \Rightarrow 1.2\dot{1}6\dot{3}$

주의 • $1.0510510\cdots \Rightarrow \dot{1}.0\dot{5}$ (×), $1.0\dot{5}1\dot{0}$ (×), $1.0\dot{5}\dot{1}$ (×)

$\Rightarrow 1.0\dot{5}1$ (○)

4) 소수의 분류

$$\text{소수} \begin{cases} \text{유한소수} & \longrightarrow \text{유리수} \\ \text{무한소수} \begin{cases} \text{순환소수} \\ \text{순환하지 않는 무한소수} \end{cases} \end{cases}$$

순환소수의 분수 표현

순환마디 지우기

$$x = 1.23\underline{4444}\cdots$$

$$\begin{array}{r} 1000x = 1234.\underline{4444}\cdots \\ -)\quad 100x = 123.\underline{4444}\cdots \\ \hline 900x = 1111 \end{array}$$

분수가 되었네!

$$\therefore x = \frac{1111}{900}$$

순환하지 않는 부분의 수

전체의 수

$$x = 1.23\dot{4} = \frac{1234 - 123}{900} = \frac{1111}{900}$$

순환마디 숫자 1개

소수점 아래 순환하지 않는 숫자 2개

---

5 순환소수의 분수 표현

1) 순환소수를 분수로 나타내는 방법

① 주어진 순환소수를 x로 놓는다.

② 양변에 10, 100, 1000, … 등 적당한 수를 곱하여 소수점 아래 첫째 자리부터 똑같이 순환마디가 시작되도록 두 식을 만든다.

③ 두 식을 변끼리 빼서 소수점 아래의 순환하는 부분을 없앤 후 x의 값을 구한다.

2) 순환소수를 분수로 나타내는 공식

① 소수점 아래에 바로 순환마디가 오는 경우

• 분자 : (전체의 수)−(순환하지 않는 부분의 수)

• 분모 : 순환마디의 숫자의 개수만큼 9를 쓴다.

② 소수점 아래에 바로 순환마디가 오지 않는 경우

• 분자 : (전체의 수)−(순환하지 않는 부분의 수)

• 분모 : 순환마디의 숫자의 개수만큼 9를 쓰고, 그 뒤에 소수점 아래의 순환하지 않는 숫자의 개수만큼 0을 연이어 쓴다.

개념+ 유한소수와 순환소수는 분수로 나타낼 수 있으므로 유리수이다.

예 $0.2 = \frac{2}{10} = \frac{1}{5}$, $0.12 = \frac{12}{100} = \frac{3}{25}$, $0.\dot{3} = \frac{3}{9} = \frac{1}{3}$, $1.\dot{4}\dot{5} = \frac{145 - 1}{99} = \frac{144}{99} = \frac{16}{11}$

1 유한소수가 되는 분수 찾기

01 다음은 분수 $\dfrac{7}{50}$을 소수로 나타내는 과정이다. 이때 $A+BC$의 값은?

$$\frac{7}{50}=\frac{7}{2\times 5^2}=\frac{7\times A}{2\times 5^2\times A}=\frac{14}{B}=C$$

① 10　　　　② 12　　　　③ 14
④ 16　　　　⑤ 18

02 다음 **보기**의 분수를 소수로 나타낼 때, 유한소수가 되는 것은 모두 몇 개인가?

┌─ 보기 ┐
ㄱ. $\dfrac{7}{12}$　　　ㄴ. $\dfrac{27}{72}$　　　ㄷ. $\dfrac{42}{105}$

ㄹ. $\dfrac{21}{2^2\times 3\times 5}$　　ㅁ. $\dfrac{33}{2^3\times 3\times 5}$　　ㅂ. $\dfrac{24}{2^3\times 3\times 7}$
└────────┘

① 2개　　　　② 3개　　　　③ 4개
④ 5개　　　　⑤ 6개

03 다음 **보기**의 분수 중 유한소수로 나타낼 수 있는 것을 모두 고른 것은?

┌─ 보기 ┐
ㄱ. $\dfrac{4}{15}$　　ㄴ. $\dfrac{9}{60}$　　ㄷ. $\dfrac{3}{42}$　　ㄹ. $\dfrac{9}{225}$
└────────┘

① ㄱ　　　　② ㄷ　　　　③ ㄱ, ㄹ
④ ㄴ, ㄷ　　　⑤ ㄴ, ㄹ

04 다음 중 분수 $\dfrac{7}{12}$을 곱하여 소수로 나타내었을 때, 유한소수가 되지 <u>않는</u> 것은?

① $\dfrac{3}{7}$　　　　② $\dfrac{6}{7}$　　　　③ $\dfrac{3}{5}$
④ $\dfrac{7}{2}$　　　　⑤ $\dfrac{3}{14}$

05 $A=\dfrac{35}{18}$, $B=\dfrac{14}{15}$, $C=\dfrac{3}{70}$이라 할 때, 다음 **보기** 중 유한소수로 나타낼 수 있는 것의 개수를 구하시오.

┌─ 보기 ┐
ㄱ. AB　　ㄴ. $\dfrac{B}{A}$　　ㄷ. CA　　ㄹ. $\dfrac{C}{B}$　　ㅁ. BC
└────────┘

06 $\dfrac{1}{7}$과 $\dfrac{3}{4}$ 사이의 분수 중에서 분모가 28이고 유한소수로 나타낼 수 있는 분수는 모두 몇 개인가?

① 1개   ② 2개   ③ 3개

④ 4개   ⑤ 5개

2 유한소수, 순환소수가 되는 분수 만들기

07 분수 $\dfrac{105}{50 \times x}$가 순환소수로 나타내어질 때, 다음 중 x의 값으로 적당한 것은?

① 3   ② 5   ③ 7

④ 9   ⑤ 21

08 $\dfrac{14}{252} \times x$를 소수로 나타낼 때, 순환소수가 되도록 하는 한 자리의 자연수 x의 값 중 가장 큰 수를 구하시오.

09 두 분수 $\dfrac{99}{50}$, $\dfrac{99}{60}$에 분수 $\dfrac{1}{x}$을 각각 곱하면 두 분수 모두 순환소수가 된다. 이때 가장 작은 두 자리의 자연수 x의 값을 구하시오.

10 $\dfrac{17}{420} \times A$를 소수로 나타낼 때, 유한소수가 되도록 하는 A의 값 중 가장 큰 두 자리의 자연수는?

① 21   ② 42   ③ 63

④ 84   ⑤ 98

11 순환소수 $1.2\dot{6}$에 곱하면 유한소수가 되는 가장 작은 자연수를 구하시오.

12 분수 $\dfrac{x}{60}$ 를 소수로 나타내면 소수점 아래의 0이 아닌 숫자가 유한 개이다. 이때 x의 값이 될 수 있는 60보다 작은 자연수의 개수는?

① 9   ② 10   ③ 19
④ 20   ⑤ 25

13 두 분수 $\dfrac{34}{2^3 \times 3 \times 17}$, $\dfrac{22}{5 \times 11^2}$ 에 어떤 자연수 x를 곱하여 소수로 나타내면 두 분수 모두 유한소수가 된다. 다음 중 x의 값이 될 수 있는 것을 모두 고르면? (정답 2개)

① 11   ② 22   ③ 33
④ 55   ⑤ 66

14 두 분수 $\dfrac{11}{396}$, $\dfrac{4}{210}$ 에 어떤 자연수 A를 곱하면 두 분수 모두 유한소수로 나타낼 수 있다. 이때 가장 작은 A의 값을 구하시오.

15 분수 $\dfrac{x}{140}$ 를 소수로 나타내면 유한소수이고, 이 분수를 기약분수로 나타내면 $\dfrac{1}{a}$ 이다. $10 \le x < 20$ 인 자연수 x에 대하여 $x+a$의 값을 구하시오.

16 분수 $\dfrac{a}{360}$ 를 소수로 나타내면 유한소수이고, 이 분수를 기약분수로 나타내면 $\dfrac{7}{b}$ 이다. 이때 $a-b$의 값을 구하시오. (단, a는 두 자리의 자연수)

3 순환마디를 이용하여 소수점 아래 특정 자리의 숫자 찾기

17 순환소수 $0.2\dot{4}\dot{3}$에서 순환마디의 숫자의 개수를 a개, 소수점 아래 100번째 자리의 숫자를 b라 할 때, $a+b$의 값을 구하시오.

18 규칙적으로 반복되는 수의 합

$\dfrac{1}{10}+\dfrac{3}{10^3}+\dfrac{1}{10^5}+\dfrac{3}{10^7}+\cdots$ 을 계산하여 순환소수로 나타냈을 때, 소수점 아래 15번째 자리의 숫자를 구하시오.

19 다음 중 소수점 아래 30번째 자리의 숫자가 가장 큰 수는?

① $41.\dot{5}$ ② $2.\dot{4}\dot{6}$ ③ $0.\dot{4}7\dot{3}$
④ $1.1\dot{1}\dot{3}$ ⑤ $0.69\dot{1}\dot{5}$

20 다음 순환소수 중 소수점 아래 20번째 자리의 숫자가 2가 아닌 것은?

① $2.\dot{1}\dot{2}$ ② $0.2\dot{2}\dot{1}$ ③ $0.\dot{4}2857\dot{1}$
④ $0.\dot{2}\dot{4}$ ⑤ $0.\dot{1}2\dot{3}$

21 $3.3+0.03+0.007+0.0003+0.00007$
$+0.000003+0.0000007+\cdots$

을 계산한 수는 소수점 아래 101번째 자리까지 3이 모두 몇 번 나오는지 구하시오.

22 순환소수 $1.\dot{2}345\dot{6}$에 대하여 소수점 아래 25번째 자리의 숫자와 52번째 자리의 숫자의 차를 구하시오.

23 순환소수 $0.4\dot{5}8\dot{7}$의 소수점 아래 첫 번째 자리의 숫자부터 소수점 아래 50번째 자리의 숫자까지의 합은?

① 324   ② 326   ③ 327

④ 329   ⑤ 330

24 분수 $\dfrac{1}{6}$을 소수로 나타낼 때, 소수점 아래 20번째 자리의 숫자 a에 대하여 $a^2 - a$의 값을 구하시오.

25 분수 $\dfrac{3}{11}$을 소수로 나타낼 때, 소수점 아래 n번째 자리의 숫자를 x_n이라 하자. 이때 $x_{100} - x_{77}$의 값은?

① 5   ② 3   ③ 0

④ -3 ⑤ -5

26 분수 $\dfrac{9}{37}$를 순환소수로 나타낼 때, 소수점 아래 100번째 자리의 숫자와 86번째 자리의 숫자의 합을 구하시오.

4 순환소수를 분수로 고치는 방법

27 다음은 순환소수 $0.2\dot{1}\dot{7}$을 분수로 나타내는 과정의 일부이다. 다음 중 이 과정에 대한 설명으로 옳지 <u>않은</u> 것은?

$$
\begin{aligned}
x &= 0.2171717\cdots &&\cdots\cdots\; \bigcirc \\
\boxed{\text{(가)}} &= 217.171717\cdots &&\cdots\cdots\; \bigcirc \\
10x &= \boxed{\text{(나)}} &&\cdots\cdots\; \bigcirc
\end{aligned}
$$

① $0.2\dot{1}\dot{7}$의 순환마디는 17이다.

② (가)에 알맞은 식은 $100x$이다.

③ (나)에 알맞은 수는 $2.171717\cdots$이다.

④ $\bigcirc - \bigcirc$을 계산하여 x의 값을 구한다.

⑤ $x = \dfrac{43}{198}$이다.

28 다음은 순환소수 $0.\dot{2}\dot{3}$을 분수로 나타내는 과정이다. □ 안에 알맞은 수를 써넣으시오.

$$
\begin{aligned}
0.\dot{2}\dot{3} = x\text{라 하면 } x &= 0.2323\cdots \\
\boxed{}\, x &= 23.2323\cdots \\
-)\qquad\qquad x &= 0.2323\cdots \\
\boxed{}\, x &= 23 \\
\therefore\; x &= \boxed{}
\end{aligned}
$$

29 다음은 순환소수 $0.1\dot{5}$를 분수로 나타내는 과정이다. □ 안에 알맞은 수를 써넣으시오.

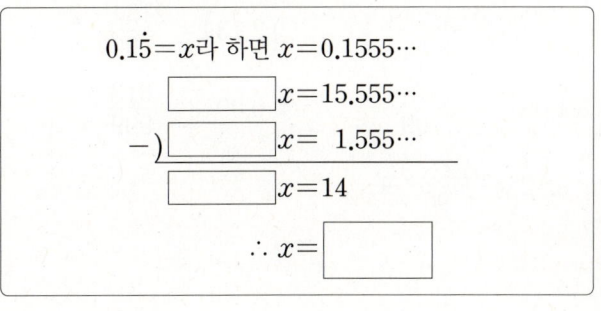

$$
\begin{aligned}
0.1\dot{5} = x\text{라 하면 } x &= 0.1555\cdots \\
\boxed{}\; x &= 15.555\cdots \\
-)\; \boxed{}\; x &= 1.555\cdots \\
\boxed{}\; x &= 14 \\
\therefore\; x &= \boxed{}
\end{aligned}
$$

30 다음 순환소수를 x로 놓고 분수로 나타낼 때, 가장 편리한 식이 $1000x - 100x$인 것은?

① $3.1\dot{2}\dot{0}$ ② $0.42\dot{9}$ ③ $7.5\dot{8}$

④ $16.\dot{2}$ ⑤ $54.\dot{3}\dot{2}$

31 다음 순환소수 x를 분수로 나타내는 데 가장 편리한 식을 **보기**에서 각각 고르시오.

> **보기**
> ㄱ. $10x - x$ ㄴ. $100x - x$
> ㄷ. $100x - 10x$ ㄹ. $1000x - x$
> ㅁ. $1000x - 10x$ ㅂ. $1000x - 100x$

(1) $x = 0.8\dot{5}$ (2) $x = 3.\dot{1}\dot{7}$

(3) $x = 0.69\dot{5}$ (4) $x = 16.2\dot{4}\dot{8}$

32 다음 중 순환소수를 분수로 나타내는 식으로 옳은 것은?

① $8.\dot{1}\dot{4}=\dfrac{814-14}{90}$ ② $2.1\dot{3}\dot{4}=\dfrac{2134-2}{909}$

③ $1.0\dot{5}\dot{7}=\dfrac{1057-10}{99}$ ④ $0.0\dot{9}1\dot{3}=\dfrac{913}{999}$

⑤ $5.1\dot{2}=\dfrac{512-51}{90}$

33 다음 보기에서 순환소수를 분수로 나타내는 옳은 식을 모두 고른 것은?

보기
ㄱ. $2.\dot{3}\dot{7}=\dfrac{37-2}{99}$ ㄴ. $1.\dot{5}=\dfrac{15}{90}$

ㄷ. $1.\dot{0}\dot{5}=\dfrac{105-1}{99}$ ㄹ. $0.2\dot{6}=\dfrac{26-2}{90}$

① ㄱ, ㄴ   ② ㄱ, ㄹ   ③ ㄴ, ㄷ
④ ㄷ, ㄹ   ⑤ ㄴ, ㄷ, ㄹ

34 순환소수 $0.151515\cdots$를 기약분수로 나타낼 때, 분모와 분자의 합을 구하시오.

35 $0.3\dot{7}\dot{2}=a\times369$를 만족시키는 a의 값을 순환소수로 나타내면?

① $0.00\dot{1}$ ② $0.\dot{0}0\dot{1}$ ③ $0.\dot{0}\dot{0}\dot{1}$
④ 0.001 ⑤ $0.\dot{0}\dot{1}$

36 $\dfrac{1}{2}(0.4+0.02+0.004+0.0002+\cdots)$를 간단히 하면 $\dfrac{7}{x}$이다. 이때 x의 값을 구하시오.

5 유리수와 소수의 이해

37 다음 설명 중 옳은 것을 모두 고르면? (정답 2개)

① 유리수 중에는 분수로 나타낼 수 없는 수도 있다.

② 모든 유리수는 정수 또는 유한소수 또는 무한소수로 나타낼 수 있다.

③ 모든 유한소수는 유리수이다.

④ $\frac{4}{3}$는 유한소수로 나타낼 수 있다.

⑤ 0.345345는 무한소수이다.

38 다음 설명 중 옳은 것은?

① 무한소수는 모두 유리수가 아니다.

② 무한소수는 모두 순환소수이다.

③ 기약분수의 분모가 2와 5만의 곱으로 된 분수는 유한소수로 나타낼 수 있다.

④ 소수의 정수 부분도 순환마디가 될 수 있다.

⑤ 정수가 아닌 유리수 중에는 유한소수 또는 순환소수로 나타낼 수 없는 것도 있다.

39 다음 설명 중 옳은 것은?

① 무한소수는 유리수이다.

② 모든 순환소수는 분수로 나타낼 수 있다.

③ 0이 아닌 모든 유리수는 유한소수로 나타낼 수 있다.

④ 유리수 중에는 순환하지 않는 무한소수로 나타내어지는 것도 있다.

⑤ 분모가 소수의 곱으로만 된 분수는 항상 무한소수로 나타내어진다.

40 $1 < x \le 100$이고 x는 정수일 때, 분수 $\frac{1}{x}$이 유한소수가 되게 하는 x의 개수를 구하시오.

41 x에 대한 일차방정식 $75x-10=2a$의 해가 유한소수일 때, a가 될 수 있는 가장 작은 자연수를 구하시오.

42 $\dfrac{1}{7}<0.\dot{x}<\dfrac{1}{3}$을 만족시키는 한 자리의 자연수 x의 값을 구하시오.

43 두 유리수 x, y에 대하여 연산 $x\circledcirc y$를

$$\begin{cases} x>y\text{이면 } x-y \\ x=y\text{이면 } 1 \\ x<y\text{이면 } y-x \end{cases}\text{라고 하자.}$$

$a=0.\dot{2}$, $b=0.\dot{3}$, $c=\dfrac{4}{9}$, $d=\dfrac{5}{9}$일 때, $(a\circledcirc c)\circledcirc(d\circledcirc b)$의 값을 구하시오.

44 한 자리의 자연수 a, b에 대하여 $0.\dot{a}\dot{b}+0.\dot{b}\dot{a}=1.\dot{3}$일 때, $a+b$의 값은?

① 11   ② 12   ③ 13
④ 14   ⑤ 15

45 $\dfrac{805}{1111}=\dfrac{x_1}{10}+\dfrac{x_2}{10^2}+\dfrac{x_3}{10^3}+\cdots$을 만족시키는 음이 아닌 한 자리의 정수 x_1, x_2, x_3, $\cdots$, x_{99}에 대하여 $x_1-x_2+x_3-x_4+\cdots+x_{99}$의 값을 구하시오.

46 어떤 유리수에 0.1을 곱해야 하는데 잘못하여 $0.\dot{1}$을 곱하였더니 그 계산 결과가 정답보다 $1.\dot{1}$만큼 커졌다. 이때 어떤 유리수는?

① 99
② 100
③ 990
④ 999
⑤ 1000

47 유리수 A에 $0.0\dot{7}$을 곱해야 하는데 잘못하여 0.07을 곱하였더니 그 계산 결과가 정답보다 0.02만큼 작아졌다. 이때 A의 값은?

① $-\dfrac{18}{7}$
② $-\dfrac{15}{7}$
③ $\dfrac{13}{7}$
④ $\dfrac{15}{7}$
⑤ $\dfrac{18}{7}$

48 어떤 기약분수를 순환소수로 나타내는데 현정이는 분자를 잘못 보고 계산하여 $3.\dot{1}\dot{8}$이 되었고, 나연이는 분모를 잘못 보고 계산하여 $2.7\dot{6}$이 되었다. 이때 처음 기약분수는?

① $\dfrac{11}{83}$
② $\dfrac{33}{83}$
③ $\dfrac{83}{99}$
④ $\dfrac{83}{33}$
⑤ $\dfrac{83}{11}$

49 어떤 기약분수를 순환소수로 나타내는데 은정이는 분자를 잘못 보아서 $2.7\dot{3}$이 되었고, 현정이는 분모를 잘못 보아서 $1.\dot{8}\dot{4}$가 되었다. 처음 기약분수를 구하시오.

50 어떤 기약분수를 소수로 나타내는데 희영이는 분모를 잘못 보고 풀어 $0.20\dot{2}$로 나타내었고, 나연이는 분자를 잘못 보고 풀어 $0.2\dot{7}$로 나타내었다. 처음 기약분수를 순환소수로 나타내시오.

식을 간단히!

단항식의 계산

수의 계산

지수법칙

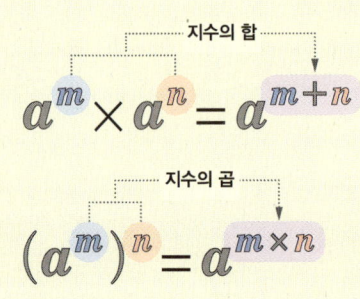

지수의 합

$$a^m \times a^n = a^{m+n}$$

지수의 곱

$$(a^m)^n = a^{m \times n}$$

$m > n$일 때

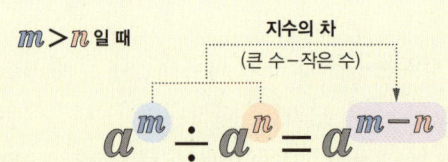

지수의 차
(큰 수−작은 수)

$$a^m \div a^n = a^{m-n}$$

$m = n$일 때

$$a^m \div a^n = 1$$

$m < n$일 때

지수의 차
(큰 수−작은 수)

$$a^m \div a^n = \frac{1}{a^{n-m}}$$

지수의 분배

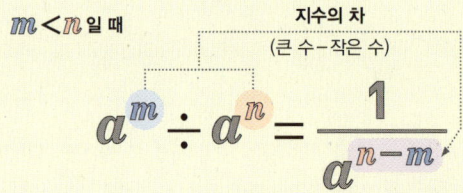

$$(ab)^m = a^m b^m$$

지수의 분배

$$\left(\frac{a}{b}\right)^m = \frac{a^m}{b^m}$$

1 지수법칙

1) 지수법칙 (1) : m, n이 자연수일 때,

$$a^m \times a^n = a^{m+n}$$

➡ 밑이 같을 때 거듭제곱의 곱은 지수끼리 더한다.

2) 지수법칙 (2) : m, n이 자연수일 때,

$$(a^m)^n = a^{mn}$$

➡ 거듭제곱으로 나타낸 수의 거듭제곱은 지수끼리 곱한다.

3) 지수법칙 (3) : $a \neq 0$이고 m, n이 자연수일 때,

$$a^m \div a^n = \begin{cases} a^{m-n} & (m>n) \\ 1 & (m=n) \\ \dfrac{1}{a^{n-m}} & (m<n) \end{cases}$$

➡ 밑이 같을 때 거듭제곱의 나눗셈은 지수끼리 뺀다.

4) 지수법칙 (4) : n이 자연수일 때,

$$(ab)^n = a^n b^n, \quad \left(\frac{a}{b}\right)^n = \frac{a^n}{b^n} \ (단,\ b \neq 0)$$

➡ 밑이 곱 또는 분수로 되어 있는 수의 거듭제곱은 괄호 안의 모든 문자나 숫자에 각각 분배하듯이 거듭제곱해 준다.

2 지수법칙의 활용

1) 주어진 등식의 지수에 미지수가 있을 때에는 양변의 밑이 같도록 변형한 다음 밑이 같으면 지수가 같다는 성질을 이용한다.

$$a^x = a^y \ (단,\ a>0,\ a \neq 1) \ \Rightarrow \ x=y$$

2) 자연수의 자릿수를 구할 때에는 주어진 수를 소인수분해한 후 2와 5의 지수가 같아지도록 변형하여 $a \times 10^k$(단, a, k는 자연수)의 꼴로 나타낸다.

(구하는 자릿수)=(a의 자릿수)+k

㉮ $2^7 \times 5^5 = 2^2 \times 2^5 \times 5^5 = 4 \times (2 \times 5)^5 = 4 \times 10^5 = 400000$

➡ $1+5=6$, 즉 6자리의 수

식의 계산

단항식의 곱셈과 나눗셈

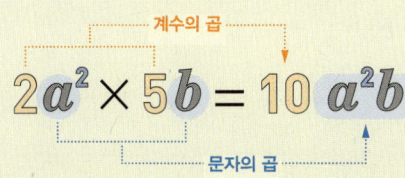

계수의 곱
$$2a^2 \times 5b = 10\, a^2 b$$
문자의 곱

방법 1

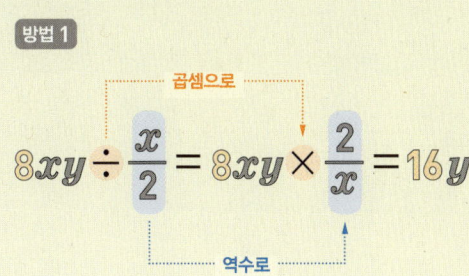

곱셈으로
$$8xy \div \frac{x}{2} = 8xy \times \frac{2}{x} = 16y$$
역수로

방법 2

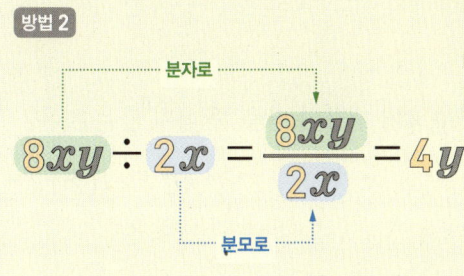

분자로
$$8xy \div 2x = \frac{8xy}{2x} = 4y$$
분모로

$$3x \times 6x^2 \div (3x)^2$$

거듭제곱을 간단히 ↓

$$=3x \times 6x^2 \div 9x^2$$

나눗셈을 곱셈으로 ↓

$$=3x \times 6x^2 \times \frac{1}{9x^2}$$

계수는 계수끼리, 문자는 문자끼리

$$=\left(3 \times 6 \times \frac{1}{9}\right) \times \left(x \times x^2 \times \frac{1}{x^2}\right)$$

$$=2x$$

---

3 단항식의 곱셈

계수는 계수끼리, 문자는 문자끼리 각각 곱한다.

1) 같은 문자끼리의 곱셈은 지수법칙을 이용하여 간단히 한다.

2) 전체 부호는 $(-)$가
┌ 홀수 개 곱해지면 $(-)$
└ 짝수 개 곱해지면 $(+)$ ┘로 결정한다.

3) 단항식의 곱셈은 다음과 같은 순서로 계산하면 편리하다.

$$\boxed{\text{부호 결정}} \Rightarrow \boxed{\text{계수(숫자)의 곱}} \Rightarrow \boxed{\text{문자의 곱}}$$

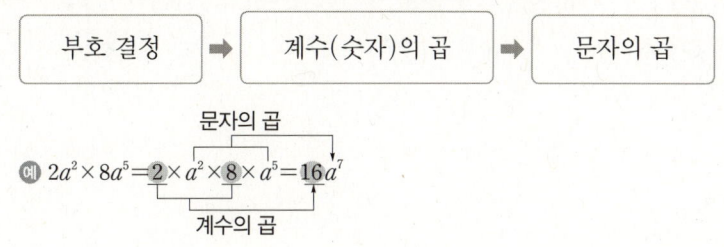

문자의 곱
예 $2a^2 \times 8a^5 = 2 \times a^2 \times 8 \times a^5 = 16a^7$
계수의 곱

---

4 단항식의 나눗셈

계수는 계수끼리, 문자는 문자끼리 각각 계산한다.

1) 나누는 식의 역수를 곱한다. 즉, $\div a$는 $\times \dfrac{1}{a}$로 바꾸어 계산한다.

곱셈
예 $6ab \div 3a = 6ab \times \dfrac{1}{3a} = \left(6 \times \dfrac{1}{3}\right) \times \left(ab \times \dfrac{1}{a}\right) = 2b$
역수

2) 나눗셈을 분수로 나타내어 계산한다.

예 $6ab \div 3a = \dfrac{6ab}{3a} = 2b$

---

5 단항식의 곱셈과 나눗셈의 혼합 계산

단항식의 곱셈과 나눗셈이 함께 있는 식은 다음과 같은 순서로 계산한다.

① 괄호가 있으면 지수법칙을 이용하여 괄호를 푼다.

② 나눗셈은 나누는 식의 역수를 곱하여 곱셈으로 바꾼다.

③ 전체 부호를 결정한 후 계수는 계수끼리, 문자는 문자끼리 각각 곱하여 계산한다.

예 $4a \div (2a^2)^3 \times 6a^7 = 4a \div 8a^6 \times 6a^7$ ← 괄호를 푼다.

$= 4a \times \dfrac{1}{8a^6} \times 6a^7$ ← 나눗셈을 곱셈으로 바꾼다.

$= \left(4 \times \dfrac{1}{8} \times 6\right) \times \left(a \times \dfrac{1}{a^6} \times a^7\right)$ ← 계수는 계수끼리, 문자는 문자끼리 계산한다.

$= 3a^2$

주제별
실력다지기

1 지수법칙

01 다음 중 옳지 <u>않은</u> 것을 모두 고르면? (정답 2개)

① $(3^2)^3 = (-3)^6$ ② $(-3^5)^2 = 3^{10}$ ③ $7^{15} = (-7^3)^5$

④ $(8^2)^3 = (2^3)^3$ ⑤ $(9^3)^5 = (27^5)^2$

02 $5^8 \div 5^3 \div 5^a = 1$일 때, a의 값은?

① 1   ② 2   ③ 3

④ 4   ⑤ 5

03 다음 ☐ 안에 알맞은 수들의 합은?

(가) $a^{12} \div a^{\square} \div a^4 = a^5$
(나) $b^8 \div b^5 \div b^{\square} = 1$
(다) $c^6 \div c^4 \div c^4 = \dfrac{1}{c^{\square}}$

① 5   ② 6   ③ 7

④ 8   ⑤ 9

04 자연수 n에 대하여 다음 중 옳지 <u>않은</u> 것은?

① $2^n + 2^n = 2 \times 2^n$ ② $2^n \times 2^{n+1} = (2^2)^{n+1}$

③ $2^n \div 2^n = 1$ ④ $(2^n)^n = 2^{n^2}$

⑤ $2^n - 2^{n-1} = 2^{n-1}$

05 $1 \times 2 \times 3 \times 4 \times \cdots \times 20 = 2^a \times 3^b \times 5^c \times A$일 때, $a+b+c$의 최댓값을 구하시오.

2 지수법칙의 활용

06 $4^2+4^2+4^2+4^2$을 2의 거듭제곱으로 나타내면?

① 2^5　　　　② 2^6　　　　③ 2^8

④ 2^{12}　　　　⑤ 2^{16}

07 자연수 n에 대하여
$(-1)^{2n+1}-(-1)^{n+2}+(-1)^{2n}$의 값이 될 수 있는 것을 모두 고르면? (정답 2개)

① -3　　　　② -2　　　　③ -1

④ 1　　　　⑤ 2

08 양의 정수 x, y에 대하여 $M(x^y)=x+y$로 약속할 때, $M(3^{2(n-2)}\div 9^{n-3})$의 값을 구하시오. (단, x는 소수)

09 다음 등식을 만족시키는 x, y의 값은?

$$2^{x+5}=4^{x+1},\ 5^{2y+2}=25^{2y}$$

① $x=3,\ y=1$　　② $x=3,\ y=2$　　③ $x=3,\ y=3$

④ $x=4,\ y=1$　　⑤ $x=4,\ y=2$

10 $16^x\times 32^2\div 2^6=4^{12}$일 때, x의 값은?

① 1　　　　② 2　　　　③ 3

④ 4　　　　⑤ 5

11 두 수 3^{20}, 5^{15}의 대소 관계를 구하시오.

14 $2^{5n+a} \div 32^{n+a} = 4^2$을 만족시키는 a의 값은?

① -2 ② -1 ③ 0

④ 1 ⑤ 2

3 간단한 지수방정식

12 $125^{2x-4} = (5^2)^{x+4}$을 만족시키는 x의 값은?

① 3 ② 5 ③ 7

④ 9 ⑤ 11

15 $2^{x+2} + 2^{x+1} + 2^x = 448$을 만족시키는 x의 값은?

① 3 ② 4 ③ 5

④ 6 ⑤ 7

13 $3^{2x} \times 81^{2x} = 9^7 \times 27^x$일 때, x의 값을 구하시오.

16 $x^{x+3} = x^{2x-1}$을 만족시키는 자연수 x의 값을 모두 구하시오.

4 단항식의 곱셈과 나눗셈

17 오른쪽 그림과 같은 평행사변형의 넓이는?

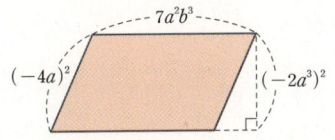

① $-112a^4b^3$

② $-14a^5b^3$

③ $-14a^{12}b^3$

④ $28a^8b^3$

⑤ $112a^4b^3$

18 오른쪽 그림은 부피가 $18a^2b^2$인 직육면체이다. 이 직육면체의 밑면의 가로, 세로의 길이가 각각 $3a$, $2b$일 때, 높이는?

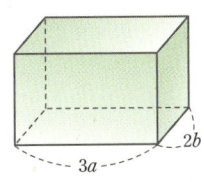

① $6a$ ② $9b$ ③ $2ab$

④ $3ab$ ⑤ $3a^2b^2$

19 다음 □ 안에 알맞은 수가 나머지 넷과 다른 하나는?

① $a^4 \times a^{\square} = a^9$ ② $(x^2)^{\square} = x^{10}$

③ $(xy^2)^3 \times x^2 = x^{\square}y^6$ ④ $a^8 \div a^{\square} = \dfrac{1}{a^3}$

⑤ $a^{\square} \div a^5 = 1$

20 $\left(\dfrac{\square a^4}{b^2c^5}\right)^3 = \dfrac{-64a^{12}}{b^6c^{\square}}$일 때, □ 안에 알맞은 수들의 합을 구하시오.

21 다음 중 옳지 <u>않은</u> 것을 모두 고르면? (정답 2개)

① $3^2+3^2+3^2+3^2=3^8$

② $2^3×2^5+3^7×3=2^8+3^8$

③ $x^{19}-x^9=x^{10}$

④ $\{(-3a^2b^3)^2\}^2=81a^8b^{12}$

⑤ $(-5x^2y)×xy^3=-5x^3y^4$

22 다음 중 옳은 것을 모두 고르면? (정답 2개)

① $2x^3×5x^2=10x^6$

② $(3x^2)^2×(-2xy^2)^3=36x^7y^6$

③ $4x^2y÷2xy^2=\dfrac{2x}{y}$

④ $(-x^2y)^2×4xy=-4x^5y^3$

⑤ $(-x)^4÷(-3x)^3=-\dfrac{x}{27}$

23 $6a^2×\dfrac{3a}{2b^2}×\left(-\dfrac{b}{3a}\right)^3$을 간단히 하면?

① $-b$ ② $-\dfrac{1}{3}b$ ③ $-\dfrac{1}{3}a^2b$

④ $-ab^2$ ⑤ $-a^2b^2$

24 $(2xy^2)^3×(-4xy^4)×(-3x^2y)^2=ax^by^c$일 때, 상수 $a,\ b,\ c$에 대하여 $a+b+c$의 값은?

① -24 ② -124 ③ -172

④ -196 ⑤ -268

25 $(a^2b)^x÷(ab)^5=a^7b^y$일 때, $x+y$의 값은?

① 3 ② 4 ③ 5

④ 6 ⑤ 7

26 다음 식을 간단히 하면?

$$72x^{10}y^7 \div (-3x^2y^3)^2 \div \left(-\frac{4}{3}xy^2\right)^2$$

① $-\frac{9}{2}x^4y^3$　　② $\frac{2}{9x^4y^3}$　　③ $\frac{9x^4}{2y^3}$

④ $18x^4y^3$　　⑤ $18x^3y^4$

5 단항식의 곱셈과 나눗셈의 혼합 계산

27 $(a^2b)^3 \times a^3b^4 \div (ab)^5 \times (ab^2)^2$을 간단히 하면?

① a^3b^2　　② a^3b^5　　③ a^5b^5

④ a^5b^6　　⑤ a^6b^6

28 $(xy^2z)^3 \div \left(\frac{1}{3}xyz\right)^2 \times \frac{x^2z}{3y} = ax^by^cz^d$일 때, 상수 a, b, c, d에 대하여 $a+b+c+d$의 값은?

① 3　　② 5　　③ 7

④ 9　　⑤ 11

29 다음 □ 안에 알맞은 식은?

$$(-6x^3y)^2 \div (6x^2y)^2 \times \boxed{} = -6x^3y^2$$

① $-6xy^2$　　② $-6x^2y$　　③ $6xy$

④ $6x^2y^2$　　⑤ $36xy$

30 $(-2x^4y^6) \div A = \dfrac{A^2}{-4x^5y^3}$일 때, 단항식 A는?

① $-2xy$　　② $2xy$　　③ $2xy^2$

④ $2x^2y$　　⑤ $2x^3y^3$

31 $(-ab^2)^3 \div \{ \square \div (3a^2b)^2 \} \times \dfrac{1}{9}a^4b = -ab$일 때, $\square$ 안에 알맞은 식을 구하시오.

34 어떤 식 A에 $(-2a^3b)^2$을 곱해야 할 것을 잘못하여 나누었더니 $-\dfrac{b}{16a}$가 되었다. 어떤 식 A와 바르게 계산한 답을 각각 구하시오.

---

6 단항식의 곱셈과 나눗셈의 응용

32 $\dfrac{2^3 + 2^3}{9^2 + 9^2 + 9^2} \times (3^2 + 3^2 + 3^2)$을 간단히 하면?

① $\dfrac{16}{3}$ ② $\dfrac{16}{9}$ ③ $\dfrac{4}{3}$

④ $\dfrac{4}{9}$ ⑤ $\dfrac{1}{3}$

35 m은 짝수, n은 홀수일 때, $\dfrac{(-a)^{m+1} \times (-1)^{mn}}{a^m \times (-1)^{m-n}}$을 간단히 하시오.

(단, $a \neq 0$, $m > n$)

33 어떤 식에 $4a^2b$를 곱해야 할 것을 잘못하여 나누었더니 $2a^2b^7$이 되었다. 이때 바르게 계산한 답은?

① $\dfrac{2}{b^6}$ ② $\dfrac{8a^2}{b^5}$ ③ $8a^4b^8$

④ $16a^6b^{15}$ ⑤ $32a^6b^9$

7 단항식의 혼합 계산의 활용 – 도형

36 오른쪽 그림과 같이 밑면의 반지름의 길이가 r이고 높이가 h인 원기둥이 있다. 이 원기둥의 부피가 밑면의 반지름의 길이가 $2r$인 원뿔의 부피와 같을 때, 원뿔의 높이를 구하시오.

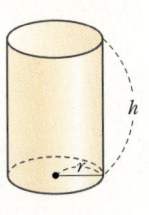

37 다음 그림의 직사각형과 삼각형의 넓이가 서로 같을 때, 직사각형의 세로의 길이는?

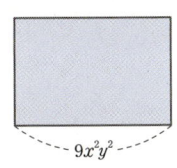

① xy ② x^2y^2 ③ x^3y^2
④ $2xy^2$ ⑤ $2x^3y^2$

38 오른쪽 그림과 같이 밑면의 가로의 길이가 $8a^2b$, 세로의 길이가 $\frac{1}{4}ab^5$인 직육면체의 부피가 $32a^5b^6$일 때, 이 직육면체의 높이는?

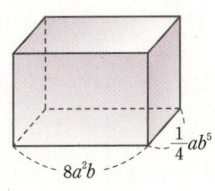

① $16a^2$ ② $16a^2b$ ③ $16a^3b$
④ $8ab^2$ ⑤ $8a^2b$

39 다음 그림과 같은 원기둥과 원뿔이 있다. 이때 원기둥의 부피는 원뿔의 부피의 몇 배인가?

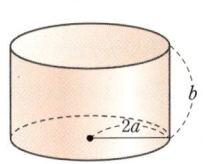 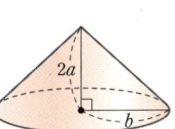

① $\frac{b}{6a}$배   ② $\frac{6a}{b}$배   ③ $\frac{a}{b}$배
④ $\frac{1}{3}$배   ⑤ $\frac{1}{2}$배

40 오른쪽 그림과 같은 직각 삼각형 ABC에서 $\overline{AC}$를 회전 축으로 하여 1회전 시킬 때 생기는 회전체의 부피를 V_1, $\overline{BC}$를 회전축으로 하여 1회전 시킬 때 생기는 회전체의 부피를 V_2라 할 때, $\dfrac{V_1}{V_2}$을 간단히 나타내면?

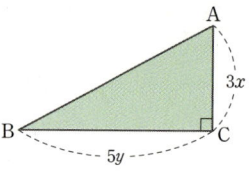

① $\dfrac{5x}{3y}$ 　　② $\dfrac{3x}{5y}$ 　　③ $\dfrac{5y}{3x}$

④ $\dfrac{3y}{5x}$ 　　⑤ $\dfrac{y}{x}$

8 주어진 문자를 이용하여 식 나타내기

41 $P=2^4$이라 할 때, 32^{24}을 P를 이용하여 나타내면?

① $30-P^{30}$　　② $30P^{30}$　　③ P^{30}

④ $\dfrac{P^{29}}{30}$　　⑤ $\dfrac{30}{P^{29}}$

42 $A=3^4$이라 할 때, $9^4 \div 9^7$을 A를 이용하여 나타내면?

① $9A$　　　　② $3A^2$　　　　③ $9A^2$

④ $\dfrac{1}{9A}$　　　⑤ $\dfrac{1}{3A}$

43 $2^3=x$라 할 때, $\dfrac{1}{16^6}$을 x를 이용하여 나타내면?

① $\dfrac{1}{x^8}$　　② $\dfrac{1}{x^4}$　　③ $\dfrac{1}{x^2}$

④ x^4　　　⑤ x^8

44 $2^{50}=a$라 할 때, $2^{51}-2^{49}$을 a를 이용하여 나타내면?

① $\dfrac{1}{2}a$ ② a ③ $\dfrac{3}{2}a$

④ $2a$ ⑤ $\dfrac{5}{2}a$

46 $2^{2x-1}=a$일 때, 4^x을 a를 이용하여 나타내면?

① a ② a^2 ③ $2a$

④ $2a^2$ ⑤ $\dfrac{1}{2}a$

45 2^{10}을 1000으로 계산할 때, 0.8^{10}의 값을 소수로 나타내면?

① 0.1 ② 0.01 ③ 0.001

④ 0.2 ⑤ 0.02

47 $a=5^{x+1}$일 때, 5^{2x+1}을 a를 이용하여 나타내면?

① $\dfrac{a^2}{25}$ ② $\dfrac{a^2}{5}$ ③ a^2

④ $5a^2$ ⑤ $25a^2$

48 $2^{x+1}=a$, $3^{x+1}=b$일 때, 6^x을 a, b를 이용하여 나타내시오.

9 자연수의 자릿수 구하기

50 $4^{12} \times 5^{24}$은 몇 자리의 자연수인가?

① 12자리   ② 17자리   ③ 24자리
④ 25자리   ⑤ 36자리

49 $A=9^x$, $B=3^{2x+1}$일 때, 다음 중 계산 결과가 $A+B$와 같은 것은?

① $4A$ ② $5A$ ③ $4B$
④ $5B$ ⑤ AB

51 $4 \times 25 \times 32 \times 125$는 n자리의 자연수이다. 이때 n의 값은?

① 5   ② 6   ③ 7
④ 9   ⑤ 12

52 $4^5 \times 25^x$이 12자리의 자연수일 때, x의 값을 구하시오. (단, x는 자연수)

53 $\dfrac{2^{29} \times 15^{16}}{6^{14}}$은 몇 자리의 자연수인가?

① 13자리　　② 14자리　　③ 15자리
④ 16자리　　⑤ 17자리

54 $2^8 \times 25^3$을 $a \times 10^n$의 꼴로 나타내려고 한다. 자연수 a, n에 대하여 a가 최솟값을 가질 때, $a+n$의 값은?

① 5　　　　② 7　　　　③ 8
④ 10　　　⑤ 11

55 $2^{x-1} \times 5^{x+1}$이 8자리의 자연수일 때, x의 값은?

① 5　　　　② 6　　　　③ 7
④ 8　　　　⑤ 9

56 $2^4 \times 5^7 \times 12^3$의 각 자리의 숫자와 일의 자리부터 연속하여 나타나는 0의 개수의 합은?

① 16　　　② 17　　　③ 18
④ 19　　　⑤ 20

거듭제곱으로 나타낸 수의 대소 관계

밑과 지수가 서로 다른 수의 대소는 어떻게?

수를 거듭제곱으로 표현하면 간단하게 나타낼 수는 있지만 실제 그 크기를 직접 구하거나 예상해서 크기를 비교하는 것은 어렵다. 이런 경우 그 크기를 비교 또는 예상할 수 있는 방법을 생각해 보자.

① | **거듭제곱이란 같은 수 또는 문자를 곱한 것!**

> 모든 거듭제곱은 같은 방법으로 나타낼 수 있어.

$$\text{어떤 수 } a \text{에 대하여} \quad \overbrace{a \times a \times a \times \cdots \times a}^{n\text{개}} = a^n \text{으로 나타낼 수 있다.}$$

(지수 / 밑)

거듭제곱을 사용하면 매우 복잡하거나 큰 수를 보다 간단하게 나타낼 수 있다. 하지만 실제 그 크기를 예상하거나 밑과 지수가 서로 다른 수의 크기를 비교하기는 쉽지 않다. 가장 확실한 방법은 거듭제곱을 실제로 계산하여 그 값을 구한 후 비교하는 것이지만 계산기를 사용하지 않는 한 그 수를 직접 구하기란 어려울 수밖에 없다. 이런 경우 간단하게 거듭제곱으로 나타낸 수의 특징에 따라서 크기를 비교하는 방법이 있다. 지수가 같은 경우 밑이 클수록 크기가 큰 수이고, 밑이 같은 경우 지수가 클수록 크기가 큰 수이다.

$$a^m \;\square\; b^m (a > b), \quad a^m \;\square\; a^n (m > n) \quad \text{(단, } a, b\text{는 1이 아닌 자연수, } m, n\text{은 자연수)}$$

답 >, >

② | **지수를 바꿔서 크기를 비교하는 경우**

$$2^{10} \;\square\; 5^5$$

주어진 두 수는 밑도 다르고 지수도 다르지만 지수를 보면 5와 10으로 간단한 배수 관계가 있음을 알 수 있다.
이런 경우 지수법칙을 사용하면 간단하게 지수를 맞출 수 있다.

$$2^{10} = 2^{2 \times 5} = (2^2)^5 = 4^5$$

$$\therefore 2^{10} = 4^5 < 5^5$$

결국 간단한 지수법칙을 사용하면 이처럼 거듭제곱으로 나타낸 큰 수의 대소 관계를 쉽게 알 수 있다.
이때 비교하는 두 수의 지수가 일정한 배수 관계에 있어야 가능한 방법이므로 이를 주의하여야 한다.

> 결국 밑이나 지수의 배수 관계를 확인해야 되잖아?

비교하는 두 수의 지수가 일정한 배수 관계에 있으면

지수법칙을 사용하여 □ **를 변형, 두 수의 크기를 비교할 수 있다.**

답 지수

③ ┃ 밑을 바꿔서 크기를 비교하는 경우

①

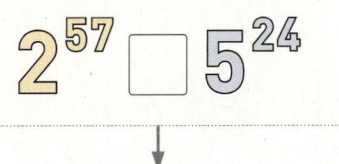

$$2^{57} \,\square\, 5^{24}$$

지수의 특별한 배수 관계가 보이지 않고 밑도 서로 다르기 때문에 두 수의 크기를 비교하기 쉽지 않다. 따라서 이런 경우 서로 비교할 수 있는 제 3의 수를 찾아야 한다.

2와 5의 경우 서로소이고 지수가 크므로 직접 비교하기 어렵지만 약간의 변형을 통해 비교하면

$$2^7 = 128 > 5^3 = 125$$

$$2^{56} = (2^7)^8 = (128)^8 > (125)^8 = (5^3)^8 = 5^{24}$$

$2^{57} > 2^{56}$이고 $2^{56} > 5^{24}$이므로

$$2^{57} > 5^{24}$$

②

$$17^{14} \,\square\, 31^{11}$$

밑과 지수에서 특별한 관계가 보이지 않으므로 약간의 변형을 통한 제 3의 수를 이용해야 하는데 17과 31의 경우 2의 거듭제곱의 수와 약간의 관계가 있으므로 이를 이용하면

$17 = 2^4 + 1,\ 31 = 2^5 - 1$이므로

$$17^{14} > (2^4)^{14} = 2^{56}$$
$$31^{11} < (2^5)^{11} = 2^{55}$$

$$17^{14} > 2^{56} > 2^{55} > 31^{11}$$

$$17^{14} > 31^{11}$$

Q ┃ 여러 가지 거듭제곱으로 나타낸 수도
지수법칙을 이용하여 대소 관계를 구할 수 있을까?

지수법칙을 이용하여 2^{30}, 3^{24}, 7^{12} 의 대소 관계를 구하시오.

 답 $2^{30} < 7^{12} < 3^{24}$

③ 다항식의 계산

식의 계산

다항식의 계산

$$x-\{y-(2x-2y)\}$$
$$=x-(y-2x+2y)$$ 괄호 풀기
$$=x-y+2x-2y$$
$$=x+2x-y-2y$$ 동류항끼리 모으기
$$=3x-3y$$

( )
↓
{ }
↓
[ ]
순서로 풀기!

$$3x(x+1)=3x\times x+3x\times 1$$
전개
$$=3x^2+3x$$

방법 1

곱셈으로

$$(4xy+y^2)\div \frac{y}{2} = (4xy+y^2)\times \frac{2}{y}$$

역수로

방법 2

분자로

$$(16xy+4y^2)\div 2y = \frac{16xy+4y^2}{2y}$$

분모로

$$2(2x^3-6x^2)\div(2x)^2-3x$$ 거듭제곱

$$=2(2x^3-6x^2)\div 4x^2-3x$$ 괄호 정리 (분배법칙)

$$=(4x^3-12x^2)\div 4x^2-3x$$

$$=\frac{4x^3-12x^2}{4x^2}-3x$$ ×,÷ 계산

$$=x-3-3x$$ +,− 계산

$$=-2x-3$$

1 다항식의 덧셈과 뺄셈

1) 이차식 : 다항식에서 차수가 가장 높은 항의 차수가 2인 다항식

2) 다항식의 덧셈과 뺄셈 : 괄호를 풀고 동류항끼리 모아서 간단히 한다.
이때 빼는 식은 각 항의 부호를 바꾸어 더한다.

2 다항식의 곱셈

1) 전개와 전개식

① 전개 : 두 개 이상의 다항식이 곱해져 있을 때, 괄호를 풀어 하나의
다항식으로 나타내는 것

② 전개식 : 전개하여 얻은 다항식

2) (단항식)×(다항식), (다항식)×(단항식)의 계산

분배법칙을 이용하여 단항식을 다항식의 각 항에 곱한다.

3 (다항식)÷(단항식)의 계산

① 다항식의 각 항에 단항식의 역수를 곱한다.

② 분수의 꼴로 나타내어 분자의 각 항을 분모로 나눈다.

4 다항식의 혼합 계산

사칙연산이 혼합된 식의 계산은 다음과 같은 순서로 한다.

① 지수법칙을 이용하여 거듭제곱을 먼저 계산한다.

② 괄호는 ( ) → { } → [ ]의 순서로 푼다.

③ 분배법칙을 이용하여 곱셈과 나눗셈을 계산한다.

④ 동류항끼리 더하거나 빼서 간단히 정리한다.

5 식의 값과 식의 대입

1) 식의 값 : 주어진 식의 문자에 그 문자의 값을 대입하여 얻은 값

2) 식의 대입 : 주어진 식의 문자에 그 문자를 나타내는 식을 대입하는 것

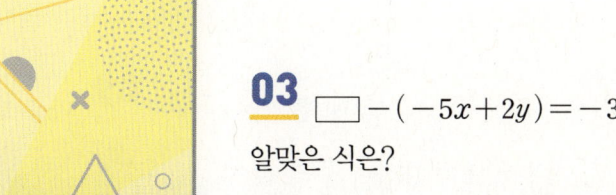

주제별 실력다지기

1 다항식의 덧셈과 뺄셈

정답과 풀이 12쪽

01 다음 식을 간단히 하면 일차식일 때, 상수 a의 값은?

$$2(x^2-3x-5)-a(x^2-2x-7)$$

① -2 ② -1 ③ 0

④ 1 ⑤ 2

02 $2x+\dfrac{x-5y}{2}-\dfrac{2x-5y}{3}=ax+by$일 때, $a+b$의 값을 구하시오.

03 $\boxed{}-(-5x+2y)=-3x+y$일 때, $\boxed{}$ 안에 알맞은 식은?

① $-8x+3y$ ② $-8x-y$ ③ $-2x+3y$

④ $2x-y$ ⑤ $2x+3y$

04 두 다항식 A, B에 대하여 다음과 같을 때, $A+B$를 구하시오.

$$A+(x^2-4x+7)=x^2-5x+6$$
$$B-(x^2-4x+2)=2x^2-8x+7$$

05 $4-2\{x-(x^2-3)+2x^2\}$을 간단히 하면 Ax^2+Bx+C일 때, 상수 A, B, C에 대하여 $A-2B+C$의 값은?

① -4 ② -2 ③ 0

④ 2 ⑤ 4

06 $5x-[7x-2y-\{-x+2y-(3x+7y)\}]$를 간단히 하면 $ax+by$일 때, 상수 a, b에 대하여 $\dfrac{a}{b}$의 값은?

① 2 ② 1 ③ $\dfrac{1}{2}$

④ $-\dfrac{1}{2}$ ⑤ -9

07 어떤 식에서 x^2+5x-3을 빼야 할 것을 잘못해서 더했더니 $3x^2+7x+4$가 되었다. 이때 바르게 계산한 식은?

① x^2-3x+4 ② $x^2-3x+10$

③ $3x^2+7x+4$ ④ $3x^2+7x-2$

⑤ $5x^2+17x-2$

08 $-3x^2-7x+2$에 어떤 다항식을 더해야 할 것을 잘못하여 뺐더니 $7x^2-x+3$이 되었다. 이때 바르게 계산한 식은?

① $-13x^2-13x+1$ ② $-13x^2-13x+3$

③ $x^2-15x+7$ ④ $7x^2-13x+1$

⑤ $7x^2-x+3$

09 다음 그림은 이웃한 두 칸의 식을 더하여 얻은 결과를 아래 칸에 쓴 것이다. 이때 A에 알맞은 식을 구하시오.

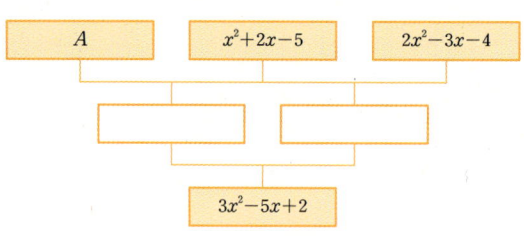

2 단항식과 다항식의 곱셈과 나눗셈

10 다음 중 옳지 <u>않은</u> 것은?

① $(3x-4y)\times(-y)=4y^2-3xy$

② $-x(x+y)=-x^2-xy$

③ $\dfrac{3}{4}x(x-4y)=3x^2-12xy$

④ $(3x-5y)\times(-xy)=-3x^2y+5xy^2$

⑤ $\dfrac{1}{3}y(6x-9y)=2xy-3y^2$

11 $x(3x+y+1)-\dfrac{1}{2}(4xy-2x^2)$을 간단히 정리 한 식에서 x^2의 계수를 a, xy의 계수를 b라 할 때, $a+b$ 의 값은?

① 1   ② 2   ③ 3

④ 4   ⑤ 5

12 $\square\times\dfrac{3}{2}ab=6a^2b^3-3ab^2+12a^2b$일 때, $\square$ 안 에 알맞은 식은?

① $4ab^2-2b+8a$ ② $4ab^2-2ab+8a$

③ $9ab^2-\dfrac{9}{2}b+18a$ ④ $9a^3b^4-\dfrac{9}{2}a^2b+18b^2$

⑤ $9ab^2-2ab+8a$

13 $(15x^2-27xy)\div 3x+(30xy-15y^2)\div(-5y)$ 를 간단히 하였을 때, x의 계수는?

① -11 ② -1 ③ 1

④ 11 ⑤ 15

14 $(x^3y^2-8x^2y^3)\div(-xy)^2-(x-4)\times 2x$를 간 단히 하면?

① $-2x^2+xy-8y^2$ ② $-2x^2+9x-8y$

③ x^2-8y ④ $2x^2-9x+8y$

⑤ $x^2y-8x-9y^2$

15 $-(3x-2y)\times 5xy+(8x^3y^2-4x^2y^3)\div\dfrac{2}{3}xy$를 간단히 하면 Ax^2y+Bxy^2일 때, 상수 A, B에 대하여 $A+B$의 값은?

① -6 ② -1 ③ 1

④ 3 ⑤ 6

16 어떤 식 A에 xy를 나눠야 할 것을 잘못하여 곱했더니 $x^3y^2-2x^2y^2$이 되었다. 이때 바르게 계산한 식을 구하시오.

17 어떤 식에 $\dfrac{2}{3}ab^2$을 곱해야 할 것을 잘못하여 나누었더니 $9ab+18b$가 되었다. 이때 바르게 계산한 식을 구하시오.

18 밑면의 가로, 세로의 길이가 각각 $4a$, $5b$인 직육면체의 부피가 $40a^2b-10ab^2$일 때, 이 직육면체의 높이는?

① $20ab$ ② $4a^2b-ab$ ③ $4a+5b$

④ $4a-b$ ⑤ $2a-\dfrac{1}{2}b$

19 오른쪽 그림과 같이 밑면의 반지름의 길이가 $2a$인 원기둥의 부피가 $12\pi a^2-4\pi a^3b^2$일 때, 이 원기둥의 높이는?

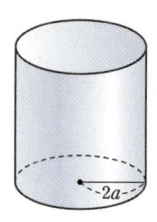

① $2-2b^2$ ② $a-2ab^2$

③ $3-ab^2$ ④ $3-b^2$

⑤ $3+ab^2$

3 식의 대입과 식의 값 구하기

20 $y=x+3$일 때, $-3x+7y-5$를 x에 대한 식으로 나타내면?

① $-10x-5$ ② $x+4$ ③ $4x+16$

④ $7x-3$ ⑤ $4x-5$

21 $A=2x+y$, $B=x-2y$일 때, $(A+B)-(2A-B)$를 x, y에 대한 식으로 나타내면?

① $-5y$　　　　② $-4x-5y$　　　③ $-4x+3y$

④ $-2x-y$　　　⑤ $3x-y$

24 $x:y:z=1:2:3$일 때, $\dfrac{(5x+2y-2z)^2}{x^2+y^2+z^2}$의 값은?

① $\dfrac{16}{11}$　　　　② $\dfrac{8}{7}$　　　　③ 1

④ $\dfrac{11}{14}$　　　　⑤ $\dfrac{9}{14}$

22 $x=-\dfrac{1}{2}$, $y=-\dfrac{1}{3}$, $z=\dfrac{1}{4}$일 때,

$\dfrac{3xy-4yz+2xz}{xyz}$의 값을 구하시오.

25 $a+b+c=0$일 때, 다음 식의 값을 구하시오.

(단, $abc\neq0$)

$$\frac{a}{b+c}-\frac{b}{c+a}+\frac{c}{a+b}$$

23 $x=2k$, $y=5k$일 때, $\dfrac{x^2+y^2}{x^2-y^2}$의 값을 구하시오.

단원 종합 문제

01 다음 설명 중 옳지 <u>않은</u> 것은?

① 서로 다른 두 유한소수 사이에는 무수히 많은 순환소수가 있다.

② 모든 순환소수는 무한소수이다.

③ 순환하지 않는 무한소수는 유리수가 아니다.

④ 순환소수 중에는 분수로 나타낼 수 없는 것도 있다.

⑤ 유리수 중에서 정수 또는 유한소수로 나타낼 수 없는 수는 순환소수로 나타낼 수 있다.

02 다음 중 유한소수로 나타낼 수 <u>없는</u> 것은?

① $1.\dot{3} \times \dfrac{3}{5}$ ② $\dfrac{14}{5^3 \times 7}$ ③ $\dfrac{3}{0.2\dot{6}}$

④ $\dfrac{9}{2^5 \times 3^3 \times 5}$ ⑤ $\dfrac{21}{3 \times 5^2 \times 7}$

03 분수 $\dfrac{33}{2x}$이 순환소수가 되도록 하는 30보다 작은 홀수 x의 개수를 구하시오.

04 다음은 분수 $\dfrac{7}{250}$을 분모가 10의 거듭제곱이 되도록 고쳐서 소수로 나타내는 과정이다. 다음 중 $A \sim E$의 값으로 옳지 <u>않은</u> 것은?

$$\frac{7}{250} = \frac{7}{A \times 5^3} = \frac{7 \times B}{A \times 5^3 \times B} = \frac{C}{10^D} = E$$

① $A = 2$ ② $B = 8$ ③ $C = 28$

④ $D = 3$ ⑤ $E = 0.028$

05 $\dfrac{1}{20}(0.1+0.001+0.00001+\cdots)$ 을 분수로 나타내면 $\dfrac{1}{x}$ 이다. 이때 x의 값은?

① 9   ② 90   ③ 99

④ 180   ⑤ 198

06 두 분수 $\dfrac{1}{12}$, $\dfrac{3}{28}$ 에 자연수 A를 각각 곱하면 두 분수 모두 유한소수로 나타낼 수 있다. 이때 가장 작은 A의 값을 구하시오.

07 분수 $\dfrac{4}{11}$ 를 소수로 나타낼 때, 소수점 아래 68번째 자리의 숫자는?

① 0   ② 1   ③ 2

④ 3   ⑤ 6

08 어떤 순환소수를 기약분수로 나타내었더니 분모가 150일 때, 이 순환소수에 대한 다음 설명 중 옳지 <u>않은</u> 것을 모두 고르면? (정답 2개)

① 소수점 아래에서 순환하지 않는 부분의 숫자는 2개이다.

② 순환마디의 숫자의 개수는 1개이다.

③ 이 순환소수를 x라 할 때, 분수로 나타내는 데 가장 편리한 계산식은 $1000x-100x$이다.

④ 소수 둘째 자리부터 순환마디가 시작된다.

⑤ 이 순환소수를 기약분수로 나타내었을 때, 분자가 13이면 이 순환소수는 $0.08\dot{5}$이다.

09 $\dfrac{1}{2}$ 이상 $\dfrac{6}{7}$ 이하의 분수 중에서 분모가 56이고 유한소수로 나타낼 수 있는 수들의 합을 구하시오.

10 어떤 기약분수를 소수로 나타내는데 선영이는 분자를 잘못 보고 계산하여 $0.\dot{3}$이 되었고, 지영이는 분모를 잘못 보고 계산하여 $1.\dot{8}$이 되었다. 처음 기약분수를 순환소수로 나타내시오.

11 분수 $\dfrac{a}{60}$를 소수로 나타내면 유한소수가 되고, 이 분수를 기약분수로 나타내면 $\dfrac{3}{b}$이 된다. $10 \le a \le 60$일 때, 자연수 a, b에 대하여 다음 중 $a+b$의 값이 될 수 <u>없는</u> 것을 모두 고르면? (정답 2개)

① 28   ② 41   ③ 47

④ 49   ⑤ 64

12 $x > y$인 한 자리의 자연수 x, y에 대하여 $0.\dot{x}\dot{y} + 0.\dot{y}\dot{x} = 0.\dot{6}$일 때, $0.\dot{x}\dot{y}$로 가능한 수를 모두 구한 후, 그 합을 순환소수로 나타내시오.

13 $(-x) \times (-y)^3 \times (-x)^8 \times y^2$을 간단히 하면?

① $-x^8y^6$ ② $-x^8y^5$ ③ $-x^9y^5$

④ x^9y^6 ⑤ x^9y^5

14 다음 중 계산 결과가 나머지 넷과 <u>다른</u> 하나는?

① $2^3+2^3+2^3+2^3$ ② $4(2^3+2^3)$

③ $2^2 \times 2^3$ ④ $(2^2)^4 \div 2^3$

⑤ $2^8 \div 2^6 \times 2^3$

15 한 변의 길이가 $4a$인 정사각형을 밑면으로 하는 직육면체의 부피가 $112a^2b$일 때, 이 직육면체의 높이는?

① 7 ② $7b$ ③ $28ab$

④ $28b$ ⑤ $104b$

16 다음 □ 안에 알맞은 식을 구하시오.

$$\left(-\frac{1}{2}a^3b\right)^2 \div (-8a^2b^4) \div \square = -\frac{2b}{a}$$

17 다음 A, B에 알맞은 식의 계수를 각각 a, b라 할 때, b는 a의 몇 배인지 구하시오.

(가) $x^2y^3 \times \boxed{A} \div 4x^4y^5 = xy^2$
(나) $x^5y^2 \div 4xy^3 \times \boxed{B} = -2x^4y^7$

18 $(-2xy^2)^3 \div A = -2xy$ 일 때, $\dfrac{A}{4xy}$ 를 간단히 하면?

① xy^2 ② xy^4 ③ x^2y^2
④ x^2y^4 ⑤ x^2y^5

19 $2^{13} \times 5^8$이 n자리의 자연수일 때, n^2+n+1의 값은?

① 71 ② 91 ③ 111
④ 133 ⑤ 183

20 다음 두 **조건**을 만족시키는 x, y에 대하여 $x+y$의 값을 구하시오.

┌─ 조건 ┐
(가) $8^{2x-1} \times 16^{2x} \div 4^{5x+4} = 2^9$
(나) $4^{11} \times 5^{18}$은 y자리의 자연수이다.
└────────┘

21 $2^{10}=A$라 할 때, $8^{16} \div 4^9$을 A를 이용하여 나타내면?

① A ② $3A$ ③ $3A^2$
④ A^3 ⑤ $2A^3$

22 세 수 $A=2^{20}$, $B=3^{15}$, $C=5^{10}$의 크기를 비교하여 큰 수부터 차례로 나열하시오.

23 $(9x^2-27xy)\div(-3x)-\dfrac{10x^2+5xy}{5x}=Ax+By$

일 때, 상수 A, B에 대하여 $A+B$의 값은?

① -5 ② -3 ③ 1

④ 3 ⑤ 5

24 어떤 다항식에서 $a^2-2ab+3b$를 빼어야 할 것을 잘못하여 더했더니 $3a^2-ab+2b$가 되었다. 바르게 계산한 결과를 구하시오.

25 $x=6$, $y=-2$일 때, $\dfrac{x^2y-xy^2}{xy}-\dfrac{3xy^2-x^2y^2}{xy^2}$

의 값은?

① 8 ② 9 ③ 10

④ 11 ⑤ 12

26 다음과 같이 식이 적힌 카드를 입력하면 아래와 같은 단계를 차례로 거쳐 그 결과가 출력되는 기계가 있다. $(2ab^2)^3$을 입력했을 때, 출력되는 식은?

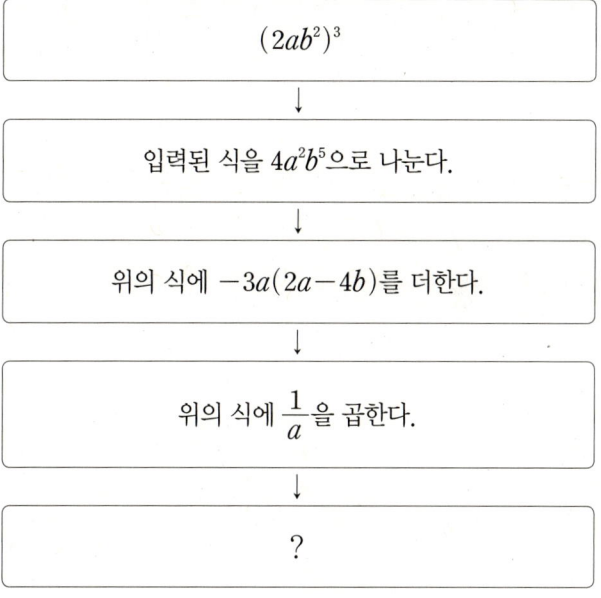

$(2ab^2)^3$

↓

입력된 식을 $4a^2b^5$으로 나눈다.

↓

위의 식에 $-3a(2a-4b)$를 더한다.

↓

위의 식에 $\dfrac{1}{a}$을 곱한다.

↓

?

① $-6a-14b$ ② $-6a-10b$ ③ $-6a+14b$

④ $6a-10b$ ⑤ $6a+14b$

27 한 자리의 자연수 x에 대하여 분수 $\dfrac{7(11-x)}{3x}$ 를 소수로 나타내면 유한소수가 될 때, x의 값을 모두 구하시오.

28 분수 $\dfrac{11 \times n}{2^2 \times 5 \times 7}$ 을 소수로 나타낼 때, 소수점 아래 첫째 자리부터 순환마디를 갖게 하는 두 자리의 자연수 n의 개수를 구하시오.

29 다음은 연속하는 두 식에 어떤 연산을 적용한 결과가 그 다음 식이 됨을 나타낸 것이다. 예를 들어 A와 B를 연산한 결과가 그 다음 식인 b^4이다. 적용된 연산이 모두 같을 때, A에 알맞은 식을 구하시오. (단, $ab \neq 0$)

$$\boxed{A} \Rightarrow \boxed{B} \Rightarrow b^4 \Rightarrow -\frac{2a}{b} \Rightarrow -2ab^3 \Rightarrow 4a^2b^2$$

30 $a = 3^2$이라 할 때, a^{10}의 일의 자리의 숫자는?

① 0   ② 1   ③ 3
④ 7   ⑤ 9

부등식

값에서 범위로!

(=등식)　　　(=부등식)

① 일차부등식

등식의 변신

부등식

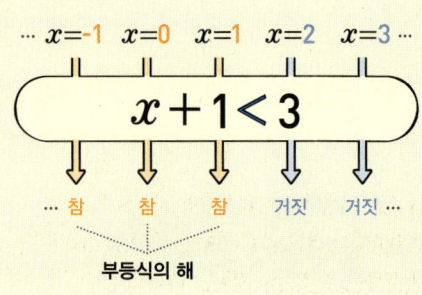

$\cdots\ x=-1\quad x=0\quad x=1\quad x=2\quad x=3\ \cdots$

$$x+1<3$$

$\cdots\ $ 참　　참　　참　　거짓　　거짓 $\cdots$

부등식의 해

수의 대소 비교

부등식의 성질

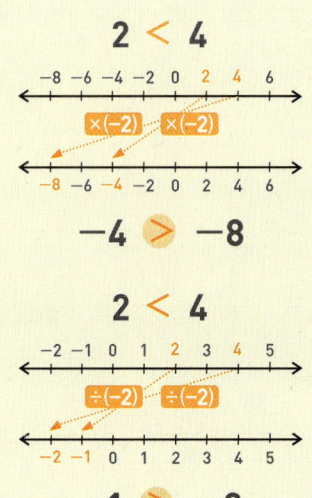

$2\ <\ 4$

$-8\ -6\ -4\ -2\ \ 0\ \ 2\ \ 4\ \ 6$

×(−2)　×(−2)

$-8\ -6\ -4\ -2\ \ 0\ \ 2\ \ 4\ \ 6$

$-4\ >\ -8$

$2\ <\ 4$

$-2\ -1\ \ 0\ \ 1\ \ 2\ \ 3\ \ 4\ \ 5$

÷(−2)　÷(−2)

$-2\ -1\ \ 0\ \ 1\ \ 2\ \ 3\ \ 4\ \ 5$

$-1\ >\ -2$

1 부등식과 그 해

1) 부등식 : 수 또는 식의 대소 관계를 부등호($<$, $>$, $\leq$, $\geq$)를 사용하여 나타낸 식

2) 부등식의 표현

$x>a$	x는 a보다 크다. x는 a 초과이다.	$x<a$	x는 a보다 작다. x는 a 미만이다.
$x\geq a$	x는 a보다 크거나 같다. x는 a 이상이다. x는 a보다 작지 않다.	$x\leq a$	x는 a보다 작거나 같다. x는 a 이하이다. x는 a보다 크지 않다.
$a\leq x<b$	x는 a보다 크거나 같고 b보다 작다.	$a<x\leq b$	x는 a보다 크고 b보다 작거나 같다.

3) 부등식의 해

① 부등식의 참, 거짓 : 부등식에서 좌변과 우변의 대소 관계가

　부등호의 방향과 일치할 때　➡ 참인 부등식

　부등호의 방향과 일치하지 않을 때　➡ 거짓인 부등식

② 부등식의 해 : 부등식을 참이 되게 하는 미지수의 값

③ 부등식을 푼다 : 부등식의 모든 해를 구하는 것

2 부등식의 성질

1) 부등식의 양변에 같은 수를 더하거나

　양변에서 같은 수를 빼어도

　부등호의 방향은 바뀌지 않는다.

$a<b$이면 $\begin{cases} a+c<b+c \\ a-c<b-c \end{cases}$

2) 부등식의 양변에 같은 양수를 곱하거나

　양변을 같은 양수로 나누어도

　부등호의 방향은 바뀌지 않는다.

$a<b,\ 0<c$이면 $\begin{cases} ac<bc \\ \dfrac{a}{c}<\dfrac{b}{c} \end{cases}$

3) 부등식의 양변에 같은 음수를 곱하거나

　양변을 같은 음수로 나누면

　부등호의 방향이 바뀐다.

$a<b,\ 0>c$이면 $\begin{cases} ac>bc \\ \dfrac{a}{c}>\dfrac{b}{c} \end{cases}$

개념+　$a<x<b$일 때, $c>0$이면 $ac<cx<bc$, $c<0$이면 $ac>cx>bc$

해의 확장

값에서 범위로!

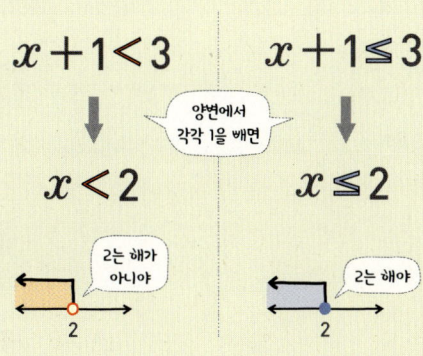

$$x+1<3 \qquad x+1\leqq3$$

양변에서 각각 1을 빼면

$$x<2 \qquad x\leqq2$$

2는 해가 아니야

2는 해야

---

3 일차부등식과 그 풀이

1) 일차부등식 : 부등식의 성질을 이용하여 정리하였을 때,

(일차식)<0, (일차식)>0, (일차식)$\leqq0$, (일차식)$\geqq0$

중 한 가지의 꼴로 변형되는 부등식

2) 일차부등식의 풀이 순서

① 미지수 x를 포함한 항은 좌변으로, 상수항은 우변으로 이항한다.

② 양변을 간단히 하여 $ax<b$, $ax>b$, $ax\leqq b$, $ax\geqq b$ $(a\neq0)$의 꼴로 만든다.

③ 양변을 x의 계수 a로 나눈다. 이때 a가 음수이면 부등호의 방향이 바뀐다.

3) 부등식의 해를 수직선 위에 나타내기

① $x<a$ ② $x>a$

③ $x\leqq a$ ④ $x\geqq a$

> **개념＋** x의 계수가 미지수인 일차부등식 $ax>b$ $(a\neq0)$의 풀이
> 부등식의 해를 구할 때, 부등호의 방향은 x의 계수인 a의 부호에 따라 결정된다.
> 계수 a가 양수인지 음수인지 잘 따져본다.

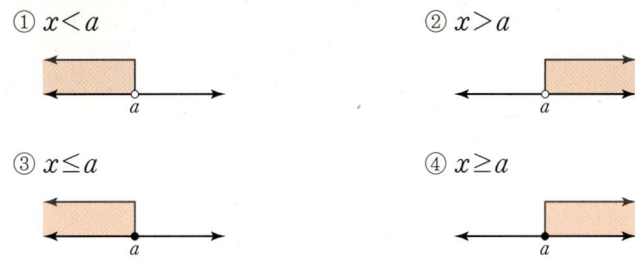

일차부등식	$a>0$	$a<0$
$ax>b$	$x>\dfrac{b}{a}$	$x<\dfrac{b}{a}$ (부등호 방향 반대)
$-ax>b$	$x<-\dfrac{b}{a}$ (부등호 방향 반대)	$x>-\dfrac{b}{a}$

부등식의 정리

계수를 정수로!

$$0.7x-1>0.2x$$

모든 항에 10을 곱해서 계수를 정수로!

$$7x-10>2x$$

$$\dfrac{2}{3}x-1<\dfrac{1}{6}x$$

모든 항에 분모의 최소공배수 6을 곱해서 계수를 정수로!

$$4x-6<x$$

---

4 복잡한 일차부등식의 풀이

1) 괄호가 있는 일차부등식

분배법칙을 이용하여 괄호를 풀고 동류항을 정리하여 식을 간단히 한 다음 푼다.

2) 계수가 소수인 일차부등식

양변에 10, 100, 1000, …과 같은 10의 거듭제곱을 곱하여 계수를 정수로 바꾼 다음 푼다.

3) 계수가 분수인 일차부등식

양변에 분모의 최소공배수를 곱하여 계수를 정수로 바꾼 다음 푼다.

01 $3 \le x < 6$이고 $A = -2x + 1$일 때, A의 값의 범위는?

① $-11 \le A \le -5$ ② $-11 < A < -5$

③ $-11 \le A < -5$ ④ $-11 < A \le -5$

⑤ $-5 < A < 11$

02 $-4 \le x < 2$이고 $A = -2x - 1$일 때, A의 값의 범위를 구하시오.

03 $-3 \le a < 2$이고 $X = 4a + 1$일 때, 정수 X의 최댓값을 M, 최솟값을 m이라 하자. 이때 $M + m$의 값을 구하시오.

04 $-2 \le x < 2$일 때, $-2x + 5$의 값 중 가장 작은 자연수를 구하시오.

05 $-3 < -2a + 7 \le 5$일 때, a의 값의 범위는?

① $1 \le a < 5$ ② $1 < a \le 5$ ③ $-1 \le a < 5$

④ $-1 < a \le 5$ ⑤ $-5 \le a < 1$

06 $-10 \le -3x+2 < 5$일 때, x의 값의 범위는 $a < x \le b$이다. 이때 상수 a, b에 대하여 $a+b$의 값을 구하시오.

07 ☐ 안에 들어갈 부등호의 방향이 <u>다른</u> 것은?

① $x+5 < y+5$이면 $x\,\square\,y$

② $-3x > -3y$이면 $x\,\square\,y$

③ $8x-3 > 8y-3$이면 $x\,\square\,y$

④ $-\dfrac{x}{2} > -\dfrac{y}{2}$이면 $x\,\square\,y$

⑤ $\dfrac{x}{5} < \dfrac{y}{5}$이면 $x\,\square\,y$

08 $1-3a < 1-3b$일 때, 다음 중 옳지 <u>않은</u> 것을 모두 고르면? (정답 2개)

① $4a > 4b$ ② $b > a$

③ $-2a < -2b$ ④ $9a-3 > 9b-3$

⑤ $a+10 < b+10$

09 $0 < a < b$, $c < 0$일 때, 다음 중 옳지 <u>않은</u> 것은?

① $-\dfrac{a}{c} < -\dfrac{b}{c}$ ② $\dfrac{c-a}{2} > \dfrac{c-b}{2}$

③ $\dfrac{c}{a} > \dfrac{c}{b}$ ④ $\dfrac{a}{b}-c < 1-c$

⑤ $-a^2-c > -b^2-c$

10 다음 중 옳은 것은?

① $\dfrac{1}{a} < \dfrac{1}{b}$이면 $a > b$이다.

② $c-a < c-b$이면 $a < b$이다.

③ $a < b$이면 $ac > bc$이다.

④ $\dfrac{a}{c} > \dfrac{b}{c}$이면 $ac > bc$이다.

⑤ $a < b$이면 $\dfrac{a}{c} > \dfrac{b}{c}$이다.

11 다음 부등식 중 방정식 $\dfrac{5}{4}x+3=8$을 만족시키는 x의 값을 해로 갖는 것은?

① $-2x+6>7x-12$ ② $x+9<6x-1$

③ $2x+3\le5x-10$ ④ $3x+8<16-x$

⑤ $4x-1\ge8x+1$

12 다음 중 부등식의 해를 구한 것으로 옳지 <u>않은</u> 것은?

① $-3x+7<-2 \Rightarrow x>3$

② $3x-20>x+6 \Rightarrow x>13$

③ $-x+\dfrac{1}{2}<5 \Rightarrow x>\dfrac{9}{2}$

④ $-2x+7<3x+2 \Rightarrow x>1$

⑤ $4x-1<1-6x \Rightarrow x<\dfrac{1}{5}$

13 다음 일차부등식을 푸시오.

(1) $2(x-5)+5>-6x+3$

(2) $0.3x+0.2\le1.2x-0.7$

(3) $\dfrac{2x-1}{3}<\dfrac{x}{2}+4$

14 $2(x-3)<-(x-3)$을 만족시키는 x에 대하여 $a=-3x+2$라고 할 때, 가장 작은 정수 a의 값을 구하시오.

15 일차부등식 $6(x-4)-3\le5x-(4x-3)$을 풀면?

① $x\le-6$ ② $x>-6$ ③ $x<6$

④ $x\le6$ ⑤ $x\ge6$

16 다음 중 일차부등식 $\dfrac{x-1}{2}+\dfrac{x}{3}>\dfrac{1}{3}$의 해가 아닌 것은?

① 1　　　　② 2　　　　③ 3

④ 4　　　　⑤ 5

17 일차부등식 $\dfrac{x-7}{5}-0.3x>-\dfrac{3}{2}$을 만족시키는 자연수 x의 개수는?

① 0　　　　② 1　　　　③ 2

④ 3　　　　⑤ 4

18 일차부등식 $0.\dot{6}(x+3)-\dfrac{4}{3}x\leq0.5(4-x)+\dfrac{7}{6}$ 의 해를 구하시오.

3 계수가 미지수인 부등식

19 부등식 $ax>b$의 해가 $x<\dfrac{b}{a}$일 때, x에 대한 일차부등식 $ax+2a>0$의 해를 구하시오.

20 $a<2$일 때, x에 대한 일차부등식 $(a-2)x\geq4(a-2)$의 해는?

① $x\leq2$　　　② $x<2$　　　③ $x\leq4$

④ $x=4$　　　⑤ $x\geq4$

21 $a<4$일 때, x에 대한 일차부등식 $(2a-8)x\leq5a-20$을 만족시키는 정수 x의 최솟값은?

① -3　　　② -2　　　③ 1

④ 2　　　⑤ 3

22 부등식 $ax+6>0$의 해가 $x<3$일 때, $-ax<4$ 의 해를 구하시오.

23 부등식 $(2a+3b)x+(a+b)>0$의 해가 $x<-\dfrac{1}{4}$일 때, $(a+2b)x+(2b-a)>0$의 해를 구하시오.

24 부등식 $(a-1)x>b$의 해가 $x<\dfrac{1}{3}$이다. $b^2=1$ 일 때, 상수 a, b에 대하여 $a+b$의 값을 구하시오.

4 해가 없거나 모든 수인 부등식

25 $a=b$일 때, 부등식 $ax+5>bx+9$의 해를 구하시오. (단, a, b는 상수)

26 부등식 $ax-1>4x+3a$의 해가 없을 때, 상수 a 의 값은?

① 1   ② 2   ③ 3
④ 4   ⑤ 5

27 부등식 $a(x+2)<5x+3$을 만족시키는 해가 없을 때, 상수 a의 값을 구하시오.

28 부등식 $ax-1<3x+b$의 해가 모든 수일 때, 상수 a, b의 조건은?

① $a=3$, $b=-1$ ② $a=3$, $b>-1$
③ $a<3$, $b=-1$ ④ $a<3$, $b>-1$
⑤ $a>3$, $b>-1$

29 부등식 $ax-4 \leq b(x-2)$에 대한 다음 설명 중 옳지 <u>않은</u> 것을 모두 고르면? (정답 2개)

① 부등식을 만족시키는 자연수 x는 존재하지 않는다.
② $a<b$이면 해는 $x \geq \dfrac{2b-4}{a-b}$이다.
③ $a>b$이면 해는 $x \leq \dfrac{4-2b}{a-b}$이다.
④ $a=b$, $b \leq 2$이면 해는 모든 수이다.
⑤ $a=b$, $b>2$이면 해가 없다.

5 해가 주어지거나 서로 같은 두 일차부등식

30 x에 대한 일차부등식 $2ax-8<0$의 해가 $x>-4$일 때, 상수 a의 값을 구하시오.

31 일차부등식 $ax+4<3x+2a$의 해가 $x > \dfrac{2a-4}{a-3}$일 때, 상수 a의 값의 범위는?

① $a \leq -3$ ② $a>-3$ ③ $a<3$
④ $a \leq 3$ ⑤ $a>3$

32 두 일차부등식 $x-3 \geq 4x-3$,
$a-4x \geq -3x+6$의 해가 서로 같을 때, 상수 a의 값은?

① 1   ② 3   ③ 5
④ 6   ⑤ 7

34 x에 대한 두 일차부등식 $\frac{1}{2}x-1 \geq \frac{3}{4}x+2$,
$ax-1 \geq 2$의 해가 서로 같을 때, 상수 a의 값을 구하시오.

33 두 일차부등식 $\frac{x}{6} < \frac{x}{2}+a$, $3(x-2)+a>2$의
해가 서로 같을 때, 상수 a의 값을 구하시오.

35 다음 두 일차부등식의 해가 서로 같을 때, 상수 a의 값을 구하시오.

$$0.3x-0.2(x-4)>0.4, \quad 5x-a>-3+2x$$

6 해에 대한 조건이 주어진 일차부등식

36 x에 대한 일차부등식 $x-a>2x$를 만족시키는 자연수 x의 개수가 1개뿐일 때, 상수 a의 값의 범위를 구하시오.

37 x에 대한 일차부등식 $2(x-a)<x-a+1$을 만족시키는 자연수 x의 개수가 1개일 때, 상수 a의 값의 범위를 구하시오.

38 x에 대한 일차부등식 $4(x-a)\geq5x+2$를 만족시키는 자연수 x의 개수가 5개일 때, 상수 a의 값의 범위를 구하시오.

39 x에 대한 일차부등식 $-3(x+2)+3>-3(k+1)$을 만족시키는 자연수 x가 존재하지 않을 때, k의 값이 될 수 없는 것은?

① -4 ② -2 ③ 0

④ 1 ⑤ 2

40 x에 대한 일차부등식 $\dfrac{3x-5}{2}>2x-a$를 만족시키는 자연수 x가 없을 때, 이를 만족시키는 자연수 a의 값의 합을 구하시오.

미지수가 있거나 조건이 주어진 부등식

조건이 주어진 부등식을 쉽게 만들 수 있을까?

등식과 다르게 부등식의 경우 계수의 부호에 따른 방향의 변화가 생긴다. 또한 해의 조건으로 자연수나 정수와 같은 조건이 있는 경우도 있다. 이처럼 복잡한 부등식의 경우에 대한 여러 가지 방법에 대해서 알아보자.

① 기본 개념 ─ 일차부등식의 기본

> 모든 일차부등식은 같은 방법으로 정리할 수 있어.

어떤 수 $a\,(a\neq0)$에 대하여 $ax+b>0$ $\begin{cases} x>-\dfrac{b}{a}\ (a>0) \\ x<-\dfrac{b}{a}\ (a<0) \end{cases}$ 로 나타낼 수 있다.

이처럼 부등식에 미지수가 들어간 경우, 특히 계수가 미지수인 경우 그 계수의 부호에 따라서 부등호의 방향이 바뀌므로 등식과 다르게 계수의 부호를 주의해야 한다.

$a>0$일 때, 부등식 $-ax<1$을 풀면 $x\ \square\ -\dfrac{1}{a}$이다.

답 $>$

② 개념 응용 ─ 계수에 미지수가 들어간 경우

부등식 $-b\le ax+1\le b$를 만족시키는 x의 값의 범위가 $-2\le x\le 4$일 때, 정수 a, b의 값을 각각 구하시오. (단, $a\neq0$, $b>0$)

주어진 부등식의 각 변에서 1을 빼서 정리하면 $-b-1\le ax\le b-1$

$a>0$일 때, $\dfrac{-b-1}{a}\le x\le\dfrac{b-1}{a}$에서

$$\dfrac{-b-1}{a}=-2,\ \dfrac{b-1}{a}=4$$

연립하여 풀면 $a=-1$, $b=-3$

~~모순~~

$a<0$일 때, $\dfrac{b-1}{a}\le x\le\dfrac{-b-1}{a}$에서

$$\dfrac{b-1}{a}=-2,\ \dfrac{-b-1}{a}=4$$

연립하여 풀면 $a=\square$, $b=\square$

~~적합~~

따라서 주어진 부등식 $-b\le ax+1\le b$를 만족시키는 두 정수 a, b의 값은 $a=\square$, $b=\square$

답 $-1,\ 3,\ -1,\ 3$

① x에 대한 일차부등식 $2(3-x) \geq a-1$의 해 중 가장 큰 수가 5일 때,
정수 a의 값을 구하시오.

주어진 일차부등식 $2(3-x) \geq a-1$을 정리하면

$6-2x \geq a-1$, $x \leq \dfrac{7-a}{2}$

이때 해 중 가장 큰 수가 5라는 조건이 주어졌으므로

$\dfrac{7-a}{2} = \boxed{}$ $\therefore a = \boxed{}$

답 5, -3

② 부등식 $7x-6 < 3x+a$의 자연수의 해가 2개 이상이 되는
정수 a의 최솟값을 구하시오.

주어진 부등식 $7x-6 < 3x+a$를 정리하면

$4x < a+6$ $\therefore x < \dfrac{a+6}{4}$

이때 이 부등식을 만족시키는 자연수의 해가 2개 이상이 되므로 오른쪽 그림과

같이 $\dfrac{a+6}{4}$ 의 값이 2보다 커야 한다.

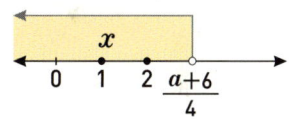

$2 < \dfrac{a+6}{4}$ ➡ $8 < a+6$ ➡ $\boxed{} < a$

따라서 주어진 조건을 만족시키는 정수 a의 최솟값은 $\boxed{}$ 이다.

답 2, 3

 Q 부등식의 해가 수직선으로 표현된 경우 부등식에 포함된 미지수를 구해볼까?

x에 대한 일차부등식 $3(x-1)-2x \leq k$의 해를 수직선 위에
나타내면 오른쪽 그림과 같다. 이때 상수 k의 값을 구하시오.

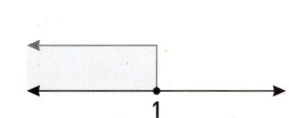

답 -2

부등식 만들기!

부등식의 활용

활용의 정석

모르는 것을 x로!

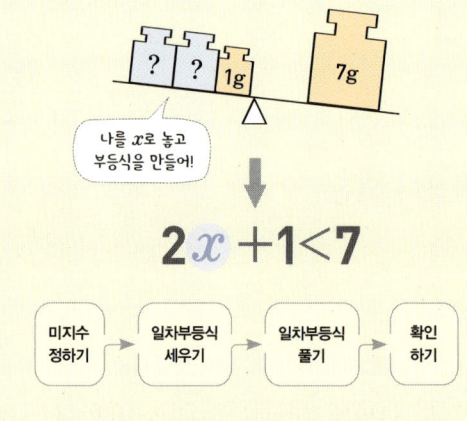

나를 x로 놓고
부등식을 만들어!

$$2x + 1 < 7$$

| 미지수 정하기 | → | 일차부등식 세우기 | → | 일차부등식 풀기 | → | 확인 하기 |

• (거리) = (속력) x (시간)

거리	
÷	÷
속력	x	시간

$(소금의 양) = \dfrac{(소금물의 농도)}{100} \times (소금물의 양)$

소금의 양	
=	
소금물의 양	x	농도

$(소금물의 농도) = \dfrac{5}{95 + 5} \times 100(\%)$

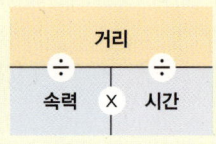

소금 2g
물 95g
소금물 97g

소금 + 3g →
소금 5g
물 95g

물 + 3g →
소금 2g
물 98g

$(소금물의 농도) = \dfrac{2}{98 + 2} \times 100(\%)$

---

1 부등식의 활용 문제를 푸는 순서

1) 미지수 정하기 : 문제의 뜻을 파악하고 구하려는 값을 미지수 x로 놓는다.

2) 부등식 세우기 : x를 이용하여 문제에 주어진 조건에 맞는 부등식을 세운다.

3) 부등식 풀기 : 부등식을 풀어 해를 구한다.

4) 확인하기 : 구한 해가 문제의 조건에 맞는지 확인한다.

2 부등식의 여러 가지 활용 문제

1) 입장료에 대한 문제

x명의 입장료를 내는 것보다 n명의 단체 입장료를 내는 것이 유리할 때

(n명의 단체 입장료) < (x명의 입장료) (단, $x<n$)

2) 시간, 속력, 거리에 대한 문제

① $(시간) = \dfrac{(거리)}{(속력)}$, $(속력) = \dfrac{(거리)}{(시간)}$, $(거리) = (속력) \times (시간)$

② A에서 B를 거쳐 C로 가는 데 걸리는 전체 시간이 a시간 이내일 때

(A에서 B까지 가는 데 걸리는 시간)

$+ (B에서 C까지 가는 데 걸리는 시간) \leq a$

③ 왕복하는 데 걸리는 전체 시간이 a시간 이내일 때

(갈 때 걸리는 시간) + (올 때 걸리는 시간) $\leq a$

3) 농도에 대한 문제

① $(소금물의 농도) = \dfrac{(소금의 양)}{(소금물의 양)} \times 100 (\%)$

$(소금의 양) = \dfrac{(소금물의 농도)}{100} \times (소금물의 양)$

② 물을 더 넣거나 증발시켜도 소금의 양은 변하지 않는다.

③ 소금을 더 넣으면 소금의 양, 소금물의 양이 모두 증가한다.

4) 의자에 대한 문제

의자의 개수를 x개라 하면

(전체 학생 수) = (한 의자에 앉는 학생 수) $\times x +$ (남은 학생 수)

(최소가 되는 학생 수) $\leq$ (학생 수) $\leq$ (최대가 되는 학생 수)

주제별 실력다지기

1 시간, 거리, 속력에 대한 문제

01 등산을 하는 데 올라갈 때에는 시속 3 km, 내려올 때에는 같은 길을 시속 4 km로 걸어서 전체 3시간 30분 이내에 다녀오려고 한다. 최대 몇 km까지 올라갔다 내려올 수 있는가?

① 5 km ② 5.5 km ③ 6 km
④ 6.5 km ⑤ 7 km

02 지수가 산책을 하는 데 갈 때에는 시속 3 km로, 돌아올 때에는 같은 길을 시속 2 km로 걸어서 2시간 15분 이내에 다시 집으로 돌아오려고 한다. 이때 집에서 최대 몇 km 떨어진 곳까지 갔다올 수 있는가?

① 1.5 km ② 2 km ③ 2.4 km
④ 2.58 km ⑤ 2.7 km

03 지민이는 영화를 보러갔다가 상영 시간까지 1시간 반이 남아서 점심을 먹으려고 한다. 걷는 속력이 시속 3 km이고 점심을 먹는 데 30분이 걸린다고 할 때, 극장에서 몇 km 이내의 식당을 이용해야 하는가?

① 1 km ② 1.25 km ③ 1.5 km
④ 1.75 km ⑤ 2 km

04 고속버스 터미널에서 고속버스가 출발하기 전까지 2시간의 여유가 있어서 근처의 식당에 가서 밥을 먹고 오려고 한다. 걷는 속력이 시속 5 km이고 밥을 먹는 데 45분이 걸린다면 고속버스 터미널에서 몇 km 이내의 식당을 이용할 수 있는가?

① 3 km ② $\frac{25}{8}$ km ③ 4 km
④ $\frac{35}{8}$ km ⑤ 5 km

05 A 지점에서 12 km 떨어져 있는 B 지점까지 가는 데 처음에는 시속 3 km로 걷다가 도중에 시속 5 km로 뛰어서 3시간 이내에 B 지점에 도착하려고 한다. A 지점으로부터 최대 몇 km까지 시속 3 km로 걸을 수 있는가?

① 3.5 km   ② 4.5 km   ③ 5.5 km

④ 6.5 km   ⑤ 7.5 km

06 집에서 10 km 떨어진 이모 댁에 심부름을 가는 데 처음에는 시속 3 km로 가다가 늦을 것 같아 시속 4 km로 걸어서 3시간 이내에 도착했다. 시속 4 km로 걸은 거리는 몇 km 이상인지 구하시오.

07 선영이가 도서관을 다녀오는 데 갈 때에는 시속 3 km, 돌아올 때에는 시속 4 km로 걸었더니 갈 때보다 돌아올 때가 30분 이상 단축되었다. 갈 때와 돌아올 때 모두 시속 3 km로 걷는다면 최소 몇 시간이 걸리겠는지 구하시오.

2 농도에 대한 문제

08 3 %의 소금물 200 g과 7 %의 소금물을 섞어서 5 % 이상의 소금물을 만들려고 한다. 7 %의 소금물은 몇 g 이상 섞어야 하는지 구하시오.

09 10 %의 소금물 200 g과 16 %의 소금물을 섞어서 12 % 이상의 소금물을 만들었다. 16 %의 소금물은 몇 g 이상 섞었는가?

① 50 g   ② 100 g   ③ 150 g
④ 200 g   ⑤ 250 g

10 4 %의 소금물 300 g에서 몇 g 이상의 물을 증발시켜야 6 % 이상의 소금물이 되는지 구하시오.

11 10 %의 소금물 500 g에 물을 더 넣어 농도가 5 % 이하가 되게 하려고 한다. 이때 최소 몇 g의 물을 더 넣어야 하는지 구하시오.

12 90 g의 소금이 녹아 있는 소금물 1 kg을 30 % 이상의 소금물로 만들려면 몇 g 이상의 소금을 더 넣어야 하는지 구하시오.

3 금액, 원가, 정가에 대한 문제

13 현재 언니의 통장에는 30000원, 동생의 통장에는 12000원이 저금되어 있다. 매월 언니는 6000원씩, 동생은 5000원씩 저금한다면 언니와 동생의 예금액의 차가 20000원 이상이 되는 것은 몇 개월 후부터인지 구하시오.

14 어느 모자 가게에서는 원가가 7200원인 야구 모자를 정가의 1할을 할인하여 팔아서 원가의 1할 5푼 이상의 이익을 얻으려고 한다. 야구 모자의 정가를 얼마 이상으로 정해야 하는가?

① 7900원　　② 8200원　　③ 8600원
④ 9000원　　⑤ 9200원

15 원가가 10000원인 옷을 정가의 20 %를 할인하여 팔아서 원가의 10 % 이상의 이익을 얻으려고 한다. 정가를 얼마 이상으로 정해야 하는지 구하시오.

16 어느 꽃가게에서는 원가에 3할의 이익을 붙여 꽃다발의 정가를 정했다. 정가에서 1500원을 할인하여 팔아도 원가의 20 % 이상의 이익을 얻는다고 할 때, 이 꽃다발의 원가의 최솟값을 구하시오.

17 어느 컴퓨터 업체에서는 원가에 25 %의 이익을 붙여 정가를 정하였다. 이 컴퓨터의 정가를 할인하여 판매하려고 할 때, 손해를 보지 않으려면 최대 몇 %까지 할인할 수 있는지 구하시오.

4 입장료에 대한 문제(유리한 방법의 선택에 대한 문제)

18 동네 가게에서 6500원인 컵을 인터넷 쇼핑몰에서는 6000원에 살 수 있다. 그런데 인터넷 쇼핑몰에서 구입하면 2500원의 배송비가 든다. 이 컵을 몇 개 이상 살 때, 인터넷 쇼핑몰을 이용하는 것이 유리한지 구하시오.

19 어느 방송국에서는 프로그램 다시 보기를 유료 서비스로 운영하고 있다. 다시 보기 비용은 한 편당 500원인데 2000원을 내고 연회원이 되면 다시 보기 비용의 10 %를 할인하여 준다고 한다. 1년에 몇 편 이상 다시 보기를 할 때, 회원 가입을 하는 것이 유리한가?

① 38편   ② 39편   ③ 40편
④ 41편   ⑤ 42편

20 어느 도서 대여점에서 기본 회비 10000원을 내면 한 권의 대여료로 500원을 받고, 기본 회비를 내지 않으면 한 권의 대여료로 1000원을 받는다. 몇 권 이상 빌려야 기본 회비를 내는 것이 유리한가?

① 19권   ② 20권   ③ 21권
④ 22권   ⑤ 23권

21 다음 표는 어느 이동통신 회사에서 시행하고 있는 요금제의 계산 방식이다.

요금제	기본 요금 (원)	1분당 전화 요금 (원)
A	15000	180
B	18000	120

한 달 평균 이동전화 사용 시간이 몇 분 초과일 때, B 요금제가 유리한가?

① 35분   ② 40분   ③ 45분

④ 50분   ⑤ 55분

22 은정이네 반에서는 중간고사가 끝난 후, 미술관을 관람하기로 하고 희망자를 조사하였다. 청소년 요금은 6000원이고, 30명 이상의 단체는 20 %를 할인하여 준다고 한다. 몇 명 이상이면 30명의 단체 요금을 내는 것이 유리한가?

① 24명   ② 25명   ③ 26명

④ 27명   ⑤ 28명

23 어느 놀이 공원의 입장료가 14000원인데 단체로 30명 이상 입장할 경우에는 입장료의 3할을 할인하여 준다고 한다. 몇 명 이상이면 30명의 단체권을 사는 것이 유리한가?

① 20명   ② 21명   ③ 22명

④ 23명   ⑤ 24명

24 버스 요금은 1인당 900원이고, 택시는 기본 2 km까지는 요금이 2400원이고 그 이후부터는 200 m마다 100원씩 올라간다고 한다. 4명이 택시를 타고 간다고 할 때, 몇 km 미만까지는 택시를 타는 것이 버스를 타는 것보다 유리한지 구하시오. (단, 버스는 추가 요금이 없고, 택시의 속력은 일정하다.)

25 어느 뮤지컬 공연장에서 20명 이상 40명 미만의 단체에게는 1할 5푼, 40명 이상의 단체에게는 2할을 할인해 준다고 한다. 20명 이상 40명 미만의 단체는 몇 명 이상일 때, 40명의 단체 티켓을 사는 것이 유리한지 구하시오.

5 정수, 나이에 대한 문제

26 십의 자리의 숫자와 일의 자리의 숫자의 합이 8인 두 자리의 자연수가 있다. 이 자연수의 십의 자리의 숫자와 일의 자리의 숫자를 바꾼 수는 처음 수의 3배보다 크다고 할 때, 처음 자연수를 구하시오.

27 다음은 현석이와 성희의 나이에 대한 설명이다. 조건을 모두 만족시키는 현석이의 나이의 최댓값은?

> (가) 성희의 나이는 현석이의 나이의 5배보다 35세 적다.
> (나) 현석이의 나이를 4배하면 성희의 나이보다 5세 이상 많다.

① 25세   ② 30세   ③ 35세
④ 40세   ⑤ 45세

6 물건의 개수에 대한 문제

28 한 개에 500원인 빵과 한 개에 300원인 우유를 합하여 20개를 사는데 전체 금액이 9000원 이하가 되게 하려고 한다. 이때 빵은 최대 몇 개까지 살 수 있는가?

① 18개   ② 17개   ③ 16개
④ 15개   ⑤ 5개

29 한 송이에 700원인 장미와 한 송이에 400원인 카네이션을 합하여 10송이를 넣어 전체 가격이 6000원 미만인 꽃다발을 만들려고 한다. 이때 장미를 최대 몇 송이까지 넣을 수 있는지 구하시오.

7 도형에 대한 문제

30 가로의 길이가 세로의 길이보다 14 m 더 긴 직사각형 모양의 텃밭을 만들려고 한다. 둘레의 길이가 48 m 이상 56 m 미만이 되도록 할 때, 세로의 길이의 범위는?

① 5 m 이상 7 m 미만
② 7 m 이상 9 m 미만
③ 12 m 이상 14 m 미만
④ 17 m 이상 21 m 미만
⑤ 19 m 이상 21 m 미만

31 둘레의 길이가 34 이상 36 이하이고, 가로의 길이가 세로의 길이보다 3만큼 더 긴 직사각형이 있다. 이 직사각형의 변의 길이가 자연수일 때, 가로의 길이는?

① 8   ② 9   ③ 10
④ 11   ⑤ 12

32 삼각형의 세 변의 길이가 각각 $x+1$, $x+3$, $x+9$일 때, x의 값의 범위는?

① $x>3$ ② $x\geq5$ ③ $x>5$
④ $3\leq x<5$ ⑤ $3\leq x\leq5$

33 삼각형의 세 변의 길이가 각각 2, $x+1$, $2x+1$일 때, 자연수 x의 값을 구하시오.

34 오른쪽 그림과 같이 한 대각선의 길이가 4 cm인 마름모의 넓이가 40 cm² 이하일 때, 다른 대각선의 길이의 최댓값을 구하시오.

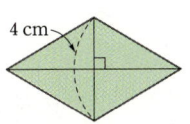

35 오른쪽 그림과 같이 윗변의 길이가 9 cm, 높이가 4 cm, 아랫변의 길이가 x cm인 사다리꼴이 있다. 이 사다리꼴의 넓이가 48 cm² 이하일 때, 아랫변의 길이의 최댓값은?

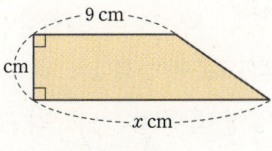

① 12 cm   ② 13 cm   ③ 14 cm
④ 15 cm   ⑤ 16 cm

36 윗변의 길이가 5 cm, 아랫변의 길이가 x cm, 높이가 4 cm인 사다리꼴이 있다. 이 사다리꼴의 넓이가 60 cm² 미만일 때, x의 값의 범위를 구하시오.

37 오른쪽 그림과 같은 직육면체 모양의 그릇에 물을 넣으려고 한다. 넣는 물의 양이 300 cm³ 미만일 때, 다음 중 물의 높이가 될 수 <u>없는</u> 것은?

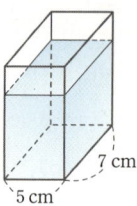

① 5 cm   ② 6 cm   ③ 7 cm

④ 8 cm   ⑤ 9 cm

38 오른쪽 그림과 같이 $\overline{BC}=5$ cm인 직사각형 ABCD를 $\overline{CD}$를 회전축으로 하여 1회전 시켰을 때 생기는 입체도형의 부피가 150π cm³ 이상 200π cm³ 이하라고 한다. 이때 $\overline{AB}$의 길이의 범위를 구하시오.

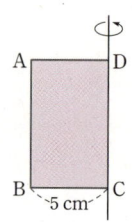

39 유나는 세 번의 수학 시험에서 각각 70점, 86점, 76점을 받았다. 네 번째 수학 시험에서 몇 점 이상을 받아야 평균이 80점 이상이 되는지 구하시오.

40 현정이는 네 번의 시험에서 각각 84점, 86점, 83점, 72점을 받았다. 다섯 번째 시험에서 최소 몇 점을 받아야 평균 점수가 80점 이상 82점 미만이 되는가?

① 75점   ② 78점   ③ 80점

④ 82점   ⑤ 85점

41 증명사진을 뽑는 데 15장에 8000원이고, 이후 한 장을 추가로 뽑을 때마다 300원씩 더 내야 한다고 한다. 사진을 몇 장 이상 뽑으면 1장당 가격이 400원 이하가 되는가?

① 20장   ② 24장   ③ 28장

④ 31장   ⑤ 35장

42 다음 두 공식을 이용하여 비만도를 계산할 때, 비만도 120% 이상부터 비만이라고 한다. 이때 키가 170 cm인 남자가 비만으로 판정되는 몸무게의 최솟값은? (단, 비만도는 소수 둘째 자리에서 반올림한다.)

> 1. 표준 몸무게 $\begin{cases} \text{남자 : 키}(\text{m})\text{의 제곱} \times 22 \\ \text{여자 : 키}(\text{m})\text{의 제곱} \times 21 \end{cases}$
>
> 2. (비만도) $= \dfrac{(\text{몸무게})}{(\text{표준 몸무게})} \times 100\%$

① 75.2 kg   ② 75.6 kg   ③ 76 kg

④ 76.3 kg   ⑤ 76.5 kg

43 상범이는 주말에 쇼핑을 하기 위해 백화점에 갔다가 주차 요금으로 4000원을 지불하였다. 주차 요금이 다음 표와 같을 때, 상범이가 몇 분 동안 주차했는지 구하시오.

시간	요금
30분 이하	무료
30분 초과 60분 이하	기본 2000원
60분 초과시 10분 단위	500원

44 생일에 친구들과 무한리필 음식점에 가려고 한다. 음식점의 1인당 이용 요금은 15000원이고, 다음과 같이 중복으로 적용되지 않는 두 종류의 할인 혜택이 있다. 몇 명 이상이 음식점을 이용할 때, VIP 카드로 할인 혜택을 받는 것이 유리한지 구하시오. (단, VIP 카드와 일반카드는 한 장으로 모두에게 할인됨.)

구분	VIP 카드	일반카드
가입비	5000원	없음
할인혜택	이용 요금 20% 할인	1인당 2000원 할인

45 어떤 일을 하는데 남자 1명이 하면 8일, 여자 1명이 하면 12일이 걸린다고 한다. 남자와 여자를 합하여 9명이 하루에 이 일을 끝내려면 남자는 최소 몇 명이 필요한가?

① 4명   ② 5명   ③ 6명

④ 7명   ⑤ 8명

단원 종합 문제

01 다음 중 문장을 부등식으로 나타낸 것으로 옳지 <u>않은</u> 것은?

① y보다 -2 작은 수는 5보다 작다. ➡ $y+2<5$
② b에 3을 더하면 8보다 크지 않다. ➡ $b+3<8$
③ 냉장고 냉장실의 온도 x ℃는 4 ℃ 미만이다.
  ➡ $x<4$
④ 민정이가 가진 돈 4100원과 일주일 동안 아르바이트
  하여 번 돈 a원을 합하면 10000원 이상이다.
  ➡ $a+4100\geq10000$
⑤ 우리나라 인구 x명의 5배는 일본의 인구 1억 3천 만
  명 보다 크다. ➡ $5x>130000000$

02 $a>b$일 때, 다음 중 옳지 <u>않은</u> 것을 모두 고르면?
(정답 2개)

① $a+1>b+1$ ② $\dfrac{5}{3}a-1>\dfrac{5}{3}b-1$
③ $a-3<b-3$ ④ $-\dfrac{a}{2}+\dfrac{1}{5}<-\dfrac{b}{2}+\dfrac{1}{5}$
⑤ $3-a>3-b$

03 $-5\leq -x-2<7$일 때, x의 값의 범위는
$a<x\leq b$이다. $a+b$의 값을 구하시오.

04 일차부등식 $3x-1<x+5$의 해가 $x<a$이고, 일
차부등식 $4x-2\leq 7x-8$의 해가 $x\geq b$일 때, 상수 a,
b에 대하여 ab의 값은?

① -3 ② -1 ③ 1
④ 3 ⑤ 6

05 부등식 $2(2x-1)<3x+2$를 만족시키는 자연수
의 개수는?

① 1 ② 3 ③ 5
④ 7 ⑤ 9

06 부등식 $\dfrac{2x-1}{3}-\dfrac{5x-3}{4}>1$을 만족시키는 가장 큰 정수는?

① -3 ② -2 ③ 11

④ 0   ⑤ 1

07 $a<0$일 때, x에 대한 일차부등식 $-\dfrac{x}{a}\leq3$의 해를 구하시오.

08 $a<-1$일 때, x에 관한 일차부등식 $3-2ax>x-6a$를 풀면?

① $x<-3$ ② $x>-3$ ③ $x<\dfrac{1}{3}$

④ $x<3$ ⑤ $x>3$

09 x에 관한 일차부등식 $\dfrac{5}{4}(x-a)\leq6-\dfrac{a}{2}x$의 해가 $x\leq3$일 때, 상수 a의 값을 구하시오.

10 $a<0<b<c$일 때, 다음 중 항상 옳은 것을 모두 고르시오.

┌─ 보기 ─┐

ㄱ. $a^2<b^2<c^2$ ㄴ. $a-c<a-b$

ㄷ. $-a+b>-a+c$

ㄹ. $a-b-c<-a+b-c$

ㅁ. $\dfrac{b}{a}<\dfrac{c}{a}$ ㅂ. $\dfrac{1}{b}-3>\dfrac{1}{c}-3$

11 부등식 $7-3x\leq5x-a$의 해 중에서 가장 작은 수가 2일 때, 상수 a의 값은?

① -8 ② -5 ③ -3

④ 5   ⑤ 9

12 부등식 $(a-1)x+3<a$의 해가 없을 때, 상수 a의 값은?

① -1　　　　② 0　　　　③ 1

④ 2　　　　⑤ 3

14 집에서 $0.9\,\text{km}$ 떨어진 학원까지 가는데 처음에는 분속 $20\,\text{m}$로 걷다가 늦을 것 같아 분속 $80\,\text{m}$로 뛰어서 15분 이내에 도착하였다. 걸어간 거리는 몇 m 이하인지 구하시오.

15 문구점에 색연필을 사러 가는데 갈 때에는 분속 $30\,\text{m}$, 올 때에는 분속 $20\,\text{m}$로 걸었다. 색연필을 사는 데 걸린 시간 10분을 포함하여 전체 40분 이내에 집에 돌아왔다. 문구점은 집에서 몇 m 이내에 있는지 구하시오.

13 다음 그림과 같이 한 변의 길이가 $20\,\text{cm}$인 정사각형 ABCD의 변 CD 위에 점 P, 변 BC 위에 점 Q를 $\overline{\text{DP}}=6\,\text{cm}$, $\overline{\text{BQ}}=x\,\text{cm}$가 되도록 정한다. △AQP의 넓이가 정사각형 ABCD의 넓이의 $\dfrac{2}{5}$ 이하가 될 때, 다음 중 x의 값으로 적당한 것은?

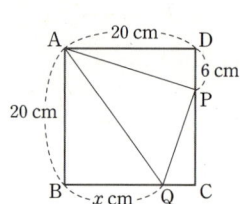

① 7　　　　② 9　　　　③ 11

④ 13　　　　⑤ 15

16 오후 4시에 출발하는 기차를 타기 위해 오후 3시에 역에 도착하였다. 출발 시각까지 남은 시간을 이용하여 선물을 사려고 하는데, 선물을 고르는 데 20분이 걸린다고 한다. 시속 $4\,\text{km}$로 걸어서 갔다 오려고 할 때, 역에서 몇 km 이내에 있는 상점을 이용해야 하는가? (단, 역에서 기차 타는 곳까지 가는 데 걸리는 시간은 생각하지 않는다.)

① $\dfrac{1}{3}\,\text{km}$　　　　② $\dfrac{2}{3}\,\text{km}$　　　　③ $1\,\text{km}$

④ $\dfrac{4}{3}\,\text{km}$　　　　⑤ $\dfrac{5}{3}\,\text{km}$

17 12 %의 소금물 450 g에 8 %의 소금물을 섞어서 농도가 10 % 이하인 소금물을 만들려고 한다. 이때 8 %의 소금물을 몇 g 이상 섞어야 하는지 구하시오.

18 한 개에 200원인 사탕과 한 개에 500원인 과자를 모두 합하여 12개를 사고 4500원 이하로 지출하려고 한다. 과자를 최대 몇 개까지 살 수 있는지 구하시오.

19 어느 책 대여점은 3권까지는 5000원이고, 더 대여를 할 경우에는 1권 당 800원의 대여비가 추가 된다고 한다. 책 대여비를 총 7000원 이상 9000원 이하가 되게 하려면 책을 몇 권 빌릴 수 있는가?

① 2권 이상 5권 이하   ② 3권 이상 5권 이하
③ 5권 이상 7권 이하   ④ 5권 이상 8권 이하
⑤ 6권 이상 8권 이하

20 어떤 놀이공원의 입장료는 6000원이고, 50명 이상의 단체에 대해서는 입장료의 25 %를 할인해 준다고 한다. 몇 명 이상이 입장할 때, 50명의 단체 입장권을 사는 것이 유리한가?

① 36명   ② 37명   ③ 38명
④ 39명   ⑤ 40명

21 원가가 4000원인 도시락을 정가의 20 %를 할인하여 팔고도 원가의 10 % 이상의 이익을 얻으려면 정가는 얼마 이상으로 정해야 하는가?

① 4500원   ② 5000원   ③ 5500원
④ 6000원   ⑤ 6500원

22 $a>0$, $b<0$, $a+b<0$일 때, 다음 **보기**에서 옳은 것을 모두 고르시오.

---보기---
ㄱ. $a^2-b^2>0$ ㄴ. $a^2b-ab^2<0$
ㄷ. $a^3-b^3<0$
---

24 다음 그림은 부피가 $2k$ cm^3, 겉넓이가 k cm^{2}인 정육면체이다. 이 정육면체의 가로, 세로, 높이를 모두 똑같이 n등분하여 만들어진 작은 정육면체의 겉넓이의 합 S cm^{2}과 전체 부피의 합 V cm^{3}에서 $S>V$가 되려면 적어도 몇 등분 해야하는지 구하시오.

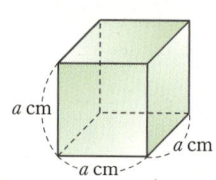

23 기호 $[n]$은 유리수 n을 소수 첫째 자리에서 반올림한 값을 나타내고, 기호 $\langle n \rangle$은 유리수 n을 소수 첫째 자리에서 올림한 값을 나타낸다고 할 때,

부등식 $3<\left[\dfrac{x-5}{4}\right]<6$을 만족시키는 정수 x의 개수와

부등식 $5<\left\langle\dfrac{y-4}{3}\right\rangle<8$을 만족시키는 정수 y의 개수의 합을 구하시오.

25 어느 댐에서 비가 많이 왔을 경우를 대비하여 댐에 고여있는 5000톤의 물과 매분 200톤의 비율로 유입되는 물을 15개의 수문을 동시에 열어 10분 만에 모두 흘려보냈다. 다음 날 내린 비로 7500톤의 물이 고였고 매분 300톤의 비율로 물이 유입되고 있다고 할 때, 이 댐의 물을 30분 이내에 모두 흘려보내려면 최소한 몇 개의 수문을 열어야 하는지 구하시오. (단, 각 수문이 1분 동안 흘려보내는 물의 양은 같다.)

연립방정식

식의 확장!

일차방정식과 연립방정식

일차방정식의 확장 (1)

미지수가 2개!

$x = \cdots$ 2 3 4 $\cdots$

$$x + y = 2$$

$y = \cdots$ 0 -1 -2 $\cdots$

식을 만족하는 모든 순서쌍 (x, y)

$\cdots$ (2, 0), (3, −1), (4, −2) $\cdots$

일차방정식의 해

일차방정식의 확장 (2)

식이 2개!

$x = \cdots$ 2 3 4 $\cdots$

$$x + y = 2$$ ──── ①

$y = \cdots$ 0 -1 -2 $\cdots$

(2, 0), (3, −1), (4, −2) $\cdots$

$x = \cdots$ 2 3 4 $\cdots$

$$x - y = 4$$ ──── ②

$y = \cdots -2$ -1 0 $\cdots$

(2, −2), (3, −1), (4, 0) $\cdots$

①, ② 두 방정식의 공통 해 ⟹ (3, −1)

---

1 미지수가 2개인 일차방정식

1) 미지수가 2개인 일차방정식

미지수가 2개이고 그 차수가 모두 1인 방정식

2) 두 미지수 x, y에 대한 일차방정식

$ax + by + c = 0$ (a, b, c는 상수, $a \neq 0$, $b \neq 0$)

3) 미지수가 2개인 일차방정식의 해

두 미지수 x, y에 대한 일차방정식을 만족시키는 x, y의 값 또는 순서쌍 (x, y)

㉠ x, y가 자연수일 때, $x + y = 3$의 해는 $x = 1$, $y = 2$ 또는 $x = 2$, $y = 1$이다. 이를 순서쌍으로 나타내면 $(1, 2)$, $(2, 1)$이다.

4) 일차방정식을 푼다.

일차방정식의 해를 모두 구하는 것

2 미지수가 2개인 연립일차방정식

1) 미지수가 2개인 연립일차방정식

미지수가 2개인 일차방정식 두 개를 한 쌍으로 묶어 놓은 것

㉠ $\begin{cases} x + y = 8 \\ 2x + y = 11 \end{cases}$, $\begin{cases} 3x - \dfrac{1}{2}y = 7 \\ 5x + 2y = 1 \end{cases}$

2) 연립방정식의 해

연립방정식을 이루고 있는 두 일차방정식을 동시에 만족시키는 미지수 x, y의 값 또는 순서쌍 (x, y)

3) 연립방정식을 푼다.

연립방정식의 해를 구하는 것

㉠ x, y가 자연수일 때, 연립방정식 $\begin{cases} x + y = 4 & \cdots\cdots ㉠ \\ x + 2y = 5 & \cdots\cdots ㉡ \end{cases}$을 풀어 보자.

㉠의 해를 구하면

x	1	2	3
y	3	2	1

㉡의 해를 구하면

x	1	3
y	2	1

따라서 주어진 연립방정식의 해는 $x = 3$, $y = 1$ 또는 $(3, 1)$이다.

연립방정식의 풀이(1)

식끼리 더하거나 빼거나!

$$x - y = 4$$
$$+)\underline{x + y = 2}$$

(더해서 y를 없애!)

$$2x \quad\;\; = 6$$
$$x \quad\;\; = 3$$

대입 ➡ $y = -1$

따라서 $x = 3,\ y = -1$

$$x - y = 4$$
$$-)\underline{x + y = 2}$$

(빼서 x를 없애!)

$$-2y = 2$$
$$y = -1$$

대입 ➡ $x = 3$

따라서 $x = 3,\ y = -1$

연립방정식의 풀이(2)

한 식을 다른 식에 대입!

$$\begin{cases} y = x - 1 \\ x + 2y = 4 \end{cases}$$

대입

(괄호로 꼭 묶어!)

$$x + 2(x - 1) = 4$$

대입 ➡ $y = 1$

$$3x = 6$$
$$x = 2$$

따라서 $x = 2,\ y = 1$

---

3 연립방정식의 풀이 – 가감법

1) 소거

미지수가 2개인 연립방정식에서 한 미지수를 없애는 것

2) 가감법

두 일차방정식을 변끼리 더하거나 빼서 한 미지수를 소거하여 연립방정식의 해를 구하는 방법이다.

3) 가감법을 이용한 연립방정식의 풀이

① 소거하려는 미지수의 계수의 절댓값이 같아지도록 각 방정식의 양변에 적당한 수를 곱한다.

② 소거하려는 문자의 계수의 절댓값이 같고, 부호가

$$\begin{cases} \text{같으면} \Rightarrow \text{두 방정식을 변끼리 뺀다.} \\ \text{다르면} \Rightarrow \text{두 방정식을 변끼리 더한다.} \end{cases}$$

③ ②의 방정식을 풀어서 구한 해를 두 일차방정식 중 간단한 일차방정식에 대입하여 다른 미지수의 값을 구한다.

(예) 연립방정식 $\begin{cases} x - 2y = -5 & \cdots\cdots ㉠ \\ 2x - y = -1 & \cdots\cdots ㉡ \end{cases}$ 을 가감법으로 풀어 보자.

㉠ × 2 − ㉡을 하면

$$\begin{array}{r} 2x - 4y = -10 \\ -)\;\underline{2x - y = -1} \\ -3y = -9 \quad \therefore y = 3 \end{array}$$

$y = 3$을 ㉠에 대입하면 $x - 6 = -5$ $\therefore x = 1$

따라서 주어진 연립방정식의 해는 $x = 1,\ y = 3$이다.

---

4 연립방정식의 풀이 – 대입법

1) 대입법

연립방정식의 한 일차방정식을 한 미지수에 대하여 푼 후 그것을 다른 일차방정식에 대입하여 연립방정식의 해를 구하는 방법이다.

2) 대입법을 이용한 연립방정식의 풀이

① 한 일차방정식을 한 미지수에 대하여 푼다.

② ①의 방정식을 다른 일차방정식에 대입하여 미지수 하나를 소거한다.

③ ②의 방정식을 풀어서 구한 해를 ①의 방정식에 대입하여 다른 미지수의 값을 구한다.

(예) 연립방정식 $\begin{cases} x - y = 3 & \cdots\cdots ㉠ \\ x + y = 5 & \cdots\cdots ㉡ \end{cases}$ 을 대입법으로 풀어 보자.

㉠을 x에 대하여 풀면 $x = y + 3$ $\cdots\cdots ㉢$

㉢을 ㉡에 대입하면 $(y + 3) + y = 5,\ 2y = 2$ $\therefore y = 1$

$y = 1$을 ㉢에 대입하면 $x = 1 + 3 = 4$

따라서 주어진 연립방정식의 해는 $x = 4,\ y = 1$이다.

계수를 정수로!

간단하게 만들기!

$$\begin{cases} 2(x+y)-y=1 \\ 2x-(x-y)=2 \end{cases} \xrightarrow[\substack{\text{동류항끼리} \\ \text{간단히 정리!}}]{\text{괄호를 풀어}} \begin{cases} 2x+y=1 \\ x+y=2 \end{cases}$$

$$\begin{cases} 0.3x+0.2y=0.1 \xrightarrow{\times 10} \\ 0.02x+0.03y=0.04 \xrightarrow{\times 100} \end{cases} \xrightarrow{\substack{\text{양변에 10의} \\ \text{거듭제곱을 곱해!}}} \begin{cases} 3x+2y=1 \\ 2x+3y=4 \end{cases}$$

$$\begin{cases} \dfrac{1}{2}x+y=1 \xrightarrow{\times 2} \\ \dfrac{1}{2}x-\dfrac{3}{4}y=1 \xrightarrow{\times 4} \end{cases} \xrightarrow{\substack{\text{양변에 분모의} \\ \text{최소공배수를 곱해!}}} \begin{cases} x+2y=2 \\ 2x-3y=4 \end{cases}$$

분리되는 방정식!

분리하면 새로운 방정식!

$$A=B=C$$
↓ 방정식을 분리해!
$$A=B, \ B=C, \ A=C$$
↓ 간단한 식 2개를 택해!
$$\begin{cases} A=B \\ B=C \end{cases} \begin{cases} A=B \\ A=C \end{cases} \begin{cases} B=C \\ A=C \end{cases}$$

많거나 없거나!

특수한 해를 갖는 방정식!

해가 무수히 많은 연립방정식

$$\begin{cases} x+y=2 \\ 2x+2y=4 \end{cases} \xrightarrow{\text{양변에} \times 2} \begin{cases} 2x+2y=4 \\ 2x+2y=4 \end{cases}$$

일차방정식이 일치하므로
해가 무수히 많다.

해가 없는 연립방정식

$$\begin{cases} x+y=2 \\ 2x+2y=3 \end{cases} \xrightarrow{\text{양변에} \times 2} \begin{cases} 2x+2y=4 \\ 2x+2y=3 \end{cases}$$

x, y의 계수가 같고, 상수항이
서로 다르므로 해가 없다.

---

5 복잡한 연립방정식

1) 괄호가 있는 연립방정식

분배법칙을 이용하여 괄호를 풀고 동류항끼리 정리하여 식을 간단히 한 후 푼다.

예 $\begin{cases} 2x-(y-1)=6 \\ x-2(3x+y)=2 \end{cases} \xrightarrow[\text{풀면}]{\text{괄호를}} \begin{cases} 2x-y+1=6 \\ x-6x-2y=2 \end{cases} \xrightarrow[\text{정리하면}]{\text{동류항끼리}} \begin{cases} 2x-y=5 \\ -5x-2y=2 \end{cases}$

2) 계수나 상수항이 소수인 연립방정식

양변에 10, 100, 1000, … 과 같은 10의 거듭제곱을 곱하여 계수나 상수항을 모두 정수로 바꾸어 푼다.

3) 계수나 상수항이 분수인 연립방정식

양변에 분모의 최소공배수를 곱하여 계수나 상수항을 모두 정수로 바꾸어 푼다.

---

6 $A=B=C$ 꼴의 연립방정식

연립방정식 $\begin{cases} A=B \\ A=C \end{cases}, \begin{cases} A=B \\ B=C \end{cases}, \begin{cases} A=C \\ B=C \end{cases}$ 중 간단한 것 하나를 골라서 푼다.

---

7 해가 특수한 연립방정식

x, y에 대한 연립방정식 $\begin{cases} ax+by=c \\ a'x+b'y=c' \end{cases}$ 에 대하여 해가 무수히 많거나 해가 없는 연립방정식도 있다.

1) 해가 무수히 많은 경우

① 계수의 비 : $\dfrac{a}{a'}=\dfrac{b}{b'}=\dfrac{c}{c'}$

② 두 방정식 중 하나의 방정식에 적당한 수를 곱하였을 때, 두 방정식이 일치한다.

③ 가감법을 이용해 한 미지수를 소거하면 $0 \times x=0$ 또는 $0 \times y=0$의 꼴이다.

2) 해가 없는 경우

① 계수의 비 : $\dfrac{a}{a'}=\dfrac{b}{b'}\neq\dfrac{c}{c'}$

② 두 방정식 중 하나의 방정식에 적당한 수를 곱하였을 때, 상수항을 제외한 나머지 부분이 일치한다.

③ 가감법을 이용해 한 미지수를 소거하면 $0 \times x=$ (0이 아닌 상수) 또는 $0 \times y=$ (0이 아닌 상수)의 꼴이다.

개념+ 연립방정식 $\begin{cases} ax+by=c \\ a'x+b'y=c' \end{cases}$ 에서 계수의 비가 $\dfrac{a}{a'}\neq\dfrac{b}{b'}$ 이면 해는 1개다.

주제별
실력다지기

1 미지수가 2개인 일차방정식

01 다음 중 두 미지수 x, y에 대한 일차방정식이 <u>아닌</u> 것을 모두 고르면? (정답 2개)

① $7x - 4y - 1 = 0$ ② $-\dfrac{y}{5} = \dfrac{1}{x} + 2$

③ $y + xy = 3x + xy + 9$ ④ $xy - 2x + y = 0$

⑤ $2x(x+1) = 2x^2 + x - y$

02 다음 중 $a^2 x + y = 4x - y$가 미지수가 2개인 일차방정식이 되기 위한 상수 a의 값으로 적당하지 <u>않은</u> 것을 모두 고르면? (정답 2개)

① -2 ② -1 ③ 0

④ 1 ⑤ 2

정답과 풀이 28쪽

03 다음 문장에서 x, y 사이의 관계를 나타낸 식이 미지수가 2개인 일차방정식이 <u>아닌</u> 것은?

① 밑변의 길이가 x cm, 높이가 5 cm인 삼각형의 넓이는 y cm²이다.

② 한 자루에 200원인 연필 x자루와 한 권에 500원인 공책 y권은 3600원이다.

③ y를 x로 나누면 몫이 6이고, 나머지는 5이다.

④ 가로의 길이가 x cm, 세로의 길이가 y cm인 직사각형의 넓이는 90 cm²이다.

⑤ 농구 시합에서 2점 슛 x골, 3점 슛 y골을 넣어 총 40점을 득점하였다.

04 20 %의 소금물 x g과 25 %의 소금물 y g에 녹아 있는 소금의 양을 모두 합하면 15 g일 때, 이를 두 미지수 x, y에 대한 일차방정식으로 나타내면?

① $\dfrac{20}{100}x + \dfrac{25}{100}y = 15$

② $\dfrac{25}{100}x + \dfrac{20}{100}y = 15$

③ $\dfrac{20}{100}x + \dfrac{25}{100}y = 15(x+y)$

④ $x + y = 15$

⑤ $20x + 25y = 15$

05 두 미지수 x, y가 10 이하의 자연수일 때, 일차방정식 $2x - y = 3$을 만족시키는 순서쌍 (x, y)의 개수를 구하시오.

06 두 미지수 x, y가 자연수일 때, 일차방정식 $3x+y-15=0$을 만족시키는 순서쌍 (x, y)의 개수는?

① 2   ② 3   ③ 4

④ 5   ⑤ 6

07 일차방정식 $3x+2y=33$을 만족시키는 순서쌍 (x, y)의 개수를 구하시오. (단, x, y는 자연수)

08 a, b에 대하여 $a \odot b = 2a+b$로 약속할 때, $x \odot y = (5-y) \odot x$를 만족시키는 자연수의 순서쌍 (x, y)를 모두 구하시오.

09 x, y가 자연수일 때, 방정식 $2x-|x-5|=20-3y-2x$의 해를 구하시오.

수!
$$|a| = \begin{cases} a & (a \geq 0) \\ -a & (a < 0) \end{cases}$$

식!
$$|x-1| = \begin{cases} x-1 & (x-1 \geq 0) \\ -x+1 & (x-1 < 0) \end{cases}$$

고등에서 배워!

10 순서쌍 $(-2, 1)$, $(b, 4)$가 일차방정식 $3x+ay=1$의 해일 때, 상수 a, b에 대하여 $a+b$의 값을 구하시오.

11 x, y에 대한 일차방정식
$(2b-3a)x-(2a-3b)y=0$의 해가 $x=-\dfrac{1}{2}$, $y=2$
일 때, x에 대한 일차방정식 $ax-4b=3a-2bx$의 해
를 구하시오. (단, $a\ne0$)

12 순서쌍 $\left(1, \dfrac{a}{2}\right)$, $(b, 3)$이 일차방정식
$2(a^2+x)+4a(1-y)-3=0$의 해일 때, 상수 a, b에
대하여 $4a-16b$의 값을 구하시오.

2 연립일차방정식

13 연립방정식 $\begin{cases} 4x-3y=6 \\ ax+y=8 \end{cases}$의 해가 $x=3$, $y=b$일
때, 상수 a, b에 대하여 ab의 값을 구하시오.

14 연립방정식 $\begin{cases} 2x-ay=3 \\ bx+3y=5 \end{cases}$의 해는 $(-2, 1)$이고,
이 해는 일차방정식 $ax+by=c$도 만족시킬 때, c의 값
은? (단, a, b, c는 상수)

① -3 ② 5   ③ 9
④ 13   ⑤ 15

15 다음 연립방정식을 푸시오.

(1) $\begin{cases} x+y=5 \\ x-y=-7 \end{cases}$

(2) $\begin{cases} x+2y=3 \\ 3x+2y=-1 \end{cases}$

(3) $\begin{cases} 3x-4y=10 \\ -3x+2y=10 \end{cases}$

(4) $\begin{cases} -3x+2y=4 \\ 2x-7y=3 \end{cases}$

16 다음 연립방정식을 푸시오.

(1) $\begin{cases} y=x-2 \\ 5x-y=10 \end{cases}$

(2) $\begin{cases} y=5x-7 \\ y=3x+1 \end{cases}$

(3) $\begin{cases} x=2y+3 \\ 3x=2y+1 \end{cases}$

(4) $\begin{cases} y=3x-2 \\ 3x-2y=5 \end{cases}$

17 연립방정식 $\begin{cases} ax+by=3 \\ -3bx+ay=1 \end{cases}$의 해가 $x=1$, $y=-1$일 때, 상수 a, b에 대하여 ab의 값은?

① -2 ② -1 ③ 1

④ 2 ⑤ 3

18 연립방정식 $\begin{cases} ay=x+14 \\ 3x+2ay=8 \end{cases}$의 해가 $\left(b, \dfrac{5}{2}\right)$일 때, 상수 a, b에 대하여 $a-2b$의 값은?

① -4 ② -3 ③ 8

④ 10 ⑤ 12

3 연립방정식의 해가 다른 일차방정식을 만족시킬 때

19 일차방정식 $-3x+2y-12=-5x$를 만족시키는 y의 값이 x의 값의 2배일 때, y의 값은?

① -12 ② -4 ③ 4

④ 6 ⑤ 12

20 연립방정식 $\begin{cases} x-y=a \\ 2x+3y=15-3a \end{cases}$ 를 만족시키는 x의 값이 y의 값의 3배일 때, 상수 a의 값은?

① -2 ② -1 ③ 0
④ 2 ⑤ 4

21 일차방정식 $5x-2y=20$을 만족시키는 x, y의 값의 비가 $4:5$일 때, $x+y$의 값은?

① -4 ② -3 ③ 7
④ 18 ⑤ 27

22 두 일차방정식 $x+3y=-6$, $ax-2y=5$의 그래프의 교점의 x좌표와 y좌표의 비가 $3:1$일 때, 상수 a의 값을 구하시오.

23 세 일차방정식 $6x-y=-4$, $ax+2y=-6$, $4x-y=0$이 한 개의 공통인 해를 가질 때, 상수 a의 값은?

① -19 ② -11 ③ -5
④ 5 ⑤ 19

24 두 연립방정식 $\begin{cases} 2x-y=4 \\ 4x+5y=a \end{cases}$, $\begin{cases} bx-4y=1 \\ x+3y=9 \end{cases}$의 해가 같을 때, 상수 a, b의 값은?

① $a=-6$, $b=-7$ ② $a=-6$, $b=3$

③ $a=1$, $b=-2$ ④ $a=22$, $b=2$

⑤ $a=22$, $b=3$

25 선영이는 연립방정식 $\begin{cases} 2x+ay=2 \\ x+2y=7 \end{cases}$을 풀고, 지영이는 연립방정식 $\begin{cases} 4x+3y=-2 \\ bx+y=1 \end{cases}$을 풀었더니 같은 해가 나왔다. 이때 상수 a, b에 대하여 $a+b$의 값은?

① -9 ② -5 ③ -1

④ 3 ⑤ 7

26 다음 두 연립방정식의 해가 같을 때, 상수 m, n에 대하여 $\dfrac{n}{m}$의 값을 구하시오.

$$\begin{cases} x+2y=4 \\ ny-mx=9 \end{cases}, \begin{cases} -x+3y=-9 \\ 2x+ny=my \end{cases}$$

27 다음 네 일차방정식이 공통인 해를 가질 때, 상수 a, b에 대하여 $a+b$의 값을 구하시오.

$$x-3y=0, \quad bx-ay=-4,$$
$$ax-by=-4, \quad x-2y=2$$

4 계수를 잘못 보고 푼 연립방정식

28 연립방정식 $\begin{cases} 3x+2y=6 & \cdots\cdots ㉠ \\ 4x+3y=7 & \cdots\cdots ㉡ \end{cases}$ 에서 ㉠의 x의 계수를 잘못 보고 풀었더니 $y=5$이었다. ㉠의 x의 계수를 어떤 수로 잘못 보았는가?

① -3 　　 ② -2 　　 ③ 1

④ 2 　　 ⑤ 8

29 현정이가 연립방정식 $\begin{cases} y=2x+a \\ 2x-3y=5 \end{cases}$ 를 푸는데 상수 a를 잘못 보고 풀어서 $x=-2$를 얻었다. 현정이는 a를 어떤 수로 잘못 보았는가?

① 1 　　 ② 2 　　 ③ 3

④ 4 　　 ⑤ 5

30 연립방정식 $\begin{cases} ax+by=3 \\ cx+5y=8 \end{cases}$ 을 푸는데 현정이는 바르게 풀어서 $x=2$, $y=2$를 얻고, 나연이는 c를 잘못 보고 풀어서 $x=-4$, $y=1$을 얻었다. 이때 상수 a, b, c에 대하여 $b-ac$의 값은?

① $\dfrac{5}{2}$ 　　 ② $\dfrac{3}{2}$ 　　 ③ $\dfrac{1}{2}$

④ 0 　　 ⑤ -1

31 연립방정식 $\begin{cases} ax+by=5 \\ cx-3y=7 \end{cases}$ 을 푸는데 지민이는 바르게 풀어서 $x=2$, $y=1$을 얻고, 은정이는 c를 잘못 보고 풀어서 $x=1$, $y=3$을 얻었다고 한다. 이때 상수 a, b, c에 대하여 $ab-c$의 값은?

① -7 　　 ② -3 　　 ③ 1

④ 5 　　 ⑤ 10

32 연립방정식 $\begin{cases} mx-ny=3 \\ nx+my=14 \end{cases}$ 를 푸는데 잘못하여 m과 n을 바꾸어 풀었더니 $x=-1$, $y=2$이었다. 이때 상수 m, n에 대하여 $m-n$의 값은?

① 9　　　　　② 5　　　　　③ 1

④ -5　　　　⑤ -9

33 연립방정식 $\begin{cases} x=ay+3 \\ -2x-y=8 \end{cases}$ 에서 x와 y를 바꾸어 풀었더니 $x=b$, $y=-5$이었다. 이때 상수 a, b에 대하여 $a+b$의 값은?

① -4　　　　② -2　　　　③ 0

④ 2　　　　　⑤ 4

34 연립방정식 $\begin{cases} ax+by=5 \\ bx+ay=7 \end{cases}$ 을 풀 때, a, b를 바꾸어 놓고 풀었더니 $x=1$, $y=3$이 되었다. 처음에 주어진 연립방정식의 해는? (단, a, b는 상수)

① $x=1$, $y=2$　　　　② $x=1$, $y=3$

③ $x=2$, $y=1$　　　　④ $x=3$, $y=1$

⑤ $x=5$, $y=-1$

35 연립방정식 $\begin{cases} ax+by=8 \\ bx+ay=7 \end{cases}$ 을 푸는데 잘못하여 a와 b를 바꾸어 놓고 풀었더니 $x=3$, $y=2$이었다. 바르게 구한 해를 $x=m$, $y=n$이라 할 때, $an-bm$의 값을 구하시오. (단, a, b는 상수)

5 복잡한 연립방정식의 풀이

36 연립방정식 $\begin{cases} 5(x-y)+3=17-2(x-1) \\ x:y=1:3 \end{cases}$ 을 풀면?

① $x=-2, y=-6$ ② $x=-1, y=-3$

③ $x=1, y=3$ ④ $x=2, y=6$

⑤ $x=8, y=\dfrac{8}{3}$

37 연립방정식 $\begin{cases} 3(x-y)+5y=2 \\ 7x-2(3x-y)=14 \end{cases}$ 의 해가 $x=m, y=n$일 때, $m+n$의 값은?

① -5 ② 0 ③ 4

④ 10 ⑤ 16

38 연립방정식 $\begin{cases} -3(x-y)+5y=a-1 \\ -2x+4(y+1)=2 \end{cases}$ 의 해가 $x=b, y=2$일 때, 상수 a의 값은?

① 1 ② 2 ③ 3

④ 4 ⑤ 5

39 연립방정식 $\begin{cases} \dfrac{1}{3}x+\dfrac{1}{4}y=\dfrac{1}{2} \\ \dfrac{1}{2}x-\dfrac{3}{5}y=4 \end{cases}$ 를 만족시키는 x, y 에 대하여 $x-3y$의 값을 구하시오.

40 연립방정식 $\begin{cases} x-2.8y=1.5 \\ 0.02x+0.04y=0.15 \end{cases}$ 를 풀면?

① $x=-5, y=\dfrac{5}{4}$ ② $x=\dfrac{4}{5}, y=\dfrac{5}{4}$

③ $x=\dfrac{5}{3}, y=\dfrac{5}{4}$ ④ $x=5, y=-4$

⑤ $x=5, y=\dfrac{5}{4}$

41 연립방정식 $\begin{cases} \dfrac{x}{5} + \dfrac{2}{3}y = -2 \\ -0.6x - 1.7y = 3.3 \end{cases}$ 을 풀면?

① $x = -20,\ y = -9$ ② $x = -20,\ y = 9$

③ $x = 20,\ y = -9$ ④ $x = 40,\ y = -9$

⑤ $x = 40,\ y = 9$

42 연립방정식 $\begin{cases} \dfrac{1}{2}x - 0.6y = -1.3 \\ 0.3x + \dfrac{1}{5}y = -0.5 \end{cases}$ 의 해를 $x = a$,

$y = b$라 할 때, ab의 값은?

① $-\dfrac{3}{2}$ ② -1 ③ $-\dfrac{17}{20}$

④ 1 ⑤ $\dfrac{3}{2}$

43 $\langle a,\ b \rangle \circ \langle x,\ y \rangle = ax - by$라고 약속할 때,

연립방정식 $\begin{cases} \langle 3,\ -2 \rangle \circ \langle -x-1,\ y \rangle = 5 \\ \langle -1,\ 4 \rangle \circ \langle x,\ -y+1 \rangle = -3 \end{cases}$ 을 만족시

키는 x, y의 값을 구하시오.

44 연립방정식 $\begin{cases} 2mx + y = -4 \\ -mx + y = 14 \end{cases}$ 의 해의 최대공약수

는 2이고 최소공배수는 24일 때, 상수 m의 값과 연립방정식의 해를 각각 구하시오.

6 치환을 이용하는 경우

45 연립방정식 $\begin{cases} \dfrac{2}{x} + \dfrac{1}{y} = 9 \\ \dfrac{1}{x} + \dfrac{2}{y} = 12 \end{cases}$ 를 만족시키는 x, y에

대하여 xy의 값을 구하시오.

46 연립방정식 $\begin{cases} \dfrac{a}{x} - \dfrac{1}{y} = 3 \\ \dfrac{4}{x} + \dfrac{b}{y} = 6 \end{cases}$ 의 해가 $x=1$, $y=-\dfrac{1}{2}$

일 때, 상수 a, b에 대하여 $a+b$의 값은?

① -2 ② -1 ③ 0

④ 1 ⑤ 2

47 연립방정식 $\begin{cases} 3x + 2y = -xy \\ 4x - y = -5xy \end{cases}$ 를 만족시키는 x, y

의 값을 각각 구하시오. (단, $xy \neq 0$)

48 두 연립방정식 $\begin{cases} ax + by = 3 \\ 6x - 2y = xy \end{cases}$ 와 $\begin{cases} ax - by = 5 \\ 3x + 4y = 3xy \end{cases}$

의 해가 같을 때, 상수 a, b에 대하여 $\dfrac{a}{b}$의 값을 구하시오.

7 $A=B=C$ 꼴의 연립방정식

49 연립방정식 $3x - 2y + 1 = x - 5y + 5 = -4y - 3$
을 만족시키는 x, y에 대하여 xy의 값은?

① -16 ② -15 ③ -12

④ 12 ⑤ 16

50 연립방정식 $3x+y=9x+9y=x-2y+5$의 해가 $x=a$, $y=b$일 때, $a+2b$의 값을 구하시오.

51 연립방정식 $x-5=-13y-x=y+5$의 해가 일차방정식 $ax+4y=5$를 만족시킬 때, 상수 a의 값은?

① -1 ② 1 ③ 3
④ 5 ⑤ 7

52 연립방정식 $ax+2y=-15x+by=x+y+7$의 해가 $x=2$, $y=-3$일 때, 상수 a, b에 대하여 $a-b$의 값을 구하시오.

53 연립방정식 $\dfrac{x+2y}{4}=\dfrac{2x+3y-6}{3}=1$을 만족시키는 x, y에 대하여 xy의 값은?

① -6 ② -5 ③ -3
④ 5 ⑤ 6

54 연립방정식

$\frac{2}{3}x - \frac{1}{2}y - \frac{1}{3} = \frac{1}{2}x + \frac{1}{3}y + \frac{5}{3} = -y$의 해가 일차방

정식 $2x + y = k$를 만족시킬 때, 상수 k의 값을 구하시오.

56 연립방정식 $2x + 3y = 8x + 11y = k$를 만족시키는 x, y가 일차방정식 $x + y = -5$를 만족시킬 때, 상수 k의 값을 구하시오.

55 다음 연립방정식을 푸시오.

$$0.2(x - y) - 0.3y = \frac{8}{5}x + \frac{1}{2}y = 1.2$$

57 다음 연립방정식을 만족시키는 상수 a, b에 대하여 $a - b$의 값을 구하시오.

$$4x - 2y = 3x - 4y + a = -x + 3y = 2a - 3b + 1 = 4$$

III 연립방정식

58 다음 연립방정식을 푸시오.

(1) $\begin{cases} x-y=-5 \\ 2x-2y=10 \end{cases}$ (2) $\begin{cases} x-3y=2 \\ 3x-9y=6 \end{cases}$

59 다음 **보기** 중에서 두 방정식을 한 쌍으로 하는 연립방정식을 만들었을 때, 해가 <u>없는</u> 것은?

보기
ㄱ. $2x-y=1$ ㄴ. $4x-y=2$
ㄷ. $x=2y$ ㄹ. $6x-3y=1$

① ㄱ, ㄴ ② ㄱ, ㄷ ③ ㄱ, ㄹ
④ ㄴ, ㄷ ⑤ ㄷ, ㄹ

60 연립방정식 $\begin{cases} -2x+5y=-2 \\ 4x-10y=a \end{cases}$ 의 해가 존재하지 않을 때, 다음 중 상수 a의 값이 될 수 <u>없는</u> 것은?

① -2 ② 1 ③ 2
④ 3 ⑤ 4

61 연립방정식 $\begin{cases} 6x+2y=2a-2 \\ 3x+y=4a+5 \end{cases}$ 가 해를 갖지 않도록 하는 상수 a의 조건은?

① $a=-2$ ② $a\neq-2$ ③ $a=2$
④ $a\neq2$ ⑤ $a\neq\pm2$

62 두 일차방정식 $-3x+6y=7$, $x+(a+1)y=3a$
의 공통인 해가 없을 때, 상수 a의 값을 구하시오.

63 연립방정식 $\begin{cases} x-ay=4 \\ -2x-y=b \end{cases}$ 의 해가 존재하지 않도
록 하는 상수 a, b의 조건은?

① $a=-2$, $b=8$ ② $a=-2$, $b\neq 8$

③ $a\neq -\dfrac{1}{2}$, $b=-8$ ④ $a=-\dfrac{1}{2}$, $b\neq -8$

⑤ $a=-\dfrac{1}{2}$, $b=-8$

64 다음 연립방정식 중 해가 무수히 많은 것은?

① $\begin{cases} x-y=1 \\ 3x-3y=-3 \end{cases}$ ② $\begin{cases} x-y=1 \\ 2x+2y=2 \end{cases}$

③ $\begin{cases} x+3y=1 \\ 2x+6y=2 \end{cases}$ ④ $\begin{cases} 3x-y=-3 \\ 3x-2y=-6 \end{cases}$

⑤ $\begin{cases} x-2y=7 \\ 2x-4y=13 \end{cases}$

65 연립방정식 $\begin{cases} ax-2y=3 \\ 3x+4y=b \end{cases}$ 의 해가 무수히 많을 때,
상수 a, b에 대하여 $2a+b$의 값은?

① -12 ② -9 ③ -6

④ 9 ⑤ 12

66 연립방정식 $\begin{cases} x+4y=b \\ -2x-6ay=10 \end{cases}$ 의 해가 무수히 많을 때, 상수 a, b에 대하여 $3a+b$의 값은?

① $-\dfrac{4}{3}$ 　　② -1 　　③ 0

④ 1 　　⑤ $\dfrac{4}{3}$

67 연립방정식 $\begin{cases} (a-1)x+5y=-3 \\ 4x-by=6 \end{cases}$ 의 해가 무수히 많을 때, 상수 a, b에 대하여 $a-b$의 값을 구하시오.

68 연립방정식 $\begin{cases} 3x-12y=-6 \\ x+ay=-2 \end{cases}$ 의 해가 무수히 많을 때, 방정식 $(2a+b+2)x+b-7=0$이 해를 갖지 않기 위한 b의 값은? (단, a, b는 상수)

① -10 　　② -6 　　③ 3

④ 6 　　⑤ 10

69 두 일차방정식 $\dfrac{1}{2}x+|k|y=a$, $\dfrac{2}{3}x+4y=b$의 공통인 해가 무수히 많을 때, 상수 k의 값을 구하시오.

(단, a, b는 상수)

70 x, y에 대한 연립방정식 $\begin{cases} ax+by+c=0 \\ bx+cy+a=0 \end{cases}$ 의 해가 무수히 많을 때, $x+y$의 값을 구하시오.

(단, a, b, c는 0이 아닌 상수이고, $a+b+c\neq0$)

두개의 식
만들기!

②

연립방정식의 활용

활용의 정석

모르는 것을 x, y로!

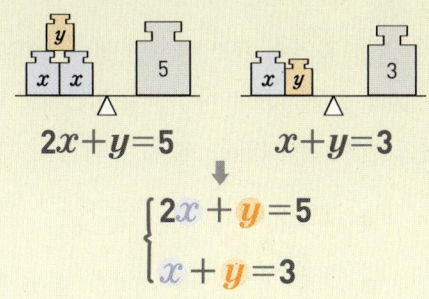

$2x+y=5$ $x+y=3$

$$\begin{cases} 2x + y = 5 \\ x + y = 3 \end{cases}$$

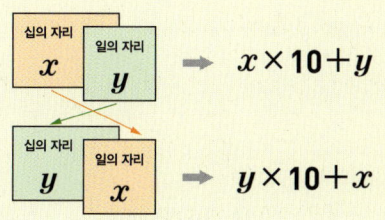

십의 자리	일의 자리
x	y

➡ $x \times 10 + y$

십의 자리	일의 자리
y	x

➡ $y \times 10 + x$

$(x-a)$세 x세 $(x+b)$세

a년전   현재 b년후

• (거리) = (속력) x (시간)

거리	
속력	× 시간

$(\text{소금의 양}) = \dfrac{(\text{소금물의 농도})}{100} \times (\text{소금물의 양})$

소금의 양	
소금물의 양	× 농도

---

1 연립방정식의 활용 문제를 푸는 순서

1) 미지수 정하기 : 무엇을 미지수 x, y로 나타낼 것인가를 정한다.

2) 연립방정식 세우기 : x, y를 사용하여 문제의 뜻에 맞는 연립방정식을 세운다.

3) 연립방정식 풀기 : 연립방정식을 풀어 x, y의 값을 구한다.

4) 확인하기 : 구한 x, y의 값이 문제의 뜻에 맞는지 확인한다.

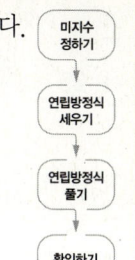

미지수 정하기 → 연립방정식 세우기 → 연립방정식 풀기 → 확인하기

2 여러 가지 활용 문제

1) 수에 대한 문제

① 십의 자리의 숫자가 x, 일의 자리의 숫자가 y인 두 자리의 자연수
➡ $10x+y$

② 비가 $m : n$인 두 수 ➡ mk, nk (단, k는 상수)로 놓는다.

③ a를 b로 나눈 몫이 q이고, 나머지가 r ➡ $a=b \times q+r$ (단, $0 \leq r < b$)

2) 나이에 대한 문제 : (x년 후의 나이)=(현재 나이)$+x$

3) 가격에 대한 문제 : (물건의 총 판매 금액)=(물건의 단가)$\times$(판매 개수)

4) 비율로 나타낸 증가·감소에 대한 문제

① x가 a % 증가한 전체 양 ➡ $x \times \left(1+\dfrac{a}{100}\right)$

② x가 b % 감소한 전체 양 ➡ $x \times \left(1-\dfrac{b}{100}\right)$

5) 이익, 할인에 대한 문제 : (정가)=(원가)$+$(이익)

6) 시간, 속력, 거리에 대한 문제

① (시간)$=\dfrac{(\text{거리})}{(\text{속력})}$ ② (속력)$=\dfrac{(\text{거리})}{(\text{시간})}$ ③ (거리)$=$(속력)$\times$(시간)

7) 농도에 대한 문제

① (소금물의 농도)$=\dfrac{(\text{소금의 양})}{(\text{소금물의 양})} \times 100$ (%)

② (소금의 양)$=\dfrac{(\text{소금물의 농도})}{100} \times (\text{소금물의 양})$

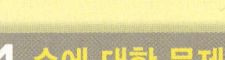
1 수에 대한 문제

01 두 자리의 자연수가 있다. 이 수의 각 자리의 숫자의 합은 7이고, 십의 자리의 숫자와 일의 자리의 숫자를 바꾼 수는 처음 수보다 27이 크다고 한다. 이때 처음 수는?

① 61 ② 52 ③ 43
④ 25 ⑤ 16

02 두 자리의 자연수가 있다. 각 자리의 숫자의 합은 9이고, 이 수의 십의 자리의 숫자와 일의 자리의 숫자를 바꾼 수는 처음 수의 3배보다 9가 작다고 한다. 이때 처음 수를 구하시오.

03 합이 50인 두 자연수가 있다. 큰 수를 작은 수로 나눈 몫은 4이고 나머지는 5일 때, 두 자연수 중 큰 수를 구하시오.

04 자연수 A를 자연수 B로 나누면 몫이 1이고 나머지는 6이며, A의 2배를 B로 나누면 몫이 3이고 나머지는 5가 된다고 한다. 두 자연수 A, B의 합은?

① 14 ② 20 ③ 23
④ 25 ⑤ 28

05 세 자리의 자연수가 있다. 각 자리의 숫자의 합은 10이고 십의 자리의 숫자와 일의 자리의 숫자의 합은 8이다. 또, 일의 자리의 숫자를 백의 자리에 놓고 백의 자리와 십의 자리의 숫자를 각각 십의 자리와 일의 자리에 놓았을 때, 이 수는 처음 수의 2배보다 53만큼 크다. 처음 세 자리의 자연수를 구하시오.

2 물건의 개수, 평균, 나이, 계단에 대한 문제

06 공장에서 어떤 제품을 생산하는데 합격품은 100원의 이익을 얻고, 불량품은 200원의 손해가 생긴다고 한다. 250개의 제품을 생산하여 2500원의 이익이 생겼을 때, 불량품의 개수를 구하시오.

07 회원 수가 66명인 어느 봉사 단체에서 남자의 $\frac{1}{3}$과 여자의 $\frac{2}{5}$가 같은 지역에 봉사 활동을 가기로 했다. 이 인원은 전체의 $\frac{4}{11}$일 때, 이 단체에서 남자 회원과 여자 회원 수를 차례로 구하면?

① 28명, 38명   ② 30명, 36명   ③ 32명, 34명
④ 34명, 32명   ⑤ 36명, 30명

08 다음은 이번 중간고사에서 나연이가 받은 국어, 영어, 수학 점수를 표로 나타낸 것이다. 이 세 과목의 평균 점수는 영어 점수보다 5점이 높다고 할 때, 나연이의 평균 점수는?

과목	국어	영어	수학	평균
점수(점)	75	a	90	b

① 73점   ② 75점   ③ 78점
④ 80점   ⑤ 85점

09 40명의 학생이 시험을 봤는데 남학생의 평균 점수는 72점, 여학생의 평균 점수는 84점이고, 전체 평균 점수는 81점이었다. 이때 남학생과 여학생의 수를 각각 구하시오.

10 올해 어머니와 아들의 나이의 차는 27세이고, 12년 후 어머니의 나이는 아들의 나이의 2배가 된다고 한다. 현재 어머니의 나이는?

① 37세   ② 40세   ③ 42세
④ 54세   ⑤ 63세

11 현재 아버지의 나이는 아들의 나이의 3배인데, 10년 후에는 아버지의 나이가 아들의 나이의 2배보다 4세가 더 많게 된다. 현재 아버지와 아들의 나이의 차는?

① 28세   ② 30세   ③ 32세

④ 34세   ⑤ 36세

12 현재 할머니의 나이는 현정이의 나이의 4배보다 8세 더 많고 어머니의 나이보다 28세 더 많다. 그런데 현정이의 나이가 현재 어머니의 나이가 되면 어머니의 나이는 현재 할머니의 나이보다 3세 더 적게 된다. 이때 현재 세 사람의 나이를 각각 구하시오.

13 희영이와 지영이가 가위바위보를 해서 이긴 사람은 2계단씩 올라가고, 진 사람은 1계단씩 내려가기로 하였다. 얼마 후 희영이는 처음 위치보다 15계단을, 지영이는 6계단을 올라가 있었다. 이때 희영이가 이긴 횟수를 구하시오. (단, 비긴 경우는 없다.)

14 형과 동생이 가위바위보를 해서 이긴 사람은 3계단씩 올라가고, 진 사람은 1계단씩 내려가기로 하였다. 얼마 후 형은 처음 위치보다 7계단을, 동생은 3계단을 올라가 있었다. 형이 이긴 횟수는? (단, 비긴 경우는 없다.)

① 1회   ② 2회   ③ 3회

④ 4회   ⑤ 5회

15 재현이와 동욱이가 가위바위보를 해서 이긴 사람은 x계단씩 올라가고, 진 사람은 y계단씩 내려가기로 하였다. 결과를 보니 처음보다 재현이는 14개의 계단을, 동욱이는 4개의 계단을 올라가 있었다. 재현이가 10회, 동욱이가 8회 이겼다고 할 때, x, y의 값을 구하시오.

(단, 비긴 경우는 없다.)

3 속력이 바뀌는 경우의 시간, 거리, 속력에 관한 문제

16 거리가 13 km인 A, B 두 지점 사이에 P 지점이 있다. A에서 P를 거쳐 B까지 가는데 A에서 P까지는 시속 5 km, P에서 B까지는 시속 2 km로 걸어서 3시간 30분이 걸렸다. A에서 P까지의 거리를 구하시오.

17 지영이가 집에서 10 km 떨어진 도서관까지 가는데 처음에는 시속 6 km로 걷다가 도중에 친구를 만나 시속 4 km로 걸었더니 총 2시간 10분이 걸렸다. 시속 4 km로 걸은 거리를 구하시오.

18 민선이는 거북이 마라톤 대회에서 처음에는 시속 4 km로 걷다가 도중에 시속 8 km로 뛰어서 20 km 떨어진 곳을 2시간 45분 만에 도착하였다. 이때 민선이가 뛰어간 거리를 구하시오.

19 우석이가 남산에 올라갈 때에는 시속 20 km인 케이블카를 타고 올라갔고, 내려올 때에는 시속 4 km로 걸어서 내려왔더니 총 1시간 36분이 걸렸다. 걸어서 내려온 거리가 케이블카를 탄 거리의 3배라 할 때, 케이블카를 탄 거리는?

① 1 km　　② 2 km　　③ 3 km
④ 4 km　　⑤ 6 km

20 등산을 하는데 올라갈 때에는 A 코스로, 내려올 때에는 B 코스를 이용하기로 하였다. 시속 4 km로 올라간 후 정상에서 30분을 쉬고, 시속 6 km로 내려왔더니 모두 3시간 20분이 걸렸다. A, B 코스의 거리의 합이 16 km일 때, A, B 두 코스의 거리의 차는?

① 5 km　　② 7 km　　③ 10 km
④ 12 km　　⑤ 14 km

4 서로 만나는 경우의 시간, 거리, 속력의 문제

21 16 km 떨어진 두 지점에서 은정이와 현정이가 서로 마주 보고 동시에 출발하였다. 은정이는 시속 3 km, 현정이는 시속 5 km로 걸어서 어느 지점에서 만났을 때, 두 사람이 걸은 거리를 각각 구하시오.

22 도둑이 분속 50 m의 속력으로 도망간 지 15분 뒤에 형사가 같은 지점에서 분속 80 m의 속력으로 같은 길로 쫓아가서 도둑을 잡았다고 한다. 도둑이 도망간 시간은?

① 30분 ② 35분 ③ 40분
④ 45분 ⑤ 50분

23 거북이와 토끼가 경주를 하고 있다. 거북이가 분속 5 m로 출발한 지 20분 뒤에 토끼가 같은 지점에서 분속 30 m로 뒤따라갔다. 토끼는 출발한 지 몇 분 후에 거북이를 따라잡겠는가?

① 12분 ② 10분 ③ 8분
④ 4분 ⑤ 2분

24 나연이와 선영이가 둘레의 길이가 6 km인 호수를 동시에 같은 지점에서 출발하여 반대 방향으로 돌면 45분 뒤에 처음으로 만나고, 같은 방향으로 돌면 1시간 30분 뒤에 처음으로 만난다고 한다. 나연이의 속력이 선영이의 속력보다 빠르다고 할 때, 나연이와 선영이의 속력을 각각 구하시오.

25 둘레의 길이가 3 km인 공원을 현정이와 동진이가 동시에 같은 지점에서 출발하여 같은 방향으로 돌면 1시간 후에 만나고, 반대 방향으로 돌면 20분 후에 만난다고 한다. 현정이가 동진이보다 더 빠르다고 할 때, 현정이의 속력은?

① 시속 3 km ② 시속 4 km ③ 시속 5 km
④ 시속 6 km ⑤ 시속 7 km

5 기차에 대한 시간, 거리, 속력의 문제

26 일정한 속력으로 달리는 기차가 길이가 500 m인 철교를 지나가는 데 45초가 걸리고, 길이가 1500 m인 터널을 통과하는 데 2분이 걸린다. 이때 이 기차의 길이를 구하시오.

27 일정한 속력으로 달리는 기차가 길이가 500 m인 터널을 완전히 통과하는 데 걸린 시간은 45초이고, 길이가 750 m인 다리를 건너는 데 걸린 시간은 1분이다. 이때 기차의 길이는?

① 200 m   ② 250 m   ③ 300 m
④ 350 m   ⑤ 450 m

28 일정한 속력으로 달리는 열차가 길이가 800 m인 다리를 통과하는 데 30초가 걸리고, 한 지점 A를 통과하는 데 5초가 걸린다고 한다. 이때 이 열차의 속력을 구하시오.

29 일정한 속력으로 달리는 기차가 길이가 1200 m인 터널 A를 통과하는 데 40초가 걸리고, 길이가 1950 m인 터널 B를 통과할 때 기차 전체가 터널 B 속에 있는 시간은 30초라고 한다. 이 기차의 속력을 구하시오.

30 일정한 속력으로 달리는 길이가 350 m인 새마을호는 어느 다리를 건너는 데 15초가 걸리고, 길이가 170 m인 KTX는 이 다리를 건너는 데 새마을호의 1.5배의 속력으로 달려 8초가 걸린다. 이때 이 다리의 길이를 구하시오.

6 강물 위의 배에 대한 시간, 거리, 속력의 문제

31 배를 타고 길이가 5 km인 강을 거슬러 올라가는 데 50분, 같은 거리를 내려오는 데 30분이 걸렸다. 정지한 물에서의 배의 속력은?

(단, 배와 강물의 속력은 일정하다.)

① 시속 2 km ② 시속 3 km ③ 시속 5 km
④ 시속 7 km ⑤ 시속 8 km

32 길이가 24 km인 강을 배가 거슬러 올라가는 데 2시간, 내려오는 데 1시간 반이 걸렸을 때, 강물의 속력을 구하시오. (단, 배와 강물의 속력은 일정하다.)

33 유람선이 길이가 10 km인 강을 거슬러 올라가는 데 1시간 40분이 걸리고, 같은 거리를 내려오는 데 50분이 걸린다. 정지한 물에서의 유람선의 속력과 강물의 속력을 각각 구하시오.

(단, 유람선과 강물의 속력은 일정하다.)

34 은정이는 길이가 300 m인 강을 수영을 해서 거슬러 올라가는 데 10분, 내려오는 데 6분이 걸렸다고 한다. 정지한 물에서 은정이가 수영을 했을 때, 그 속력을 구하시오.

(단, 은정이의 수영 속력과 강물의 속력은 일정하다.)

35 현정이가 강의 상류에서 A 지점까지 튜브 위에 누워 내려가는 데 2시간, A 지점에서 상류까지 수영을 해서 거슬러 올라가는 데 3시간이 걸렸다. 다시 상류에서 A 지점까지 수영을 해서 내려가는 데 A 지점을 1 km 앞둔 곳까지 걸린 시간이 20분일 때, 상류에서 A 지점까지의 거리를 구하시오.

(단, 현정이의 수영 속력과 강물의 속력은 일정하다.)

7 농도에 관한 문제 (1) 용액의 양 구하기

36 8 %의 설탕물과 14 %의 설탕물을 섞어서 12 % 의 설탕물 600 g을 만들려고 한다. 이때 섞어야 하는 14 %의 설탕물의 양은?

① 200 g   ② 300 g   ③ 400 g

④ 450 g   ⑤ 500 g

37 5 %와 10 %의 레몬즙이 각각 섞인 레모네이드 두 잔을 섞어서 8 %의 레모네이드 500 g을 만들었다. 이때 섞은 5 %의 레모네이드의 양을 구하시오.

38 3 %와 7 %의 가글 원액이 각각 섞인 가글액을 섞어서 5 %의 가글액 500 g을 만들려고 한다. 이때 섞은 3 %의 가글액은 몇 g을 섞어야 하는지 구하시오.

39 6 %와 11 %의 꿀이 각각 섞인 두 꿀물을 섞은 후에 물 100 g을 더 넣었더니 9 %의 꿀물 600 g이 되었다. 이때 6 %의 꿀물의 양은?

① 20 g   ② 60 g   ③ 120 g

④ 240 g   ⑤ 480 g

40 3 %의 소금물과 8 %의 소금물을 섞은 후, 소금을 더 넣어서 10 %의 소금물 630 g을 만들었다. 3 % 의 소금물의 양과 더 넣은 소금의 양의 비가 4 : 1일 때, 3 %의 소금물의 양을 구하시오.

41 농도가 다른 두 종류의 밀크티 A, B가 있다. 밀크티 A를 80 g, 밀크티 B를 60 g 섞으면 10 %의 밀크티가 되고, 밀크티 A를 60 g, 밀크티 B를 80 g 섞으면 8 %의 밀크티가 된다고 한다. 이때 밀크티 A와 밀크티 B의 농도를 각각 구하시오.

42 농도가 서로 다른 두 종류의 설탕물 A, B가 있다. A 설탕물 40 g과 B 설탕물 60 g을 섞으면 7 %의 설탕물이 되고, A 설탕물 60 g과 B 설탕물 40 g을 섞으면 8 %의 설탕물이 된다. 이때 설탕물 A의 농도를 구하시오.

43 타미플루가 섞여 있는 농도가 다른 두 종류의 시럽 A, B가 각각 800 mL씩 있다. 시럽 A를 500 mL, 시럽 B를 300 mL 섞으면 10 %의 시럽이 되고, 나머지를 섞으면 12 %의 시럽이 된다고 한다. 이때 시럽 B의 농도는?

① 12 %   ② 14 %   ③ 15 %
④ 17 %   ⑤ 20 %

44 농도가 서로 다른 소금물이 각각 200 g씩 들어 있는 그릇에서 동시에 50 g씩 떠내어 서로 바꾸어 넣었더니 농도가 각각 15 %, 25 %가 되었다. 처음 두 그릇에 담겨 있던 소금물의 농도를 각각 구하시오.

9 비와 비율에 대한 문제

45 합금 X는 구리를 30 % 포함하고 합금 Y는 구리를 80 % 포함한다. 이 두 합금을 녹여서 구리를 50 % 포함하는 합금 30 kg을 만들려면 합금 Y는 몇 kg이 필요한지 구하시오.

46 14K는 금을 60 %, 24K는 금을 100 % 포함하고 있다. 14K와 24K를 녹여서 금을 75 % 포함하는 18K를 8 g 만들려면 14K는 몇 g이 필요한지 구하시오.

47 금을 70 %, 구리를 30 % 포함한 합금 A와 금을 40 %, 구리를 60 % 포함한 합금 B가 있다. 합금 A, B를 섞어서 금은 5 kg, 구리는 6 kg을 포함하는 합금을 만들려고 한다. 합금 B는 몇 kg이 필요한가?

① 2 kg   ② 5 kg   ③ 8 kg
④ 9 kg   ⑤ 12 kg

48 구리와 니켈을 각각 2 : 1의 비율로 포함한 합금 A와 1 : 3의 비율로 포함한 합금 B를 합하여 구리와 니켈을 3 : 2의 비율로 포함한 합금 200 g을 만들려고 한다. 이때 필요한 합금 A, B의 양을 각각 구하시오.

49 나연이와 현정이가 받는 한 달 용돈의 비는 3 : 5 이고, 지출하는 돈의 비는 1 : 2이다. 한 달 후의 잔액이 두 사람 모두 5000원이라면 두 사람의 용돈의 차는 얼마인지 구하시오.

10 학생 수 등의 증가, 감소에 대한 문제

50 어느 학교의 작년 학생 수는 600명이었다. 올해는 작년에 비하여 남학생은 8 % 증가하고, 여학생은 5 % 감소하여 전체 학생 수는 작년보다 4명이 감소하였다. 올해의 여학생 수를 구하시오.

51 작년 A, B 두 마을의 전체 인구는 3800명이었다. 작년에 비하여 올해 A 마을의 인구는 4 % 증가하였고 B 마을의 인구는 6 % 감소하여 A, B 두 마을을 합하여 인구는 작년보다 82명이 증가하였다. A 마을의 올해 인구는 몇 명인지 구하시오.

52 어느 학교의 작년 학생 수는 1200명이었다. 올해는 남학생이 5 %, 여학생이 8 % 증가하여 전체적으로는 7 %가 증가하였다. 올해의 남학생 수를 구하시오.

11 원가, 정가, 이익에 대한 문제

53 어떤 문방구에서는 한 개의 원가가 각각 500원, 400원인 지우개 A, B를 판매하는데 A 지우개는 원가의 3할, B 지우개는 원가의 2할의 이익을 붙인다고 한다. A 지우개와 B 지우개를 합하여 50개를 팔았더니 5400원의 이익이 남았다. 이때 A 지우개는 몇 개 팔았는가?

① 10개   ② 15개   ③ 20개
④ 25개   ⑤ 30개

54 A, B 두 상품을 합하여 원가 20000원에 사서 A 상품은 원가의 2할의 이익을 붙이고, B 상품은 원가의 3할을 할인하여 팔았더니 3000원의 이익이 생겼다. 이때 A 상품의 원가를 구하시오.

55 어느 가게에서 원가의 합이 7000원인 A, B 두 종류의 상품을 판매하는데 A 상품의 원가에 20 %의 이익을 붙인 금액과 B 상품의 원가에서 10 % 할인한 금액이 서로 같다고 한다. 이때 A, B 두 상품의 원가를 각각 구하시오.

56 A, B 두 상품을 합하여 원가 5000원에 사서 A 상품은 원가의 2할, B 상품은 원가의 3할의 이익을 붙여 팔았더니 1300원의 이익을 얻었다. 이때 B 상품의 정가는?

① 3000원   ② 3500원   ③ 3900원
④ 4100원   ⑤ 4500원

57 문구점에서 판매하는 두 종류의 샤프펜슬에 20 %의 이익을 붙여 정가를 정하였더니 두 샤프펜슬의 정가의 합은 4800원이고, 두 샤프펜슬의 원가의 차는 2000원이다. 이때 두 샤프펜슬 중 더 비싼 샤프펜슬의 정가를 구하시오.

58 교실 정리를 하는데 A, B 두 사람이 함께 하면 5분이 걸리고, A 혼자 4분 동안 정리를 한 뒤 B가 6분 동안 하면 끝난다고 한다. B 혼자 교실 정리를 한다면 끝날 때까지 몇 분이 걸리겠는지 구하시오.

59 동현이와 재석이가 함께 하면 4시간이 걸리는 일을 동현이가 2시간 동안 하고 나머지를 재석이 혼자서 5시간 동안 해서 끝냈다. 동현이가 혼자서 일을 하여 끝낼 때와 재석이가 혼자서 일을 하여 끝낼 때 걸리는 시간의 차는?

① 2시간   ② 3시간   ③ 4시간
④ 5시간   ⑤ 6시간

60 지훈이와 유진이가 함께 일을 하는데 지훈이가 4일, 유진이가 6일 동안 하여 끝냈다. 그 후 똑같은 일을 지훈이가 8일, 유진이가 3일 동안 하여 끝냈다고 할 때, 이 일을 지훈이가 혼자 한다면 며칠이 걸리는지 구하시오.

61 어떤 물통에 A 호스로 2분, B 호스로 2분 동안 물을 채웠더니 물통이 가득 찼다. 또, 같은 물통에 A 호스로 1분, B 호스로 4분 동안 물을 채웠더니 가득 찼을 때, 이 물통을 B 호스로만 가득 채우려면 몇 분이 걸리는지 구하시오.

62 어떤 물탱크에 A 호스로 물을 1시간 동안 넣은 후 B 호스로 6시간 동안 넣었더니 물탱크가 가득 찼다. 또, A 호스로 물을 2시간 동안 넣은 후 B 호스로 3시간 동안 넣었더니 물탱크가 가득 찼을 때, A 호스로만 이 물탱크에 물을 가득 채우려면 몇 시간이 걸리는지 구하시오.

13 표로 주어진 문제

63 다음 표는 공장에서 제품 P, Q를 각각 1톤씩 만드는 데 필요한 원료 A, B의 양과 제품 1톤을 팔았을 때 생기는 각각의 이익을 나타낸 것이다. 원료 A를 14톤, B를 10톤 사용하여 만든 제품 P, Q를 모두 팔았을 때의 총 이익을 구하시오.

원료 제품	A(톤)	B(톤)	이익 (만 원/톤)
P	2	2	20
Q	5	3	30

64 다음은 동네 카페의 주문표이다. 현정이가 아메리카노, 카페라테, 카푸치노를 각각 1개씩 주문하려고 할 때 지불해야 하는 금액을 구하시오.

주문번호	아메리카노	카페라테	카푸치노	합계(원)
1	3	1	1	23,500
2	0	2	0	10,000
3	2	0	2	19,000
⋮	⋮	⋮	⋮	⋮

65 다음은 해피가 지난주에 구입한 마트 영수증이다. 일주일 후 해피가 그 마트에서 스팸과 오이를 다시 구입했는데, 지난주보다 스팸은 10% 할인하여 판매하고, 오이의 가격은 30% 올랐다고 한다. 스팸과 오이를 합하여 10개 샀더니 지난주에 구입했던 금액보다 360원 더 비싸게 샀다고 할 때, 해피는 스팸과 오이를 각각 몇 개씩 구입했는지 구하시오.

판매 영수증			
품명	단가(원)	수량	금액(원)
스팸	4500	2	9000
두부	1500	1	1500
오이	1200	4	4800
참외	1400	1	1400
⋮	⋮	⋮	⋮
합계		13	118,600

연립방정식을 어떻게 세울 것인가?
거리, 속력, 시간의 활용 문제

거리, 속력, 시간에 대한 문제는 다음 관계를 이용하여 방정식을 세운다.

- (거리) = (속력) × (시간)

- (속력) = $\dfrac{(거리)}{(시간)}$ • (시간) = $\dfrac{(거리)}{(속력)}$

	거리	
÷		÷
속력	×	시간

Q₁ ── │ 길이가 숨어있는 경우 │

일정한 속력으로 달리는 기차가 길이가 1200m인 터널을 완전히 통과하는 데
3분이 걸리고 길이가 700m인 다리를 완전히 통과하는 데 2분이 걸린다고 한다.
이 기차의 속력을 구하시오.

문제에서 보이지 않지만
기차는 길이가 있는 존재!

①
숨어있는 것과
알고있는 것을
확인하기

기차의 길이 x m

터널
통과 3분
xm ── 1200m
$(x+1200)$m

다리
통과 2분
xm ── 700m
$(x+700)$m

②
알고있는 것으로부터
알 수 있는 것을 찾기

거리 | 기차가 완전히 통과하는 거리

(터널 통과 거리) ⟶ $x+1200$

(다리 통과 거리) ⟶ $x+700$

속력 | 구하는 기차의 속력

(터널 통과 속력) = (다리 통과 속력)

시간 | 기차가 완전히 통과하는 시간

(터널 통과 시간) ⟶ 3분

(다리 통과 시간) ⟶ 2분

③
등식을 찾아
방정식을 세우고
답 구하기

구하려는 속력이 일정하므로 y로 놓고 식을 세우면

기차의 길이를 x, 기차의 속력을 y로 놓고
(속력) $= \dfrac{(거리)}{(시간)}$ 를 이용하여 **연립방정식**을 세워보자!

터널 : $y = \dfrac{x+1200}{3}$

다리 : $y = \dfrac{x+700}{2}$

두 식을 정리해서 연립하면
$\begin{cases} 3y = x+1200 & \cdots ㉠ \\ 2y = x+700 & \cdots ㉡ \end{cases}$

㉠-㉡에서 $x =$ ☐ , $y =$ ☐

따라서 구하는 기차의 길이는 ☐ 이고, 속력은 분속 ☐ 이다.

답 300, 500, 300m, 500m

배를 타고 길이가 12km인 강을 거슬러 올라가는 데는 3시간이 걸리고

내려오는 데는 2시간이 걸린다고 한다. 이때 정지한 물에서의 배의 속력을 구하시오.

(단, 배와 강물의 속력은 각각 일정하다.)

①

숨어있는 것과
알고있는 것을
확인하기

보이지 않지만
강물은 속력이 있는 존재!

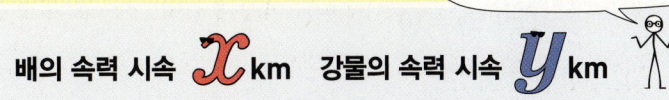

배의 속력 시속 x km   강물의 속력 시속 y km

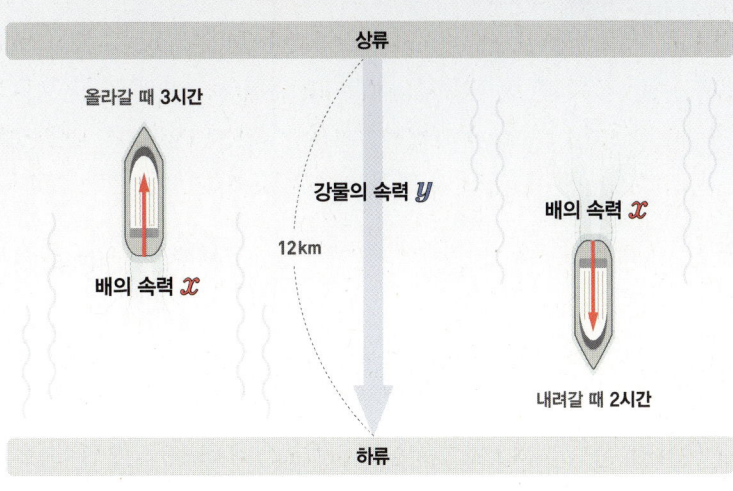

②

알고있는 것으로부터
알 수 있는 것을 찾기

거리	배가 전체 가는 거리

(올라가는 거리) **=** (내려가는 거리)

12km

속력	강물과 배의 속력의 합

(올라가는 속력) → (배의 속력) **=** (강물의 속력)

(내려가는 속력) → (배의 속력) **+** (강물의 속력)

시간	배가 전체 가는 시간

(올라가는 시간) → 3시간

(내려가는 시간) → 2시간

③

등식을 찾아
방정식을 세우고
답 구하기

배의 속력을 x, 강물의 속력을 y로 놓고
$(속력) = \dfrac{(거리)}{(시간)}$ 를 이용하여 **연립방정식을 세워보자!**

구하려는 속력이 일정하므로 y로 놓고 식을 세우면

올라가는 속력 : $x - y = \dfrac{12}{3} = 4$

내려가는 속력 : $x + y = \dfrac{12}{2} = 6$

→ 두 식을 연립하여 세우면 $\begin{cases} x - y = 4 \cdots ㉠ \\ x + y = 6 \cdots ㉡ \end{cases}$

㉠+㉡에서 $2x = \boxed{}$

$x = \boxed{}$

따라서 강물의 속력은 시속 $\boxed{}$ 이고, 구하는 배의 속력은 시속 $\boxed{}$ 이다.

답 10, 5, 1km, 5km

단원 종합 문제

01 다음 일차방정식 중 x, y가 자연수일 때, 그 해가 없는 것은?

① $7x-y=2$ ② $4x+5y=10$

③ $3x+4y=20$ ④ $x+y=5$

⑤ $x+2y=6$

02 연립방정식 $\begin{cases} 3x-y=5 \\ 2x+2y=1 \end{cases}$ 의 해가 $x=a$, $y=b$일 때, $a+b$의 값을 구하시오.

03 연립방정식 $\begin{cases} 4x+7y=13 \\ y=-2x-1 \end{cases}$ 을 만족시키는 x, y의 값을 각각 구하시오.

04 연립방정식 $\begin{cases} 0.3x-0.2y=-1 \\ 0.4x-0.5y=0.3 \end{cases}$ 을 푸시오.

05 두 일차방정식 $3x+2(y-1)=-4$, $-2(x-y)+5y=-7$의 공통인 해의 순서쌍이 (a, b)일 때, $a-4b$의 값은?

① -5 ② -4 ③ -1

④ 4 ⑤ 7

06 연립방정식 $\begin{cases} 0.4x-0.5y=9 \\ 2(x-3y)+5y=9m \end{cases}$ 을 만족시키는 x의 값이 y의 값의 5배일 때, 상수 m의 값은?

① 0 ② 2 ③ 4

④ 6 ⑤ 8

07 연립방정식 $4x-y+7=3(x+y)+13=5y-9$ 의 해가 $x=a$, $y=b$일 때, $a+b$의 값은?

① -14 ② -6 ③ $\dfrac{7}{2}$

④ 6 ⑤ 14

08 연립방정식 $\begin{cases} \dfrac{1}{x} - \dfrac{2}{y} = -7 \\ \dfrac{3}{x} - \dfrac{1}{y} = 4 \end{cases}$ 를 만족시키는 x, y에 대하여 $6x - 5y$의 값은?

① -1 ② $-\dfrac{1}{5}$ ③ 0

④ $\dfrac{1}{3}$ ⑤ 1

09 일차방정식 $5x + 2y = 30$을 만족시키는 x, y의 값의 비가 $2 : 5$일 때, $x - 2y$의 값을 구하시오.

10 연립방정식 $\begin{cases} 4ax - 2by = 7 \\ 8x + 4y = 1 \end{cases}$ 의 해가 무수히 많을 때, 상수 a, b에 대하여 $\dfrac{a}{b}$의 값을 구하시오.

11 연립방정식 $\begin{cases} 2x + y = a \\ 5(2x + y - 1) + 3 = -7 \end{cases}$ 이 해를 갖지 <u>않기</u> 위한 상수 a의 조건은?

① $a = -1$ ② $a \neq -1$ ③ $a = 0$

④ $a = 1$ ⑤ $a \neq 1$

12 두 일차방정식 $(a+3)x + 2y - 5 = 0$과 $-3x + 3y - 1 = 0$의 공통인 해가 없을 때, 상수 a의 값은?

① -5 ② -2 ③ 0

④ 3 ⑤ 7

13 다음 네 일차방정식이 공통인 해를 가질 때, 상수 a, b에 대하여 $b - a$의 값을 구하시오.

$$2x - by = 5, \ x + 2y = 6$$
$$x - 3y = 1, \ ax - y = -5$$

14 연립방정식 $\begin{cases} 2x - y = a \\ 3x + y = b \end{cases}$ 의 상수항 a, b를 바꾸어 풀어서 $x = 3$, $y = -4$를 얻었다. 이때 바르게 푼 해를 구하시오.

15 각 자리의 숫자의 합이 13인 두 자리의 자연수가 있다. 이 수의 각 자리의 숫자를 바꾼 수가 처음 수보다 45만큼 작을 때, 처음 수는?

① 58   ② 67   ③ 76

④ 85   ⑤ 94

16 두 자리의 자연수가 있다. 각 자리의 숫자의 합의 6배에 6을 더하면 이 자연수와 같아지고, 이 수의 십의 자리의 숫자와 일의 자리의 숫자를 바꾼 수는 처음 수보다 27만큼 작다고 한다. 이때 처음 수를 구하시오.

17 한 개에 700원 하는 오렌지와 한 개에 800원 하는 사과를 합하여 12개를 사고 9100원을 냈다. 이때 오렌지는 몇 개를 샀는지 구하시오.

18 지석이와 민영이가 가위바위보를 하여 이긴 사람은 3계단씩 올라가고, 진 사람은 2계단씩 내려가기로 하였다. 얼마 후 지석이는 15계단, 민영이는 5계단을 올라가 있었다면 지석이가 이긴 횟수는? (단, 비긴 경우는 없다.)

① 7회   ② 8회   ③ 9회

④ 10회   ⑤ 11회

19 규리와 현지 두 사람이 퀴즈쇼에 나갔다. 이 퀴즈쇼는 두 사람에게 동시에 문제를 내어 먼저 버저를 누른 사람이 답을 말할 수 있고, 맞힌 사람에게는 2점을 주고, 맞추지 못한 사람에게는 1점을 감점시킨다. 퀴즈쇼가 끝난 후 규리는 8점을 얻었고, 현지는 2점을 얻었다고 할 때, 규리는 몇 문제를 맞추었는가?

(단, 둘 다 틀린 경우는 없다.)

① 2문제   ② 3문제   ③ 4문제

④ 5문제   ⑤ 6문제

20 동생이 학교를 향해 분속 40 m로 걸어간 지 16분 후에 형이 같은 지점에서 자전거를 타고 분속 120 m로 학교를 향해 출발하여 학교 정문에서 만났다. 이때 동생이 학교까지 가는 데 걸린 시간을 구하시오.

21 700 m 떨어진 두 지점 A, B에서 선영이와 민재가 서로 마주 보고 동시에 출발하여 도중에 만났다. 선영이는 분속 15 m로, 민재는 분속 20 m로 걸었을 때, 두 사람이 걸은 거리의 차를 구하시오.

22 영서가 160 m를 걷는 동안 선정이는 120 m를 걷는다고 한다. 두 사람이 둘레의 길이가 630 m인 트랙의 같은 지점에서 동시에 출발하여 서로 반대 방향으로 돌아 9분 만에 처음으로 만났을 때, 두 사람의 속력을 각각 구하시오.

23 5 %의 소금물 x g과 9 %의 소금물 y g을 섞어서 8 %의 소금물 600 g을 만들었다. 이때 $y-x$의 값은?

① 200　　　② 300　　　③ 350
④ 400　　　⑤ 450

24 어느 안경점에서 어제 안경과 콘택트렌즈를 합하여 100개를 팔았다. 오늘은 어제보다 안경은 5 % 덜 팔렸고, 콘택트렌즈는 5개 더 팔려 전체적으로는 1개 더 팔렸다. 이때 오늘 판매한 안경과 콘택트렌즈의 개수를 각각 구하시오.

25 A, B 두 상품을 합하여 원가 5800원에 사서 A 상품은 원가의 2할 5푼, B 상품은 원가의 3할의 이익을 붙여 팔았더니 1580원의 이익이 생겼다. 이때 A 상품의 판매 가격을 구하시오.

26 민선, 상범 두 사람이 함께 하면 8일 만에 끝나는 일을 민선이가 5일 동안 먼저 하고, 나머지를 상범이가 14일 동안 하여 모두 마쳤다. 이 일을 상범이가 혼자 하면 며칠이 걸리는지 구하시오.

27 $\dfrac{8^x}{2^{x+y}}=16$, $\dfrac{9^{x+y}}{3^{4y}}=81$을 만족시키는 두 수 x, y 를 구하시오.

28 연립방정식 $\begin{cases} 2a+ab+2b=12 \\ a-3ab+b=-1 \end{cases}$ 을 만족시키는 a, b에 대하여 $\dfrac{1}{a}+\dfrac{1}{b}$의 값을 구하시오.

29 연립방정식 $\begin{cases} \dfrac{2xy}{x+y}+\dfrac{3xy}{x-y}=1 \\ \dfrac{2xy}{x+y}+\dfrac{xy}{x-y}=3 \end{cases}$ 을 푸시오.

30 어느 가수가 6분짜리 곡과 8분짜리 곡을 섞어 불러 1시간 45분이 되도록 공연을 기획하였다. 그런데 주최측의 실수로 6분짜리 곡의 개수와 8분짜리 곡의 개수가 바뀌어서 결국 공연 시간이 1시간 57분이 되었다. 곡과 곡 사이에는 쉬는 시간이 1분씩 있었다고 할 때, 처음에 부르려고 했던 6분짜리 곡의 개수를 구하시오.

일차함수

규칙?
예측가능!

함수

함수의 정의

하나의 값에 하나의 결과!

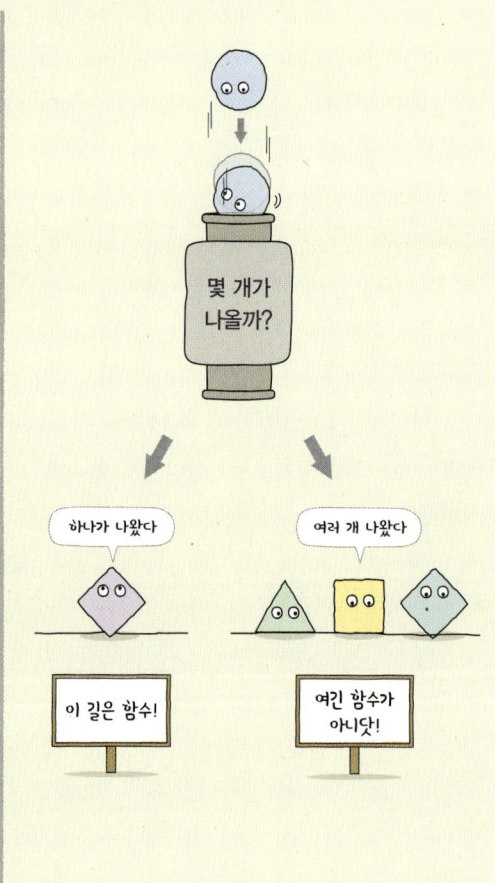

1 대응

두 변수 x, y에 대하여 변수 x의 각각에 대하여 변수 y를 하나하나 짝지어 주는 것

예 x가 1, 2이고, y가 3, 4일 때, 'x를 y에 대응'시키면 $x=1$, $y=3$ 또는 $x=1$, $y=4$ 또는 $x=2$, $y=3$ 또는 $x=2$, $y=4$로 나타난다.
이것을 순서쌍 (x, y)를 이용하여 $(1, 3)$, $(1, 4)$, $(2, 3)$, $(2, 4)$로도 나타낸다.

2 함수의 뜻

1) 변수 : 변화하는 여러 가지 값을 가지는 문자

2) 함수 : 두 변수 x, y에 대하여 x의 값이 정해짐에 따라 그에 대응하는 y의 값이 오직 하나로 정해지는 관계가 있을 때, y는 x의 함수라 하고, 이것을 기호로 $y=f(x)$와 같이 나타낸다.

예 함수 $y=2x$는 $f(x)=2x$로 나타낼 수 있다.

개념+
· 두 변수 x, y가 정비례하거나 반비례할 때, y는 x의 함수이다.

예 $y=2x$, $y=\dfrac{2}{x}$는 x의 값이 하나 정해지면, 그에 따른 y의 값도 하나씩 정해지므로 y는 x의 함수이다.

· x의 값이 하나 정해질 때, y의 값이 정해지지 않는 경우가 있으면 y는 x의 함수가 아니다.

예 $y=$(x보다 작은 자연수)라고 하면
x가 1일 때, y의 값은 정해지지 않으므로 y는 x의 함수가 아니다.

· x의 값이 하나 정해질 때, y의 값이 2개 이상 정해지면 y는 x의 함수가 아니다.

예 $y=$(x보다 큰 자연수)라고 하면
x가 2일 때, y의 값은 3, 4, 5, …로 2개 이상 정해지므로 y는 x의 함수가 아니다.

함수와 함숫값

함수에 의해 정해지는 값!

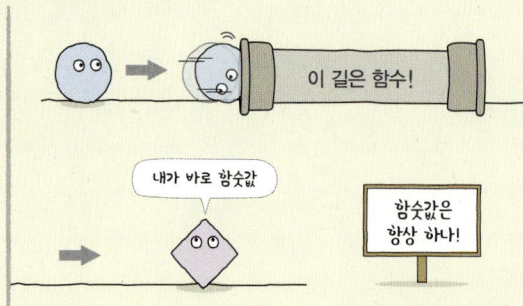

3 함숫값

함수 $y=f(x)$에서 x의 값에 따라 하나로 정해지는 y의 값인 $f(x)$를 x에서의 함숫값이라고 한다. 즉, $x=a$에 대응하는 y의 값이 b일 때, $f(a)=b$로 나타내고 b를 a의 함숫값이라고 한다.

주제별 실력다지기

1 대응, 함수의 뜻

01 x가 a, b이고 y가 c, d, e일 때, x를 y에 대응시킨 순서쌍 (x, y)를 모두 구하시오.

02 다음 중 y가 x의 함수가 <u>아닌</u> 것은?

① $y = -\dfrac{x}{5} + 2$

② $y = \dfrac{4}{x} - 1$

③ $y = $ (자연수 x보다 작은 소수)

④ $y = $ (자연수 x보다 1 작은 수)

⑤ $y = $ (자연수 x를 7로 나눈 나머지)

03 다음 중 y가 x의 함수가 <u>아닌</u> 것은?

① 시속 x km로 8시간 동안 간 거리 y km

② 반지름의 길이가 x cm인 원의 둘레의 길이 y cm

③ 연이율 8 %인 원금 x원의 1년간 이자 y원

④ 자연수 x와 서로소인 수 y

⑤ 자연수 x보다 작은 홀수의 개수 y

04 다음 **보기** 중 y가 x의 함수인 것을 모두 고르시오.

> **보기**
>
> ㄱ. 한 자루에 700원 하는 볼펜 x자루의 가격 y원
>
> ㄴ. x보다 작은 자연수 y
>
> ㄷ. 7 %의 소금물 x g에 들어 있는 소금의 양 y g
>
> ㄹ. 물 200 L를 x명에게 똑같이 나누어 줄 때, 한 사람이 받는 물의 양 y L
>
> ㅁ. 둘레의 길이가 x cm인 삼각형의 넓이 y cm^2

05 다음 **보기** 중 y가 x의 함수인 것의 개수를 구하시오.

> **보기**
>
> ㄱ. 약수의 개수가 x개인 자연수 y
>
> ㄴ. 한 자루에 1000원인 볼펜 x자루의 가격 y원
>
> ㄷ. 10원짜리 동전 x개와 100원짜리 동전 y개
>
> ㄹ. 자연수 x보다 큰 수 y
>
> ㅁ. x명의 학생들에게 공책 5권씩을 나누어 주려고 할 때 필요한 공책의 개수 y권

06 다음 중 y가 x의 함수가 <u>아닌</u> 것은?

① $y=$ (자연수 x의 3배보다 1 작은 자연수)
② $y=$ (자연수 x의 양의 약수의 총합)
③ $y=$ (자연수 x의 제곱인 수)
④ $y=$ (어떤 수 x에 가장 가까운 정수)
⑤ $y=$ (자연수 x와 5의 최소공배수)

07 두 변수 x, y에 대하여 x의 값이 1, 2, 3이고, y의 값이 -1, 0, 1, 2일 때, 다음 중 y가 x의 함수인 것을 모두 고르면? (정답 2개)

① $y=x$ ② $y=x-2$ ③ $y=-2x+1$
④ $y=-x+3$ ⑤ $y=\dfrac{6}{x}$

08 함수 $f(x)=-\dfrac{1}{3}x+5$에 대하여 $f(3)$의 값은?

① 1   ② 2   ③ 3
④ 4   ⑤ 5

09 두 함수 $f(x)=-\dfrac{x}{4}$, $g(x)=\dfrac{6}{x}-3$에 대하여 $f(-8)+g(3)$의 값은?

① -2 ② -1 ③ 1
④ 2   ⑤ 3

10 함수 $f(x)=2x-7$에 대하여 $f(a)=3$일 때, a의 값을 구하시오.

11 함수 $f(x)=3x-4$에 대하여 함숫값이 11이 되는 x의 값은?

① -1 ② 1 ③ 3
④ 5 ⑤ 6

14 x가 자연수일 때, 함수
$f(x)=(x$를 4로 나눈 나머지)에 대하여 $f(5)+f(12)$
의 값은?

① 1 ② 2 ③ 3
④ 4 ⑤ 5

12 함수 $f(x)=-2x+1$에 대하여 $f(a)=-5$, $f(1)=b$일 때, ab의 값은?

① -7 ② -6 ③ -3
④ 2 ⑤ 4

15 x가 10 이하의 자연수일 때, 함수
$f(x)=(x$보다 작은 소수의 개수)에 대하여 $f(x)=3$
이 되는 x의 개수는?

① 1 ② 2 ③ 3
④ 4 ⑤ 10

13 두 함수 $f(x)=-\dfrac{4}{3}x$, $g(x)=\dfrac{6}{x}$에 대하여
$g(8)=a$일 때, $f(a)$의 값은?

① -6 ② -2 ③ -1
④ 1 ⑤ 4

16 두 변수 x, y에 대하여 x는 30보다 작은 자연수이고 y는 자연수일 때, 함수 $y=f(x)$를 $f(x)=(x$의 양의 약수의 개수)로 정한다. 이때, $f(x)\leq 3$을 만족시키는 x의 개수를 구하시오.

3 함숫값의 활용

17 함수 $f(x)=5x+k$에 대하여 $f(1)=2$이다. $f(a)=-18$일 때, a의 값은?

① 1　　　　② 0　　　　③ -1
④ -2　　　⑤ -3

18 함수 $f(x)=ax+4$에 대하여 $f(5)=-1$일 때, $f(-2)$의 값은?

① -1　　　② 2　　　　③ 4
④ 6　　　　⑤ 8

19 함수 $f(x)=ax+3$에 대하여 $f(1)=-1$이고 $f\left(-\dfrac{1}{2}\right)=b$일 때, $a-b$의 값은?

① -9　　　② -8　　　③ -7
④ -6　　　⑤ -5

20 함수 $f(x)=2x+k$에 대하여 $f(2)=1$이다. $f(2a)-f(a-1)=2$일 때, a의 값을 구하시오.

21 함수 $f(x)=\dfrac{k}{x}$에 대하여 $f(-2)=6$일 때, $2f(3)-2f(8)$의 값은?

① 5   ② 3   ③ 1
④ -1 ⑤ -5

22 함수 $f(x)=\dfrac{a}{x}$에서 $f(4)-f(-7)=11$일 때, $f(2)$의 값은?

① -7 ② 1   ③ 4
④ 14   ⑤ 28

23 두 함수 $f(x)=ax-2$, $g(x)=x+8$에 대하여 $f(2)=4$일 때, $f(n)=g(n)$을 만족시키는 n의 값을 구하시오.

24 함수 $f\left(\dfrac{1-x}{3}\right)=2x+1$일 때, $f(1)$의 값을 구하시오.

25 함수 $f\left(\dfrac{-2x+3}{2}\right)=x-2$일 때, $f(a)=-\dfrac{5}{2}$를 만족시키는 a의 값을 구하시오.

26 두 함수 $f(x)=-x+2$, $g(x)=\dfrac{2}{x}+1$에 대하여 $f(g(2)-2f(3))$의 값을 구하시오.

27 $x=-2$, -1, 0, 1일 때, 함수 $f(x)=-5x+3$의 함숫값의 합을 구하시오.

28 함수 $f(x)=2x-3$에 대하여 $x=-1$, 2, 5의 각각의 함숫값은 1, 7, $4-a$ 중의 하나에 대응된다. 이때, a의 값은?

① 6   ② 7   ③ 8
④ 9   ⑤ 10

29 적당한 x의 값들에 대한 함수 $y=\dfrac{12}{x}$의 함숫값이 2, 3, 4, 6일 때, x의 값들의 합을 구하시오.

30 적당한 x의 값들에 대한 함수 $y=\dfrac{x}{4}+1$의 함숫값이 2, 3, 5일 때, x의 값들의 합을 구하시오.

규칙이
그림으로!

일차함수와 그 그래프

일차함수의 정의

일차식으로 표현된 함수!

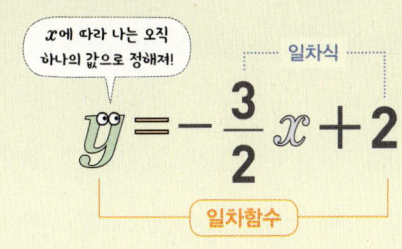

x에 따라 나는 오직 하나의 값으로 정해져!

일차식

$$y=-\frac{3}{2}x+2$$

일차함수

일차함수의 그래프(1)

$y=ax(a\neq0)$!

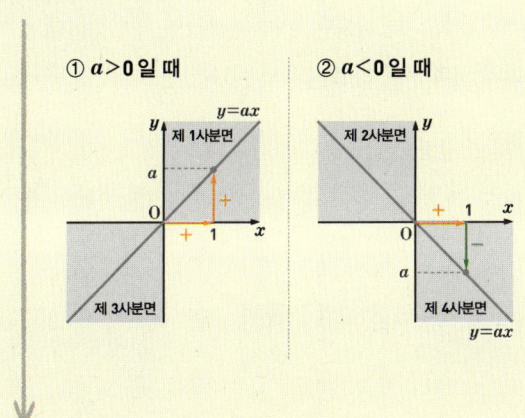

① $a>0$일 때

$y=ax$
제 1사분면
제 3사분면

② $a<0$일 때

제 2사분면
제 4사분면
$y=ax$

일차함수의 그래프(2)

$y=ax+b(a\neq0)$!

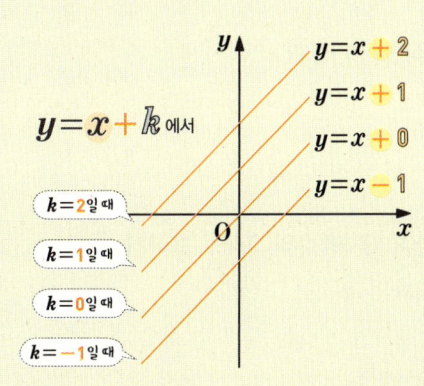

$y=x+k$ 에서

$y=x+2$
$y=x+1$
$y=x+0$
$y=x-1$

$k=2$일 때
$k=1$일 때
$k=0$일 때
$k=-1$일 때

---

1 일차함수

함수 $y=f(x)$에서 y가 x에 대한 일차식으로 나타내어지는 함수를 일차함수라고 한다.

$$y=ax+b \text{ (단, } a\neq0, a, b\text{는 상수)}$$

개념+ x의 값의 범위에 따른 함수 $y=ax+b$의 모양

x의 값이
① 정수 또는 자연수인 경우 ➡ 점
② 수 전체인 경우 ➡ 직선
③ 범위로 주어진 경우 ➡ 선분 또는 반직선

2 일차함수 $y=ax(a\neq0)$의 그래프

1) 원점 $(0, 0)$을 지나는 직선이다.

2) $a>0$일 때
① x의 값이 증가하면 y의 값도 증가한다.
② 오른쪽 위로 향하는 직선이다.
③ 제 1, 3사분면을 지난다.

3) $a<0$일 때
① x의 값이 증가하면 y의 값은 감소한다.
② 오른쪽 아래로 향하는 직선이다.
③ 제 2, 4사분면을 지난다.

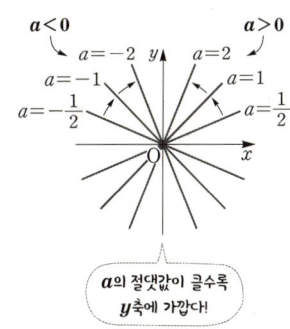

$a<0$ $a>0$
$a=-2$ $a=2$
$a=-1$ $a=1$
$a=-\frac{1}{2}$ $a=\frac{1}{2}$

a의 절댓값이 클수록 y축에 가깝다!

3 일차함수 $y=ax+b(a\neq0)$의 그래프

1) 평행이동 : 한 도형을 일정한 방향으로 일정한 거리만큼 이동하는 것

2) 일차함수 $y=ax+b$의 그래프
일차함수 $y=ax$의 그래프를 y축의 방향으로 b만큼 평행이동한 직선
① $b>0$ ➡ y축의 양의 방향으로 b만큼 평행이동
② $b<0$ ➡ y축의 음의 방향으로 b의 절댓값만큼 평행이동

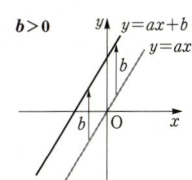

$b>0$ $y=ax+b$
$y=ax$
b

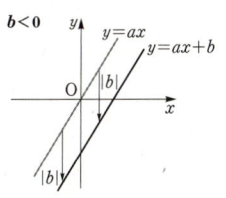

$b<0$ $y=ax$
$y=ax+b$
$|b|$
$|b|$

일차함수의 절편

축과 만나는 점!

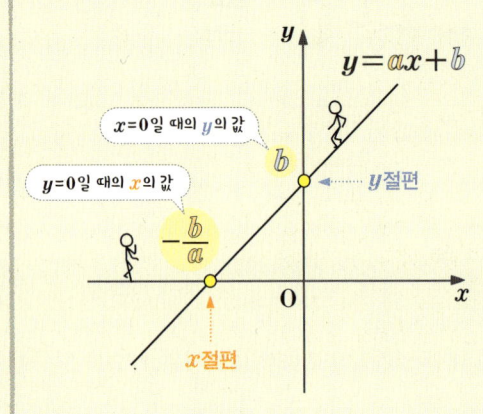

4 일차함수의 그래프의 절편

1) x**절편** : 함수의 그래프가 x축과 만나는 점의 x좌표 ➡ $y=0$일 때의 x의 값

2) y**절편** : 함수의 그래프가 y축과 만나는 점의 y좌표 ➡ $x=0$일 때의 y의 값

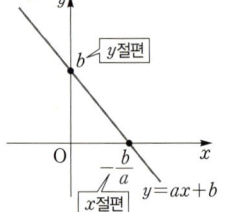

3) 일차함수 $y=ax+b\,(a\neq 0)$**의 그래프의 절편**

① x절편 : $-\dfrac{b}{a}$ 　② y절편 : b

4) x**절편,** y**절편을 이용하여 일차함수의 그래프 그리기**

① x절편, y절편을 구한다.

② 절편을 이용하여 x축, y축과 만나는 두 점을 좌표평면 위에 나타낸다.

③ 두 점을 잇는 직선을 그린다.

일차함수의 기울기

변화의 방향과 크기!

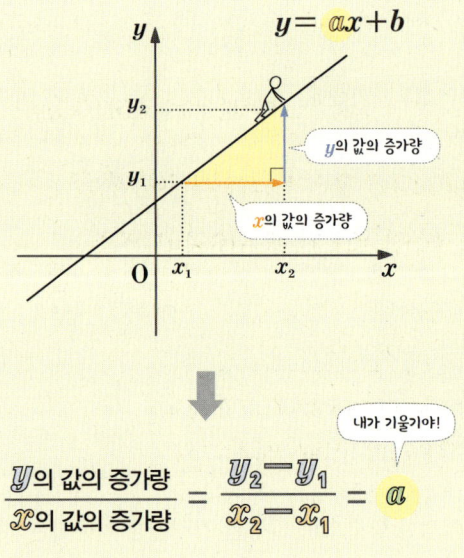

5 일차함수의 그래프의 기울기

1) 일차함수 $y=ax+b$의 그래프에서 x의 값의 증가량에 대한 y의 값의 증가량의 비율은 항상 일정하고 그 비율은 x의 계수 a와 같다. 이때 a를 일차함수 $y=ax+b$의 그래프의 기울기라고 한다.

➡ (기울기)$=\dfrac{(y의\ 값의\ 증가량)}{(x의\ 값의\ 증가량)}=a$

예 x의 값이 -2에서 3까지 증가할 때, y의 값은 1에서 11까지 증가하는 직선의 기울기는 $\dfrac{11-1}{3-(-2)}=\dfrac{10}{5}=2$

2) 두 점 $(x_1,\ y_1)$, $(x_2,\ y_2)$**를 지나는 직선의 기울기**

➡ (기울기)$=\dfrac{y_2-y_1}{x_2-x_1}=\dfrac{y_1-y_2}{x_1-x_2}$

예 두 점 $(-2,\ 5)$, $(5,\ -9)$를 지나는 직선의 기울기는 $\dfrac{-9-5}{5-(-2)}=\dfrac{-14}{7}=-2$

개념+ 세 점 A, B, C가 한 직선 위에 있을 조건
➡ 세 점 A, B, C 중 어떤 두 점을 선택하여도 그 기울기는 모두 같다.
➡ (직선 AB의 기울기)=(직선 BC의 기울기)=(직선 AC의 기울기)

3) x**절편,** y**절편이 주어진 직선의 기울기**

➡ (기울기)$=-\dfrac{(y절편)}{(x절편)}$

예 x절편이 3이고, y절편이 -9인 직선의 기울기는 $-\dfrac{-9}{3}=3$

4) 기울기와 y**절편을 이용하여 일차함수의 그래프 그리기**

① y절편을 이용하여 y축과의 교점을 구한다.

② 기울기를 이용하여 그래프가 지나는 다른 한 점을 찾는다.

③ 두 점을 잇는 직선을 그린다.

일차함수의 그래프

부호로 정해지는 그래프의 개형!

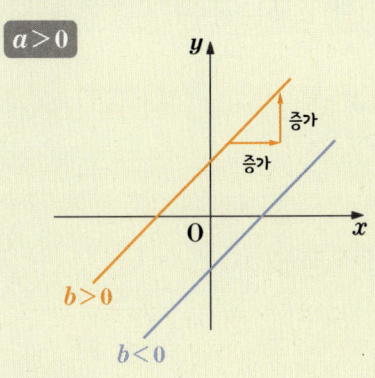

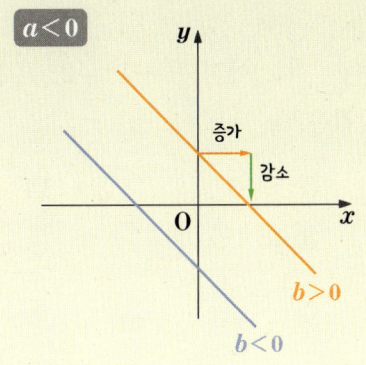

기울기가 같은 일차함수

평행과 일치!

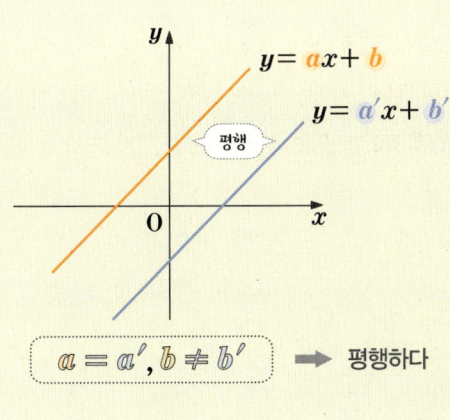

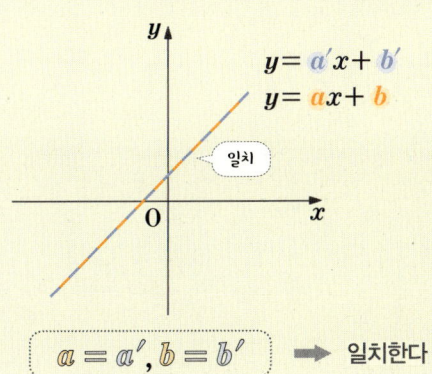

---

6 일차함수 $y=ax+b\,(a\neq0)$의 그래프의 성질

1) 기울기 a의 부호

① $a>0$일 때

➡ 오른쪽 위로 향하는 직선($\nearrow$)

➡ x의 값이 증가하면 y의 값도 증가한다.

② $a<0$일 때

➡ 오른쪽 아래로 향하는 직선($\searrow$)

➡ x의 값이 증가하면 y의 값은 감소한다.

2) y절편 b의 부호

① $b>0$ ➡ y축과 양의 부분에서 만난다.

② $b=0$ ➡ 원점을 지난다.

③ $b<0$ ➡ y축과 음의 부분에서 만난다.

개념+ a, b의 부호에 따른 일차함수 $y=ax+b$의 그래프의 모양

부호	$a>0, b>0$	$a>0, b<0$	$a<0, b>0$	$a<0, b<0$
그래프 모양				
지나지 않는 사분면	제4사분면	제2사분면	제3사분면	제1사분면

---

7 일차함수의 그래프의 평행과 일치

1) 두 일차함수의 그래프의 기울기가 같은 경우

① y절편이 다르다. ➡ 두 직선은 서로 평행하다.

② y절편이 같다. ➡ 두 직선은 서로 일치한다.

개념+ 두 일차함수 $y=ax+b$와 $y=a'x+b'$의 그래프에서

① $a=a'$, $b=b'$ ➡ 기울기도 같고, y절편도 같다. ➡ 일치

② $a=a'$, $b\neq b'$ ➡ 기울기만 같다. ➡ 평행

③ $a\neq a'$ ➡ 기울기가 다르다. ➡ 교점 1개

2) 서로 평행한 두 일차함수의 그래프의 기울기는 같다.

---

8 일차함수의 활용

1) 문제의 뜻을 파악한 후 미지수 x, y를 정한다.

2) 문제의 뜻에 맞는 x와 y 사이의 관계식을 구한다.

3) 함숫값이나 그래프를 이용하여 주어진 조건에 맞는 값을 구한다.

4) 구한 값이 문제의 조건에 맞는지 확인한다.

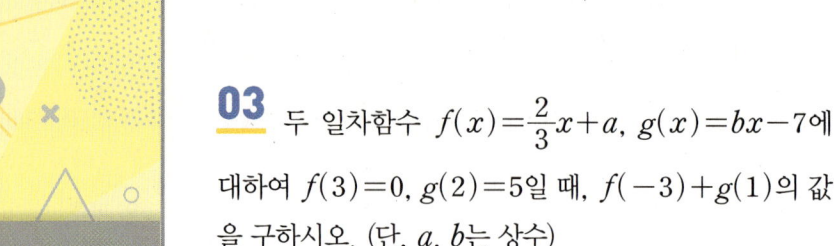

주제별 실력다지기

1 일차함수의 뜻

01 다음 **보기** 중 y가 x에 대한 일차함수인 것을 모두 고른 것은?

┌─ 보기 ─┐
ㄱ. 한 변의 길이가 x인 정오각형의 둘레의 길이는 y 이다.
ㄴ. 시속 x km로 y시간 달린 거리는 3 km이다.
ㄷ. 한 변의 길이가 x인 정사각형의 넓이는 y이다.
ㄹ. 하루 중 낮의 길이는 x시간, 밤의 길이는 y시간 이다.
ㅁ. 반지름의 길이가 x cm인 원의 넓이는 y cm²이다.
└────────┘

① ㄱ, ㄴ ② ㄱ, ㄹ ③ ㄴ, ㄷ
④ ㄷ, ㅁ ⑤ ㄹ, ㅁ

02 일차함수 $f(x)=3x-1$에 대하여 $\dfrac{f(4)-f(-1)}{5-f(3)}$의 값을 구하시오.

03 두 일차함수 $f(x)=\dfrac{2}{3}x+a$, $g(x)=bx-7$에 대하여 $f(3)=0$, $g(2)=5$일 때, $f(-3)+g(1)$의 값을 구하시오. (단, a, b는 상수)

04 일차함수 $y=f(x)$에서 $f(-1)=2$, $f(2)=-7$ 일 때, $f(5)$의 값은?

① -19 ② -16 ③ -14
④ 14 ⑤ 16

05 x가 $-2 \le x \le 2$인 정수일 때, 일차함수 $y=2x-1$ 의 y의 값은?

① $-5 \le y \le 3$ ② -5, 3
③ -1, 1, 3 ④ -5, -3, 1, 3
⑤ -5, -3, -1, 1, 3

06 점 $(k, 8)$이 일차함수 $y = -5x + k$의 그래프 위에 있을 때, 상수 k의 값은?

① -2 ② -1 ③ 1

④ 2 ⑤ 4

07 일차함수 $y = 3x + 1$의 그래프가 두 점 $(-2, a)$, $(-2b, 7)$을 지날 때, $a - 5b$의 값을 구하시오.

08 두 점 $(-3, 2)$, $(5, a)$가 일차함수 $y = -2x + b$의 그래프 위에 있을 때, 상수 a, b에 대하여 $a + b$의 값을 구하시오.

09 두 일차함수 $y = ax + 6$, $y = 2x + 4$의 그래프가 점 $(b, 5)$를 지날 때, 상수 a, b의 값을 각각 구하시오.

10 일차함수 $y = -x + m$의 그래프가 두 점 $(3, n)$, $(2m, 2n)$을 지날 때, 상수 m, n에 대하여 mn의 값은?

① -6 ② -4 ③ -2

④ 2 ⑤ 4

2 일차함수의 그래프의 절편

11 일차함수 $y=-5x+1$의 그래프의 x절편을 a, y절편을 b, 기울기를 c라 할 때, abc의 값은?

① -1 ② $-\dfrac{3}{5}$ ③ $-\dfrac{1}{5}$

④ $\dfrac{1}{5}$ ⑤ $\dfrac{7}{5}$

12 일차함수 $y=-\dfrac{4}{5}x+a$의 그래프가 오른쪽 그림과 같을 때, 점 A의 좌표를 구하시오.

(단, a는 상수)

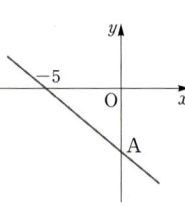

13 일차함수 $y=ax+b$의 그래프의 x절편이 -8, y절편이 12일 때, 상수 a, b에 대하여 ab의 값은?

① -18 ② -12 ③ -6

④ 12 ⑤ 18

14 x절편이 5, y절편이 -1인 일차함수의 그래프가 점 $(2k, k)$를 지날 때, 상수 k의 값은?

① $-\dfrac{8}{3}$ ② $-\dfrac{7}{3}$ ③ -2

④ $-\dfrac{5}{3}$ ⑤ $-\dfrac{4}{3}$

15 일차함수 $y=-4x+k$의 그래프가 점 $(2, 4)$를 지날 때, x축과 만나는 점의 좌표를 구하시오.

(단, k는 상수)

16 일차함수 $y=ax+5$의 그래프가 점 $(-3, -1)$을 지나고, 일차함수 $y=3x+b$의 그래프와 x축에서 만날 때, 상수 a, b에 대하여 ab의 값을 구하시오.

17 두 일차함수 $y=-x+5$와 $y=2x+k$의 그래프가 x축과 만나는 점을 각각 A, B라 할 때, $\overline{AB}=7$이다. 이때 상수 k의 값을 모두 구하시오.

18 일차함수 $y=-2x+6$의 그래프와 x축, y축으로 둘러싸인 도형의 넓이를 구하시오.

19 일차함수 $y=-x+a$의 그래프와 x축, y축으로 둘러싸인 삼각형의 넓이가 18일 때, 상수 a의 값을 모두 구하시오.

20 일차함수 $y=ax+8$의 그래프와 x축, y축으로 둘러싸인 삼각형의 넓이가 16일 때, 양수 a의 값을 구하시오.

21 주사위를 두 번 던져서 나온 눈의 수를 각각 a, b라 하자. 일차함수 $y=ax+b$의 그래프와 x축, y축으로 둘러싸인 도형의 넓이가 8일 때, 상수 a, b의 값을 각각 구하시오.

3 일차함수의 그래프와 평행이동

22 일차함수 $y=ax+1$의 그래프를 y축의 방향으로 5만큼 평행이동하면 일차함수 $y=2x+b$의 그래프가 될 때, 상수 a, b에 대하여 $a+b$의 값은?

① -6 ② -2 ③ 2
④ 4 ⑤ 8

23 일차함수 $y=ax+7$의 그래프는 $y=4x-3$의 그래프를 y축의 방향으로 m만큼 평행이동한 것이다. 이때 상수 a, m에 대하여 $a+m$의 값은?

① 0 ② 4 ③ 8
④ 10 ⑤ 14

24 일차함수 $y=\dfrac{3}{4}x-\dfrac{3}{2}$의 그래프를 y축의 음의 방향으로 4만큼 평행이동한 그래프가 점 $(a,\ a)$를 지날 때, a의 값을 구하시오.

25 일차함수 $y=ax$의 그래프를 y축의 방향으로 b만큼 평행이동하면 두 점 $(1,\ -2)$, $(3,\ -4)$를 지난다. 이때 상수 a, b에 대하여 ab의 값을 구하시오.

26 오른쪽 그림은 일차함수 $y=(a-4)x+6$의 그래프를 y축의 방향으로 m만큼 평행이동한 것이다. 이때 $a+m$의 값을 구하시오. (단, a는 상수이다.)

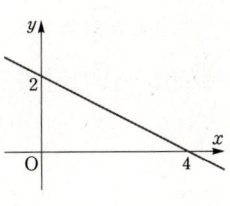

28 두 일차함수 $y=-x+6$과 $y=\dfrac{1}{2}x+3$의 그래프를 y축의 방향으로 각각 m만큼 평행이동하면 두 그래프가 x축에서 만난다고 한다. 이때 상수 m의 값은?

① -4 　　② -3 　　③ 0

④ 3 　　⑤ 4

29 일차함수 $y=ax-5$의 그래프는 점 $(3,\ 7)$을 지나고, 이 그래프를 y축의 방향으로 2만큼 평행이동하면 점 $(2m,\ m+4)$를 지날 때, m의 값은? (단, a는 상수)

① -2 　　② -1 　　③ 0

④ 1 　　⑤ 2

27 일차함수 $y=3x-a$의 그래프를 y축의 방향으로 -3만큼 평행이동한 직선의 x절편이 b, y절편이 6일 때, 상수 a, b에 대하여 $a+b$의 값을 구하시오.

30 일차함수 $y=2x$의 그래프를 y축의 방향으로 -1, -5만큼 각각 평행이동한 그래프와 x축, y축으로 둘러싸인 부분의 넓이를 구하시오.

31 일차함수 $y=ax+b$의 그래프를 (가)와 같은 방법으로 이동하면 점 $(3, -1)$을 지나고 (나)와 같은 방법으로 이동하면 원점을 지난다. 이때 상수 a, b에 대하여 $a+b$의 값을 구하시오.

> (가) $y=-3x+1$의 그래프를 $y=-3x-5$와 일치하도록 평행이동
>
> (나) $y=2x-7$의 그래프를 $y=2(x-2)$와 일치하도록 평행이동

4 일차함수의 그래프의 기울기

32 두 점 $(-1, 5)$, $(6, 8)$을 지나는 일차함수의 그래프에서 x의 값이 -4에서 -1까지 증가할 때, y의 값의 증가량은?

① $-\dfrac{3}{7}$ ② $\dfrac{3}{7}$ ③ 1

④ $\dfrac{9}{7}$ ⑤ $\dfrac{15}{7}$

33 일차함수 $y=-5x+9$의 그래프에서 y의 값이 a에서 $a+10$까지 증가할 때, x의 값의 증가량은?

① -5 ② -2 ③ 3

④ 9 ⑤ 10

34 일차함수 $y=-ax+1$의 그래프에서 x의 값이 4만큼 증가할 때 y의 값은 8만큼 증가한다고 한다. 이 직선이 점 $(b, 7)$을 지날 때, 상수 a, b에 대하여 ab의 값을 구하시오.

35 일차함수 $y=ax+b$의 그래프에서 x의 값이 3만큼 증가할 때, y의 값은 5만큼 감소한다고 한다. 이 직선이 점 $(3, -2)$를 지날 때, 상수 a, b에 대하여 ab의 값을 구하시오.

36 일차함수 $f(x)=ax+b$가 $f(2)=6$, $\dfrac{f(n)-f(m)}{n-m}=-2$를 만족시킬 때, $f(1)$의 값을 구하시오. (단, $n \neq m$이고, a, b는 상수)

37 일차함수 $y=f(x)$는 x의 값이 2만큼 증가할 때, y의 값은 a만큼 증가한다고 한다.
$2f(m)+5m=2f(n)+5n$일 때, a의 값을 구하시오.
(단, $m \neq n$)

38 세 점 $A(5, -3)$, $B(2, 6)$, $C(p, p-4)$가 한 직선 위에 있을 때, p의 값은?

① -2 ② -1 ③ 1
④ 3 ⑤ 4

39 세 점 $A(2, -3)$, $B(5, 6)$, $C(m, n)$이 한 직선 위에 있을 때, n을 m에 대한 식으로 나타내시오.

40 세 점 $(1, 3)$, $(k, -1)$, $(-k+1, 2)$가 한 직선 위에 있을 때, k의 값을 구하시오.

41 서로 다른 네 점 $A(-k-2,\ 1)$, $B(k,\ 3)$, $C(5,\ -1)$, $D\left(-m,\ m-\dfrac{1}{2}\right)$이 한 직선 위에 있을 때, $k+m$의 값을 구하시오.

---

5 두 일차함수 그래프의 기울기와 평행, 일치, 수직

42 두 일차함수 $y=\dfrac{a}{3}x-2b$와 $y=\dfrac{4}{9}x+6$의 그래프가 평행하기 위한 상수 $a,\ b$의 조건을 각각 구하시오.

43 두 일차함수 $y=(3a-7)x+\dfrac{1}{2}$과 $y=(a-1)x-2$의 그래프의 교점이 없을 때, 상수 a의 값을 구하시오.

44 일차함수 $y=ax-1$의 그래프는 오른쪽 그래프와 평행하고, 일차함수 $y=bx+1$의 그래프와 x축에서 만난다. 이때 상수 a, b에 대하여 $a+b$의 값을 구하시오.

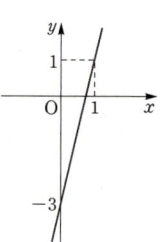

45 점 $P(a,\ b)$를 지나는 일차함수 $y=-\dfrac{3}{2}x+3$의 그래프와 일차함수 $y=-\dfrac{3a}{2b}x+\dfrac{3}{b}$의 그래프가 서로 평행할 때, 점 P의 좌표를 구하시오.

46 두 일차함수 $y=(a+b)x+a-3b$와
$y=(2a+1)x+b+2$의 그래프가 일치할 때, 상수 a, b에 대하여 ab의 값은?

① -3 ② -2 ③ -1
④ 2 ⑤ 3

47 두 일차함수 $y=-\dfrac{a}{2}x+\dfrac{2}{b}$와 $y=\dfrac{1}{3}x-\dfrac{a}{6}$의 그래프의 교점이 무수히 많을 때, 상수 a, b의 값을 각각 구하시오.

48 일차함수 $y=-x+3$의 그래프를 y축의 방향으로 a만큼 평행이동하면 $y=bx-3$의 그래프와 일치한다. 이때 상수 a, b에 대하여 $a+b$의 값을 구하시오.

49 일차함수 $y=2ax+1$의 그래프를 y축의 방향으로 -6만큼 평행이동하면 $y=-8x+b$의 그래프와 일치한다. 이때 상수 a, b에 대하여 $b-a$의 값은?

① -5 ② -4 ③ -1
④ 1 ⑤ 9

50 일차함수 $y=ax-b$의 그래프는 점 $(a, -1)$을 지나고, 일차함수 $y=-\dfrac{1}{2}x$의 그래프와 수직으로 만난다. 이때 상수 a, b의 값을 각각 구하시오.

51 일차함수 $y=ax-a+1$의 그래프는 $y=(b-2)x$의 그래프와 평행하고 $y=-ax+3$의 그래프와는 수직으로 만난다. 이때 상수 a, b의 값을 각각 구하시오.

6 일차함수 $y=ax+b$에서 a, b의 부호와 그래프

52 다음 **보기**의 일차함수 중 그 그래프가 오른쪽 아래로 향하는 것의 개수를 a, y축과 양의 부분에서 만나는 것의 개수를 b라 할 때, $a+b$의 값은?

---보기---
ㄱ. $y=-x$ ㄴ. $y=5x$
ㄷ. $y=2x+3$ ㄹ. $y=-3x+1$
ㅁ. $y=\dfrac{1}{3}x-5$ ㅂ. $y=-\dfrac{1}{2}x-7$
----

① 4   ② 5   ③ 6
④ 7   ⑤ 8

53 다음 중 일차함수 $y=3x-6$의 그래프에 대한 설명으로 옳은 것을 모두 고르면? (정답 2개)

① 점 $(2, 0)$을 지난다.
② 일차함수 $y=3x$의 그래프를 y축의 방향으로 6만큼 평행이동한 것이다.
③ $y=-5x$의 그래프보다 y축에 가깝다.
④ 제2사분면을 지나지 않는다.
⑤ x의 값이 증가할 때 y의 값은 감소한다.

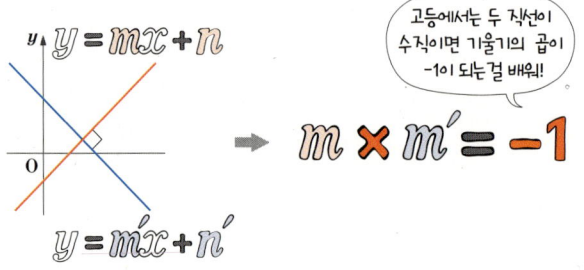

고등에서는 두 직선이 수직이면 기울기의 곱이 −1이 되는걸 배워!

$$m \times m' = -1$$

54 일차함수 $y=-a(x-b)$의 그래프가 오른쪽 그림과 같을 때, 상수 a, b의 부호는?

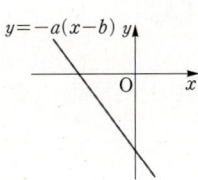

① $a<0$, $b<0$ ② $a<0$, $b=0$
③ $a>0$, $b<0$ ④ $a>0$, $b=0$
⑤ $a>0$, $b>0$

55 일차함수 $y=ax-b$의 그래프가 오른쪽 그림과 같을 때, 다음 중 가장 작은 값은? (단, a, b는 상수)

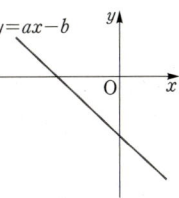

① a ② b ③ $a+b$
④ $a-b$ ⑤ $b-a$

56 일차함수 $y=ax+b$의 그래프가 제1, 2, 3사분면을 지날 때, 상수 a, b의 부호를 각각 구하시오.

57 일차함수 $y=-\dfrac{a}{b}x-\dfrac{c}{b}$의 그래프가 오른쪽 그림과 같을 때, ac의 부호를 구하시오.

(단, a, b, c는 상수)

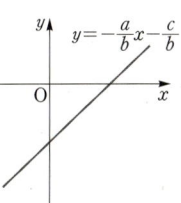

58 $ab<0$, $a-b>0$일 때, 다음 중 일차함수 $y=ax+b$의 그래프로 알맞은 것은?

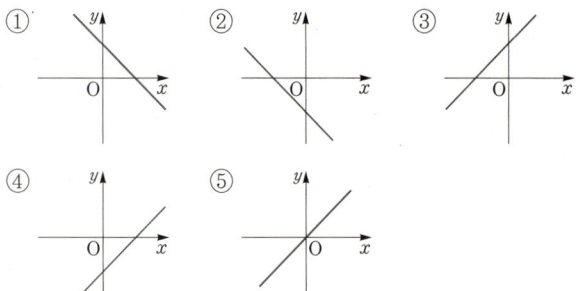

60 일차함수 $y=\dfrac{b}{a}x-\dfrac{c}{a}$의 그래프가 오른쪽 그림과 같을 때, 일차함수 $y=acx+bc$의 그래프가 지나지 않는 사분면을 구하시오.

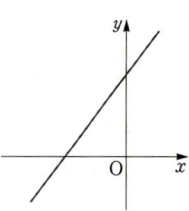

7 일차함수의 그래프의 기울기와 x의 값, y의 값

59 일차함수 $y=-ax+a-b$의 그래프가 오른쪽 그림과 같을 때, 일차함수 $y=-bx+b+a$의 그래프가 지나지 않는 사분면을 구하시오.

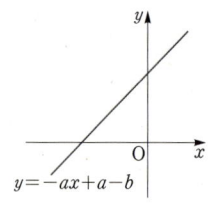

$y=-ax+a-b$

61 x의 값의 범위가 $-2\leq x\leq 1$인 일차함수 $y=-2x+a$의 그래프가 오른쪽 그림과 같을 때, 이 함수의 y의 값의 범위를 구하시오.

(단, a는 상수)

62 x의 값의 범위가 $-3 \le x \le a$이고, y의 값의 범위가 $3 \le y \le 7$인 일차함수 $y = x + b$에 대하여 ab의 값은? (단, a, b는 상수)

① -8 ② -4 ③ 3
④ 6 ⑤ 7

63 x의 값의 범위가 $1 \le x \le 4$인 일차함수 $y = ax + 6$의 y의 값의 최솟값이 -2일 때, 상수 a의 값을 구하시오. (단, $a < 0$)

8 일차함수의 활용

64 오른쪽 그림과 같은 △ABC에서 점 P는 점 B를 출발하여 매초 3 cm의 속력으로 점 C를 향해 움직인다. 점 P가 점 B를 출발한 지 x초 후의 △ABP의 넓이를 y cm²라 할 때, 다음 물음에 답하시오. (단, $0 < x \le 4$)

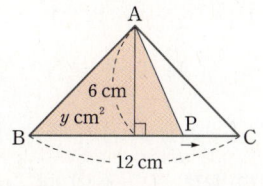

(1) x와 y 사이의 관계식을 구하시오.
(2) 3초 후에 △ABP의 넓이를 구하시오.

65 오른쪽 그림과 같이 직사각형 ABCD에서 점 P는 매초 0.2 cm의 속력으로 점 B를 출발하여 점 C까지 움직인다.

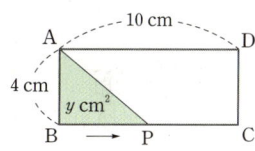

점 P가 점 B를 출발한 지 x초 후의 △ABP의 넓이를 y cm²라 할 때, 다음 물음에 답하시오. (단, $0 < x \le 50$)

(1) x와 y 사이의 관계식을 구하시오.
(2) 점 P가 출발한 지 몇 초 후에 △ABP의 넓이가 10 cm²가 되는지 구하시오.

66 오른쪽 그림의 직사각형 ABCD에서 점 P는 $\overline{BC}$ 위를 점 B에서 점 C까지 움직인다고 한다. $\overline{BP}=x$ cm, $\triangle DPC=y$ cm^2 라 할 때, 다음 물음에 답하시오. (단, $0 \leq x < 12$)

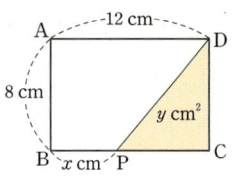

(1) x와 y 사이의 관계식을 구하시오.
(2) $\overline{BP}=2$ cm일 때, $\triangle DPC$의 넓이를 구하시오.

67 오른쪽 그림의 직사각형 ABCD에서 $\overline{AD}=14$ cm, $\overline{AB}=4$ cm 이고, 점 P는 점 C를 출발하여 매초 0.2 cm의 속력으로 점 D를 향해 움직인다. 점 P가 점 C를 출발한 지 x 초 후의 사각형 ABCP의 넓이가 y cm^{2}일 때, x와 y 사이의 관계식은?

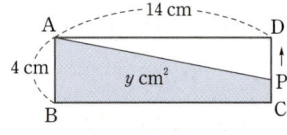

① $y=14-4x$ $(0 < x \leq 20)$
② $y=14-0.2x$ $(0 < x \leq 4)$
③ $y=14+0.8x$ $(0 < x \leq 14)$
④ $y=28-1.4x$ $(0 < x \leq 20)$
⑤ $y=28+1.4x$ $(0 < x \leq 20)$

68 오른쪽 그림과 같이 $\overline{AB}=6$ cm, $\overline{AD}=8$ cm인 직사각형 ABCD에서 점 P가 점 B를 출발하여 매초 2 cm의 속력으로 점 C와 D를 거쳐 점 A까지 변을 따라 움직인다. x초 후의 $\triangle ABP$의 넓이를 y cm^{2}라 할 때, 다음 물음에 답하시오.

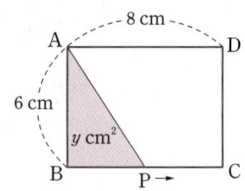

(1) x와 y 사이의 관계를 좌표평면 위에 나타내시오.
(2) (1)의 그래프와 x축으로 둘러싸인 도형의 넓이를 구하시오.

69 온도가 15 ℃인 물에 열을 가하면 물의 온도가 일정하게 매분 0.6 ℃씩 높아진다고 한다. 열을 가한지 몇 분 후에 물의 온도가 18 ℃가 되는지 구하시오.

70 공기 중에서 소리의 속력은 온도가 0 ℃일 때 초속 325 m이고, 온도가 1 ℃씩 오를 때마다 소리의 속력은 초속 0.4 m씩 증가한다고 한다. 온도가 10 ℃일 때 소리의 속력을 구하시오.

71 기차가 A역을 출발하여 40 km 떨어진 B역을 향하여 분속 3 km의 속력으로 달리고 있다. 기차가 A역을 출발한 지 x분 후의 기차와 B역 사이의 거리를 y km라고 할 때, x와 y 사이의 관계식을 구하시오.

$$\left(\text{단, } 0 \le x \le \frac{40}{3}\right)$$

72 길이가 각각 14 cm, 20 cm인 양초 두 개가 있다. 불을 붙이면 길이가 14 cm인 양초는 10분마다 3 cm씩 짧아지고, 길이가 20 cm인 양초는 10분마다 5 cm씩 짧아진다고 한다. 동시에 불을 붙였을 때, 타고 남은 두 양초의 길이가 같아지는 것은 몇 분 후인가?

① 15분　　② 20분　　③ 25분
④ 30분　　⑤ 35분

73 오른쪽 그림은 석유가 45 L 들어 있는 난로를 켠 지 x분 후에 남은 석유의 양을 y L라 할 때, x와 y 사이의 관계를 그래프로 나타낸 것이다. 난로를 켠 지 몇 분 후에 석유 13 L가 남는지 구하시오.

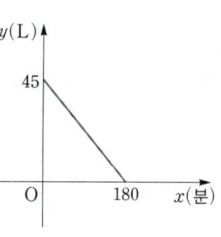

함수의 평행이동에 따른 식의 변화!

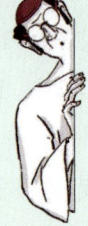

평행이동으로 다 그릴 수 있다고?

평행이동의 특징은 위치만 변하고 모양은 변하지 않는다는 것이다. 그래서 일차함수의 경우 아무리 평행이동을 해도 기울기가 변하지 않고 절편만 바뀌게 된다. 이처럼 함수의 평행이동을 통해서 그래프의 변화에 따른 방정식의 관계를 더 깊이 이해할 수 있다.

1 | **y축으로의 평행이동 – 변화된 절편 구하기** |

> y축으로의 모든 평행이동은 같은 방법으로 나타낼 수 있어.

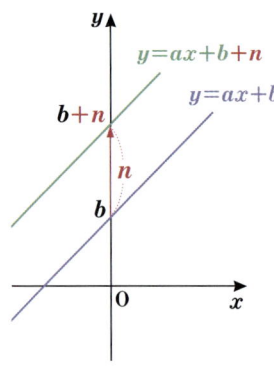

일차함수 $y=ax+b(a\neq0)$의 그래프가 y축의 방향으로 n만큼

평행이동한 그래프의 식은 $\boldsymbol{y=ax+b+n}\,(\boldsymbol{a\neq0})$으로 나타낼 수 있다.

중요한 사실은 평행이동을 아무리 많이 해도 기울기는 a로 변하지

않는다는 것과 기울기가 a인 모든 일차함수의 그래프는

모두 $y=ax(a\neq0)$의 그래프를 y축의 방향으로 평행이동하면

그릴 수 있다는 점이다.

일차함수 $y=ax+b(a\neq0)$의 그래프가 y축의 방향으로 n만큼 평행이동한 그래프의 식은

$$y=ax+\boxed{}(a\neq0)$$

답 $b+n$

2 | **x축으로의 평행이동(1) – 변화된 절편 구하기** |

일차함수 $y=ax+b(a\neq0)$의 그래프가 x축의 방향으로 m만큼 평행이동하면 만들어지는 식을 찾아보자.

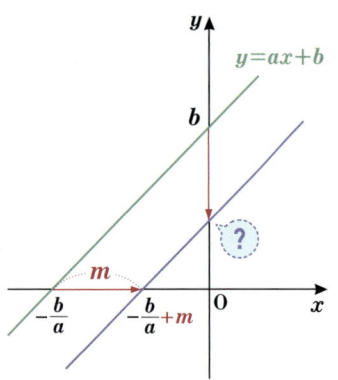

먼저 원래의 일차함수의 식에서 x절편을 구하면

$$0=ax+b,\ x=-\frac{b}{a}$$ 임을 알 수 있다.

> 바뀐 x절편을 이용해 바뀌는 y절편을 찾아보자.

이 함수가 x축의 방향으로 m만큼 평행이동하면 x절편은 $-\dfrac{b}{a}+m$ 이

된다. 따라서 기울기가 a이고 한 점 $\left(-\dfrac{b}{a}+m,\ 0\right)$을 지나는 새로운

일차함수의 식 $y=ax+\bigcirc\,(a\neq0)$ 의 y절편 $\bigcirc$ 을 구하면

$$0=a\left(-\frac{b}{a}+m\right)+\bigcirc\ ,\ -b+am+\bigcirc=0$$

$$\therefore \bigcirc=b-am$$

일차함수 $y=ax+b(a\neq0)$의 그래프가 x축의 방향으로 m만큼 평행이동하면 만들어지는

x절편은 $\boxed{}$, y절편은 $\boxed{}$

답 $-\dfrac{b}{a}+m,\ b-am$

3 — **x축으로의 평행이동(2) – 식 구하기**

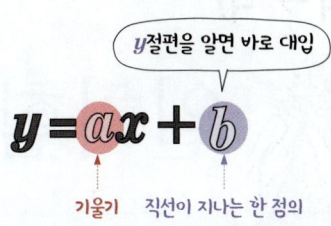

기울기와 y절편을 이용해!

일차함수 $y=ax+b(a\neq0)$의 그래프가

x축의 방향으로 m만큼 평행이동하면 만들어지는

x절편은 $-\dfrac{b}{a}+m$이 되고, y절편은 $b-am$이므로

일차함수 $y=ax+b(a\neq0)$의 그래프가 x축의 방향으로

m만큼 평행이동하면 만들어지는 식은 $y=ax+b-am(a\neq0)$에서

$$y=a(x-m)+b(a\neq0)$$임을 알 수 있다.

y절편을 알면 바로 대입

$$y=ax+b$$

기울기   직선이 지나는 한 점의 좌표를 대입하여 구한다.

---

4 — **일차함수의 평행이동**

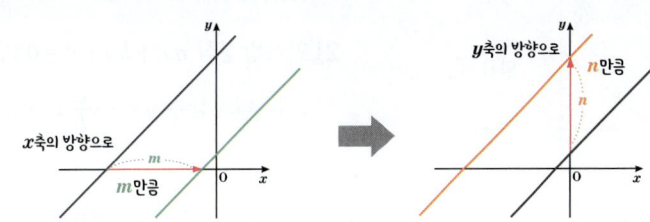

이제 두 평행이동의 조건을 합쳐서 일차함수의 평행이동을 정리해 보면

x축의 방향으로 m만큼 평행이동	$\longrightarrow$ $y=a(x-m)+b(a\neq0)$
y축의 방향으로 n만큼 평행이동	$\longrightarrow$ $y=ax+b+n(a\neq0)$

x축의 방향으로 m만큼, y축의 방향으로 n만큼 평행이동 $\longrightarrow$ $y=a(x-m)+b+n(a\neq0)$

일차함수 $y=ax+b(a\neq0)$의 그래프가 x축의 방향으로 m만큼, y축의 방향으로 n만큼

평행이동하면 만들어지는 식은 $y=a(\boxed{})+\boxed{}(a\neq0)$

이 식은 다음과 같이 정리할 수도 있다. $(y-\boxed{})=a(x-\boxed{})+b(a\neq0)$

알아두면 고등 도형의 평행이동에서 편해!

답 $x-m$, $b+n$, n, m

 **Q** x축과 y축의 방향으로 동시에 평행이동한 일차함수의 식을 구할 수 있을까?

일차함수 $y=-2x+3$의 그래프를 x축의 방향으로 1만큼, y축의 방향으로 2만큼 이동한 일차함수의 식을 구하시오.

답 $y=-2x+7$

그래프에서
규칙 → 식!

일차함수와 일차방정식의 관계

③

방정식을 함수로!

그래프의 일치

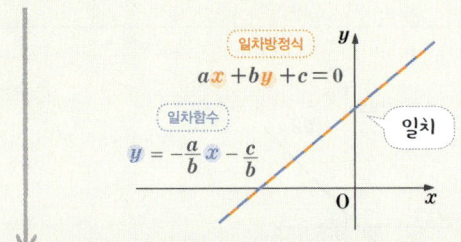

일차방정식
$ax+by+c=0$

일차함수
$y=-\dfrac{a}{b}x-\dfrac{c}{b}$

일치

1 일차함수와 일차방정식

1) x, y가 수 전체일 때, 일차방정식 $ax+by+c=0$
(단, a, b, c는 상수, $a\neq0$, $b\neq0$)을 직선의 방정식이라고 한다.

2) 일차방정식 $ax+by+c=0$ (단, a, b, c는 상수, $a\neq0$, $b\neq0$)의 그래프는 일차함수 $y=-\dfrac{a}{b}x-\dfrac{c}{b}$의 그래프와 같다.

특수한 직선의 방정식

축과 평행!

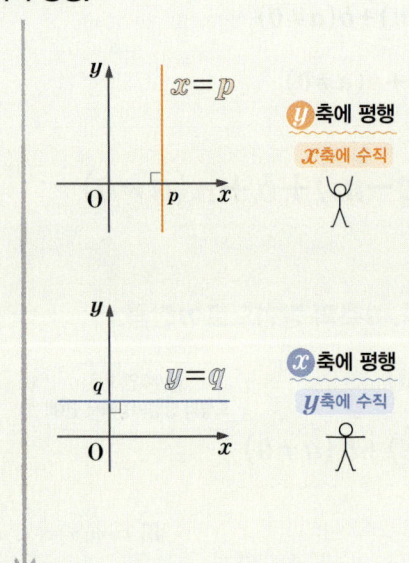

$x=p$

y축에 평행
x축에 수직

$y=q$

x축에 평행
y축에 수직

2 축에 평행한 직선의 방정식

1) 일차방정식 $x=a(a$는 0이 아닌 상수)의 그래프
점 $(a, 0)$을 지나고, y축에 평행한 (x축에 수직인) 직선

2) 일차방정식 $y=b(b$는 0이 아닌 상수)의 그래프
점 $(0, b)$를 지나고, x축에 평행한 (y축에 수직인) 직선

3 일차함수의 그래프와 연립방정식의 해

1) 연립방정식 $\begin{cases} ax+by+c=0 \\ a'x+b'y+c'=0 \end{cases}$ 의 해는 두 일차방정식
$ax+by+c=0$, $a'x+b'y+c'=0$의 그래프의 교점의 좌표와 같다.

➡ 연립방정식의 해가 $x=p$, $y=q$ = 두 직선의 교점의 좌표 (p, q)

2) 연립방정식 $\begin{cases} ax+by+c=0 \\ a'x+b'y+c'=0 \end{cases}$ 의 해의 개수와 두 일차방정식의 그래프

연립방정식의 그래프

교점이 방정식의 해!

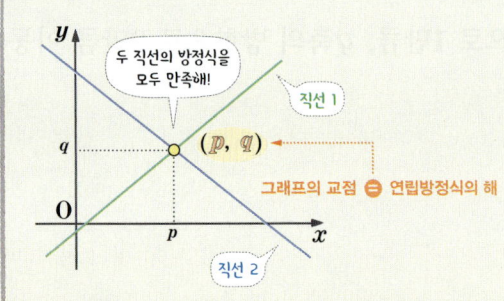

두 직선의 방정식을
모두 만족해!

직선 1

(p, q)

그래프의 교점 = 연립방정식의 해

직선 2

두 그래프의 위치 관계	한 점에서 만난다.	평행하다.	일치한다.
두 일차방정식의 그래프			
두 직선의 교점의 개수	1개	0개	무수히 많다.
연립방정식의 해의 개수	한 쌍의 해를 갖는다.	해가 없다.	해가 무수히 많다.
기울기와 y절편	기울기가 다르다. $\dfrac{a}{a'}\neq\dfrac{b}{b'}$	기울기는 같고 y절편은 다르다. $\dfrac{a}{a'}=\dfrac{b}{b'}\neq\dfrac{c}{c'}$	기울기와 y절편이 각각 같다. $\dfrac{a}{a'}=\dfrac{b}{b'}=\dfrac{c}{c'}$

직선의 방정식 구하기

일차함수의 식 이용

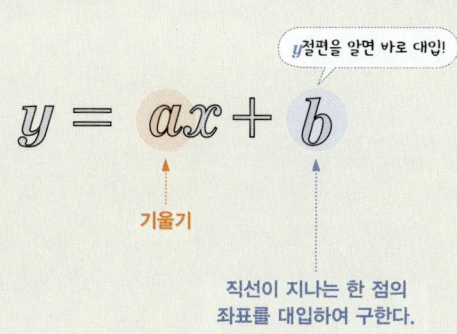

y절편을 알면 바로 대입!

기울기

직선이 지나는 한 점의
좌표를 대입하여 구한다.

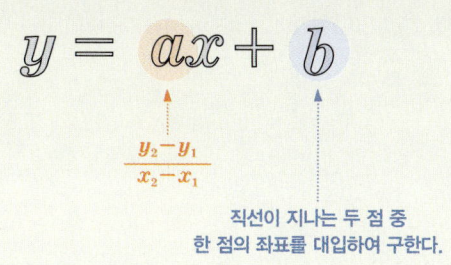

$\dfrac{y_2-y_1}{x_2-x_1}$

직선이 지나는 두 점 중
한 점의 좌표를 대입하여 구한다.

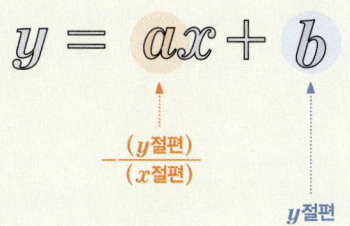

$-\dfrac{(y절편)}{(x절편)}$

y절편

---

4 직선의 방정식

1) 기울기와 y절편이 주어진 경우

기울기가 a이고, y절편이 b인 직선의 방정식은 $y=ax+b$이다.

예 기울기가 5이고 y절편이 -4인 직선의 방정식은 $y=5x-4$

2) 기울기와 한 점이 주어진 경우

기울기가 a이고, 점 $(x_1,\ y_1)$을 지나는 직선의 방정식을 $y=ax+b$로 놓고, $x=x_1$, $y=y_1$을 대입하여 b의 값을 구한다.

예 기울기가 2이고 점 $(-3,\ -3)$을 지나는 직선의 방정식은
$y=2x+b$에 $x=-3$, $y=-3$을 대입하면 $-3=-6+b$에서 $b=3$이므로
$y=2x+3$

개념+ 공식 $y-y_1=a(x-x_1)$을 이용한다.
$y-(-3)=2\{x-(-3)\}$　∴ $y=2x+3$

3) 서로 다른 두 점이 주어진 경우

서로 다른 두 점 $(x_1,\ y_1)$, $(x_2,\ y_2)$를 지나는 직선의 방정식은 다음의 순서로 구한다.

① $y=ax+b$로 놓고, 주어진 두 점을 이용하여 기울기 a를 구한다.
$$a=\frac{(y의\ 값의\ 증가량)}{(x의\ 값의\ 증가량)}=\frac{y_2-y_1}{x_2-x_1}=\frac{y_1-y_2}{x_1-x_2}$$

② $y=ax+b$에 점 $(x_1,\ y_1)$ 또는 점 $(x_2,\ y_2)$의 좌표를 대입하여 b의 값을 구한다.

예 두 점 $(1,\ 4)$, $(3,\ 8)$을 지나는 직선의 방정식은
① (기울기)$=\dfrac{8-4}{3-1}=2$

② $y=2x+b$에 $x=1$, $y=4$를 대입하면 $4=2+b$　∴ $b=2$
∴ $y=2x+2$

개념+ 공식 $y-y_1=\dfrac{y_2-y_1}{x_2-x_1}(x-x_1)$을 이용한다.
$y-4=\dfrac{8-4}{3-1}(x-1)$　∴ $y=2x+2$

4) x절편과 y절편이 주어진 경우

x절편이 a, y절편이 b인 직선의 방정식은 다음의 순서로 구한다.

① 두 점 $(a,\ 0)$, $(0,\ b)$를 지나는 직선의 기울기를 구한다.
$$(기울기)=\frac{b-0}{0-a}=-\frac{b}{a}$$

② y절편이 b이므로 구하는 직선의 방정식은 $y=-\dfrac{b}{a}x+b$이다.

예 x절편이 2, y절편이 5인 직선의 방정식은
① 두 점 $(2,\ 0)$, $(0,\ 5)$를 지나므로 (기울기)$=\dfrac{5-0}{0-2}=-\dfrac{5}{2}$

② y절편이 5이므로 $y=-\dfrac{5}{2}x+5$

개념+ 공식 $\dfrac{x}{a}+\dfrac{y}{b}=1$을 이용한다.
$\dfrac{x}{2}+\dfrac{y}{5}=1$에서 $5x+2y=10$　∴ $y=-\dfrac{5}{2}x+5$

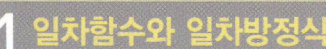
01 다음 중 일차방정식 $4x+2y-10=0$의 그래프에 대한 설명으로 옳지 <u>않은</u> 것은?

① 점 $(2, -1)$을 지난다.

② x절편은 $\dfrac{5}{2}$이다.

③ y절편은 5이다.

④ 제3사분면을 지나지 않는다.

⑤ $2y=-4x-1$의 그래프와 만나지 않는다.

02 일차방정식 $2ax+by+4=0$의 그래프는 기울기가 -6이고, y축과 점 $(0, 4)$에서 만날 때, 상수 a, b에 대하여 $a-3b$의 값을 구하시오.

03 일차방정식 $ax+by=-15$의 그래프가 기울기는 -3, y절편은 5인 직선과 일치할 때, 상수 a, b에 대하여 $a-b$의 값을 구하시오.

04 일차방정식 $x+py+q=0$의 그래프가 오른쪽 그림과 같을 때, 일차함수 $y=px+q$의 그래프가 지나지 않는 사분면을 구하시오. (단, p, q는 상수)

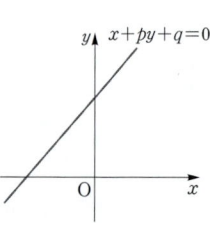

2 축에 평행한 직선의 방정식

05 다음 중 오른쪽 그래프에 대한 설명으로 옳지 <u>않은</u> 것을 모두 고르면? (정답 2개)

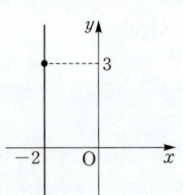

① 직선의 방정식은 $y=3$이다.
② 직선 $y=-2$와 수직으로 만난다.
③ 점 $(3, 0)$을 지난다.
④ x축에 수직이고, y축에 평행한 직선이다.
⑤ x축의 방향으로 2만큼 평행이동하면 y축과 일치한다.

06 다음 조건을 만족시키는 직선의 방정식을 **보기**에서 모두 고르시오.

┌─────────── 보기 ───────────┐
ㄱ. $x=2$	ㄴ. $x=-y$
ㄷ. $3y-9=0$	ㄹ. $x+5=2$
ㅁ. $x+y=1$	ㅂ. $2x-2y=2x+1$
└──────────────────────────┘

(1) x축에 평행한 직선
(2) y축에 평행한 직선
(3) $y=1$에 수직인 직선
(4) $x=-4$에 수직인 직선

07 네 직선 $x=-3$, $x=5$, $y=4$, $y=-6$으로 둘러싸인 도형의 넓이를 구하시오.

08 직선 $5x-1=0$에 수직이고, 점 $(-1, 7)$을 지나는 직선의 방정식을 구하시오.

09 두 직선 $x-y+2=0$, $2x+y-14=0$의 교점을 지나고, y축에 수직인 직선의 방정식은?

① $x=2$ ② $x=4$ ③ $y=3$
④ $y=4$ ⑤ $y=6$

10 두 점 $(-5, -2a+1)$, $(7, 5a-6)$을 지나는 직선이 x축에 평행할 때, a의 값은?

① -5 ② -1 ③ 1

④ 3 ⑤ 7

11 두 점 $(-3a+8, -4)$, $(a-4, 2a)$를 지나는 직선이 y축에 평행할 때, 상수 a의 값을 구하시오.

12 일차방정식 $ax+by+1=0$의 그래프가 오른쪽 그림과 같을 때, 상수 a, b에 대하여 $a+b$의 값을 구하시오.

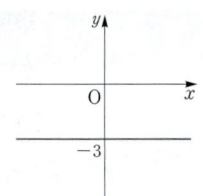

13 일차방정식 $ax-by=1$의 그래프가 오른쪽 그림과 같을 때, 상수 a, b에 대하여 $a+b$의 값을 구하시오.

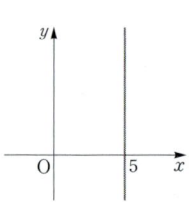

14 일차방정식 $ax+by+2=0$의 그래프가 x축에 평행하고, 제1, 2사분면을 지나기 위한 조건을 구하시오.

3 여러 가지 직선의 방정식

15 점 $(1, -2)$를 지나고, x의 값이 1만큼 증가할 때, y의 값이 3만큼 감소하는 직선이 x축과 만나는 점의 좌표를 구하시오.

16 다음 중 일차함수 $y = -\dfrac{2}{3}x + 1$의 그래프와 평행하고, 점 $(1, -1)$을 지나는 직선에 대한 설명으로 옳지 않은 것은?

① 기울기는 $-\dfrac{2}{3}$이다.

② 점 $(-2, 1)$을 지난다.

③ x절편은 $-\dfrac{1}{2}$이다.

④ y절편은 1이다.

⑤ 제2, 3, 4사분면을 지난다.

17 일차함수 $y = f(x)$의 그래프의 기울기는 5이고, 일차함수 $y = g(x)$의 그래프의 y절편은 -3이다. $f(-1) = 3$, $g(1) = 2$일 때, $f(1) + g(-1)$의 값을 구하시오.

18 오른쪽 그림과 같은 일차함수의 그래프가 점 $(-8, k)$를 지날 때, k의 값은?

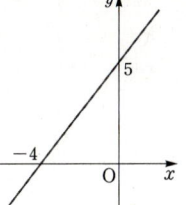

① -5

② $-\dfrac{7}{5}$

③ 5

④ $\dfrac{57}{5}$

⑤ 15

19 일차함수 $y = \dfrac{1}{2}x + 1$의 그래프와 x축에서 만나고, 일차함수 $y = 4x - 3$의 그래프와 y축에서 만나는 직선의 방정식을 구하시오.

20 오른쪽 그림과 같이 x절편이 3이고, y절편이 k인 일차함수의 그래프가 점 $(1,\ 4)$를 지날 때, k의 값을 구하시오.

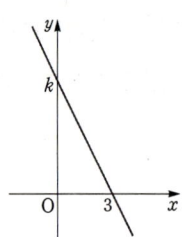

21 오른쪽 그래프와 평행하고, 점 $(2,\ -3)$을 지나는 직선의 방정식을 구하시오.

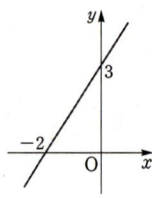

22 일차함수 $y=f(x)$의 그래프는 오른쪽 그래프와 평행하고, $y=x+2$의 그래프와 y축에서 만난다. 다음 중 $y=f(x)$의 그래프 위의 점이 <u>아닌</u> 것은?

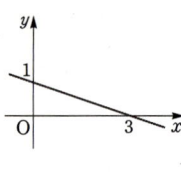

① $\left(5,\ \dfrac{1}{3}\right)$ ② $(3,\ 1)$ ③ $\left(1,\ \dfrac{5}{3}\right)$

④ $(0,\ 2)$ ⑤ $(-3,\ 2)$

23 오른쪽 그림은 일차함수 $y=ax+b$의 그래프이다. 일차함수 $y=bx-a$의 그래프와 x축, y축으로 둘러싸인 부분의 넓이를 구하시오.

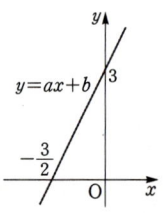

24 오른쪽 그림의 직선을 y축의 방향으로 5만큼 평행이동한 직선을 그래프로 하는 일차함수의 식이 $y=ax+b$일 때, 상수 a, b에 대하여 ab의 값을 구하시오.

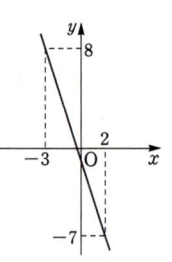

25 두 점 $(-2, 1)$, $(4, -5)$를 지나는 직선의 방정식을 구하시오.

26 점 $(1, 3)$과 일차함수 $y=-\dfrac{1}{2}x+3$의 그래프 위의 점 $(k, 4)$를 지나는 직선의 방정식을 구하시오.

27 현석이가 일차함수 $y=ax+b$의 그래프를 그리는데 y절편을 잘못 보고 그렸더니 두 점 $(1, -2)$, $(-1, 8)$을 지나게 되었다. 이때 현석이가 잘못 본 y절편을 구하시오.

28 점 $(6, k)$를 지나는 일차함수 $y=ax+b$의 그래프를 그리는데 호영이는 기울기를 잘못 보고 그려서 두 점 $(3, 4)$, $(0, 5)$를 지나고, 유라는 y절편을 잘못 보고 그려서 두 점 $(3, 2)$, $(1, -1)$을 지나는 그래프가 되었다. 이때 k의 값을 구하시오. (단, a, b는 상수)

29 오른쪽 그림은 연립방정식 $\begin{cases} -2x=y+a \\ bx-y=3 \end{cases}$ 의 해를 구하기 위해 두 방정식의 그래프를 그린 것이다. 이때 상수 a, b에 대하여 $a+b$의 값을 구하시오.

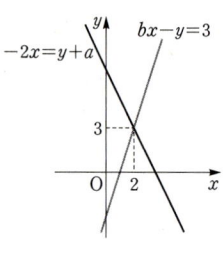

30 두 일차방정식 $2x-y=a$, $x+y=-5$의 그래프의 교점의 좌표가 $(-1, b)$일 때, 상수 a, b에 대하여 ab의 값을 구하시오.

31 두 일차방정식 $ax-y+b=0$과 $2x-y+2=0$의 그래프가 오른쪽 그림과 같이 한 점에서 만날 때, 상수 a, b의 값을 각각 구하시오.

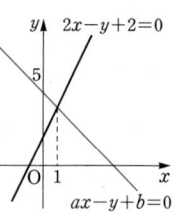

32 세 직선 $2x-y+1=0$, $x-y-1=0$, $3x-y+k=0$이 한 점에서 만날 때, 상수 k의 값은?

① -3　　　　② -1　　　　③ 0
④ 1　　　　⑤ 3

33 세 직선 $2x+y-3=0$, $ax-y+2=0$, $x+2y+6=0$에 의하여 삼각형이 만들어지지 않을 때, 상수 a의 값을 모두 구하시오.

5 연립방정식의 해의 개수와 일차함수의 그래프

34 연립방정식 $\begin{cases} x+2y+1=0 \\ 2ax+(a+6)y+3=0 \end{cases}$ 의 해가 1개

일 때, 다음 중 상수 a의 값이 될 수 없는 것은?

① -2 ② 0 ③ 2
④ 3 ⑤ 4

35 다음 **보기**의 일차방정식의 그래프 중 교점이 없는 것끼리 짝지은 것을 모두 고르면? (정답 2개)

┌─────── 보기 ───────┐
ㄱ. $x-2y+1=0$ ㄴ. $\dfrac{x}{2}=\dfrac{y}{4}+1$

ㄷ. $2x-4y=3$ ㄹ. $y=-\dfrac{1}{2}x+1$

ㅁ. $4x-2y+8=0$ ㅂ. $3x-y-4=0$
└──────────────────────┘

① ㄱ, ㄷ ② ㄱ, ㄹ ③ ㄴ, ㅁ
④ ㄴ, ㅂ ⑤ ㄷ, ㄹ

36 연립방정식 $\begin{cases} -2x+3y-1=0 \\ a^2x-6y-a=0 \end{cases}$ 의 해가 존재하지

않을 때, 상수 a의 값은?

① -4 ② -2 ③ 2
④ 4 ⑤ $-2, 2$

37 두 일차방정식 $-8x+my+2=0$, $2x-3y+5=0$의 그래프가 만나지 않을 때, 상수 m의 값은?

① -8 ② -3 ③ 5
④ 12 ⑤ 15

38 연립방정식 $\begin{cases} 5x-ay+4=0 \\ y=\dfrac{5}{7}x-2 \end{cases}$ 가 나타내는 두 그

래프의 교점이 없을 때, 상수 a의 값은?

① -7 ② -5 ③ -3
④ 5 ⑤ 7

39 일차방정식 $ax+y+b=0$의 그래프는 $4x-3y-1=0$의 그래프와 만나지 않고, $5x-3y+2=0$의 그래프와 y축에서 만난다. 이때 상수 a, b에 대하여 $a+b$의 값을 구하시오.

40 연립방정식 $\begin{cases} 3x+y=-a \\ bx-3y=6 \end{cases}$의 해가 무수히 많을 때, 상수 a, b에 대하여 ab의 값은?

① -18 ② -12 ③ -6

④ 12 ⑤ 18

41 두 일차방정식 $3x-y=5$, $ax+2y=b$의 그래프의 교점이 무수히 많을 때, 상수 a, b에 대하여 $a+b$의 값을 구하시오.

42 연립방정식 $\begin{cases} x-2y=-5 \\ ax+4y=b \end{cases}$의 해가 무수히 많을 때, 일차함수 $y=ax+b$의 그래프가 지나지 않는 사분면을 구하시오. (단, a, b는 상수)

43 연립방정식 $\begin{cases} (m-2)x+5y=2 \\ mx+ny=1 \end{cases}$의 해가 무수히 많을 때, 상수 m, n에 대하여 $m+n$의 값을 구하시오.

6 특수한 조건을 만족시키는 그래프

44 일차함수 $y=(m-1)x-2m+4$의 그래프가 제 1, 2, 3 사분면을 모두 지나기 위한 상수 m의 값의 범위는 $a<m<b$이다. 이때 $a+b$의 값을 구하시오.

45 함수 $y=(k-2)x+5k$의 그래프가 제3사분면을 지나지 않을 때, 상수 k의 값의 범위는?

① $-2\leq k\leq 0$　② $-2<k\leq 2$　③ $0<k<2$
④ $0\leq k<2$　⑤ $0\leq k\leq 2$

46 점 $(-2, -3)$을 지나고, 제2사분면을 지나지 않는 직선의 기울기의 최댓값을 구하시오.

47 두 직선 $x+y=m$, $x-y=2$의 교점이 제4사분면 위에 있을 때, 상수 m의 값의 범위를 구하시오.

48 오른쪽 그림과 같이 좌표평면 위에 두 점 $A(1, 3)$, $B(2, 2)$가 있다. 일차함수 $y=ax$의 그래프가 선분 AB와 만날 때, 상수 a의 값의 범위는?

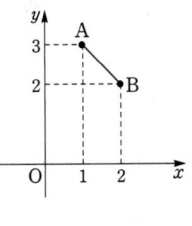

① $-1\leq a\leq 2$　② $\dfrac{1}{2}\leq a\leq 2$　③ $1<a<2$
④ $1\leq a\leq 3$　⑤ $2\leq a<4$

49 오른쪽 그림의 두 점 A$(1, 4)$, B$(4, 2)$에 대하여 일차함수 $y=ax-1$의 그래프가 $\overline{AB}$와 만나기 위한 상수 a의 값의 범위를 구하시오.

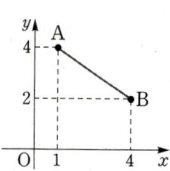

50 함수 $y=ax+1$의 그래프가 두 점 A$(2, 0)$, B$(3, 7)$을 잇는 선분 AB와 만날 때, 상수 a의 값의 범위를 구하시오.

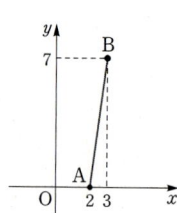

51 일차함수 $y=ax-3$의 그래프가 두 점 A$(1, 5)$, B$(2, -1)$을 잇는 선분 AB와 만날 때, 다음 중 상수 a의 값이 될 수 <u>없는</u> 것은?

① $\dfrac{1}{2}$ ② 1 ③ $\dfrac{4}{3}$

④ 6 ⑤ 8

52 직선 $y=x+k$가 두 점 A$(-3, 4)$, B$(-3, 1)$을 잇는 선분 AB와 만날 때, 상수 k의 값의 범위를 구하시오.

53 좌표평면 위에 세 점 A$(2, 4)$, B$(3, -1)$, C$(5, 6)$을 꼭짓점으로 하는 $\triangle ABC$가 있다. 일차함수 $y=ax-2$의 그래프가 $\triangle ABC$와 만날 때, 상수 a의 값의 범위가 $m \le a \le n$이다. 이때 mn의 값을 구하시오.

7 도형의 넓이와 일차함수

54 오른쪽 그림과 같이 두 일차함수 $y=ax-7$, $y=\frac{1}{2}x+3$의 그래프와 y축으로 둘러싸인 도형의 넓이가 20일 때, 상수 a의 값을 구하시오.

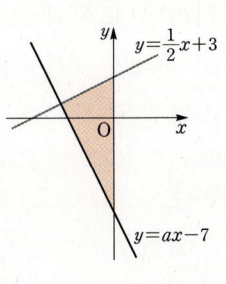

55 오른쪽 그림과 같이 x축과 두 일차방정식 $3x-y+6=0$, $x+y-2=0$의 그래프로 둘러싸인 도형의 넓이는?

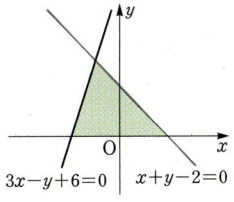

① 6   ② 8   ③ 12
④ 18   ⑤ 24

56 두 일차방정식 $x-y+7=0$, $2x+y-4=0$의 그래프와 x축으로 둘러싸인 도형의 넓이를 구하시오.

57 세 직선 $2x+y+3=0$, $x-y=0$, $y+5=0$으로 둘러싸인 도형의 넓이는?

① 7   ② 10   ③ 12
④ 15   ⑤ 18

58 오른쪽 그림에서 두 점 A, B는 직선 $\frac{x}{a}+\frac{y}{b}=1$이 각각 x축, y축과 만나는 점이다. △OAB의 넓이가 15일 때, 상수 a, b에 대하여 ab의 값을 구하시오.

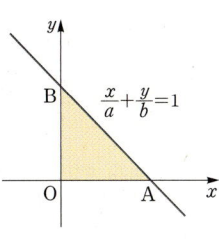

59 오른쪽 그림과 같은 직선 $y=3x$ 위의 점 A와 직선 $y=-3x+15$ 위의 점 D에 대하여 사각형 ABCD가 정사각형일 때, 사각형 ABCD의 넓이를 구하시오.

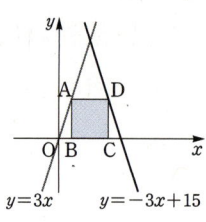

60 오른쪽 그림과 같이 직선 $2x-y+12=0$과 x축, y축으로 둘러싸인 도형의 넓이를 직선 $y=mx$가 이등분할 때, 상수 m의 값을 구하시오.

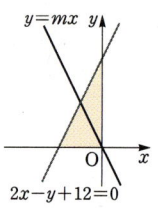

61 직선 $y=\dfrac{2}{3}x-4$와 x축, y축으로 둘러싸인 도형의 넓이를 직선 $y=mx$가 이등분할 때, 상수 m의 값을 구하시오.

62 오른쪽 그림과 같이 세 직선 $y=2$, $y=\dfrac{1}{2}x$, $y=x$로 둘러싸인 도형의 넓이를 직선 $y=mx$가 이등분할 때, 상수 m의 값은?

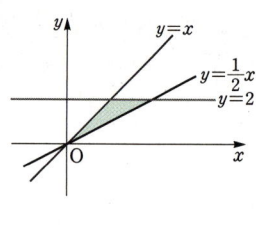

① $\dfrac{3}{5}$　　② $\dfrac{2}{3}$　　③ $\dfrac{3}{4}$

④ $\dfrac{4}{5}$　　⑤ $\dfrac{5}{6}$

63 오른쪽 그림과 같이 직선 $y=\dfrac{1}{2}x+1$과 y축에 평행한 선분 AD, BC가 있다. 점 A, B의 x좌표가 각각 2, 6일 때, 점 B를 지나고 사각형 ABCD의 넓이를 이등분하는 직선의 방정식을 구하시오.

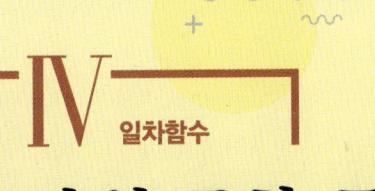

IV 일차함수

단원 종합 문제

01 다음 중 y가 x의 함수가 <u>아닌</u> 것은?

① $y=-3x$

② $y=x-2$

③ $y=\dfrac{5}{x}$

④ $y=$(자연수 x의 약수의 개수)

⑤ $y=$(자연수 x의 배수)

02 다음 중 y가 x의 함수인 것을 모두 고르면?

(정답 2개)

① 자연수 x와 12의 공약수 y

② 자연수 x의 약수 y

③ 자동차가 시속 60 km로 x시간 동안 달린 거리 y km

④ 넓이가 10 cm²인 삼각형의 밑변의 길이 x cm와 높이 y cm

⑤ 절댓값이 x인 정수 y

03 다음 중 y가 x에 대한 일차함수가 <u>아닌</u> 것은?

① 자동차가 분속 70 m로 x분 동안 달린 거리는 y m이다.

② 지름의 길이가 $4x$인 원의 둘레의 길이는 y이다.

③ 길이가 20 cm인 양초가 10분에 3 cm씩 탄다고 할 때, x분 동안 타고 남은 양초의 길이는 y cm이다.

④ 한 변의 길이가 x cm인 정십각형의 둘레의 길이는 y cm이다.

⑤ 넓이가 30 cm²인 직사각형의 세로의 길이가 x cm일 때, 가로의 길이는 y cm이다.

04 $x=1$, 2, 3, 4, 5이고, 함수 $f(x)=$(x의 약수의 총합)일 때, 함숫값의 합을 구하시오.

05 함수 $f(x)=-\dfrac{1}{2}x+k$에 대하여 $f(4)=3$이다. $f(2)=a$, $f(b)=1$일 때, $b\div a$의 값은?

① 1   ② 2   ③ 3

④ 4   ⑤ 5

06 다음 중 일차함수 $y=-4x-3$의 그래프에 대한 설명으로 옳지 <u>않은</u> 것은?

① $y=-4x$의 그래프를 y축의 음의 방향으로 3만큼 평행이동한 것이다.

② 점 $(-1, 1)$을 지난다.

③ 제2, 3, 4사분면을 지난다.

④ x의 값이 2만큼 증가할 때 y의 값은 8만큼 증가한다.

⑤ 오른쪽 아래로 향한다.

07 두 일차함수 $y=x-3$과 $y=-3x+p$의 그래프의 x절편이 같을 때, 상수 p의 값은?

① -9　　　　② -3　　　　③ 1

④ 3　　　　⑤ 9

08 일차함수 $y=-\dfrac{2}{3}x+k$의 그래프를 y축의 방향으로 -5만큼 평행이동하였더니 $y=-\dfrac{2}{3}x-4$의 그래프가 되었다. 이때 상수 k의 값을 구하시오.

09 일차함수 $y=-\dfrac{1}{4}x+k$의 그래프를 y축의 방향으로 -6만큼 평행이동하면 점 $(4, -3)$을 지날 때, 상수 k의 값은?

① -10　　　　② -8　　　　③ -2

④ 4　　　　⑤ 10

10 일차함수의 그래프가 오른쪽 그림과 같을 때, 기울기가 가장 큰 것과 가장 작은 것을 순서대로 고른 것은?

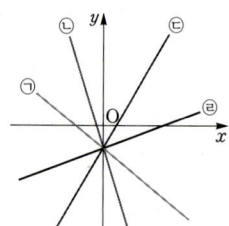

① ㉢, ㉠

② ㉢, ㉡

③ ㉢, ㉣

④ ㉣, ㉠

⑤ ㉣, ㉡

11 일차함수 $y=ax+7$의 그래프에서 x의 값이 2만큼 증가할 때, y의 값은 -1에서 3까지 증가한다. 이때 상수 a의 값은?

① -2　　　　② -1　　　　③ 1

④ 2　　　　⑤ 4

12 일차함수 $f(x)=-3x+k$의 그래프 위의 두 점 $(-1, f(-1))$, $(3, f(3))$에 대하여 $\dfrac{f(3)-f(-1)}{4}$의 값을 구하시오. (단, k는 상수)

13 일차방정식 $2ax-y-a+5=0$의 그래프가 오른쪽 그림과 같을 때, 이 직선의 y절편은? (단, a는 상수)

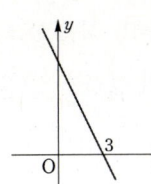

① 1   ② 3   ③ 4
④ 5   ⑤ 6

14 x의 값의 범위가 $0\le x\le 3$인 일차함수 $y=-2x-1$의 y의 값의 범위는?

① $-7\le y\le -1$ ② $-7\le y\le 0$
③ $-7\le y\le 1$ ④ $-1\le y\le 7$
⑤ $1\le y\le 7$

15 일차함수 $y=-ax-b$의 그래프가 오른쪽 그림과 같을 때, 상수 a, b의 부호는?

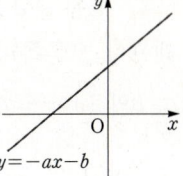

① $a<0$, $b<0$
② $a>0$, $b<0$
③ $a<0$, $b>0$
④ $a>0$, $b>0$
⑤ $a<0$, $b\le 0$

16 일차함수 $y=ax+b$의 그래프가 오른쪽 그림과 같을 때, 일차함수 $y=-ax-b$의 그래프가 지나지 <u>않는</u> 사분면은?

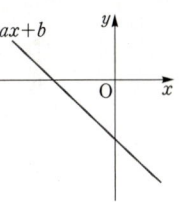

① 제1사분면   ② 제2사분면
③ 제3사분면   ④ 제4사분면
⑤ 제2, 4사분면

17 일차함수 $y=ax-b$의 그래프가 제1, 2, 4사분면을 지날 때, 다음 중 $y=bx-a$의 그래프가 지나는 사분면이 <u>아닌</u> 것은?

① 제1사분면   ② 제2사분면
③ 제3사분면   ④ 제4사분면
⑤ 제1, 2사분면

18 일차방정식 $ax+by=1$의 그래프가 오른쪽 그림과 같을 때, 상수 a, b에 대하여 $a+b$의 값은?

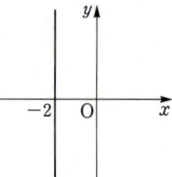

① -4 ② $-\dfrac{1}{2}$

③ $\dfrac{1}{4}$ ④ $\dfrac{1}{2}$

⑤ 4

19 x절편이 3, y절편이 -1인 일차함수의 그래프가 점 $(2k, k+1)$을 지날 때, k의 값은?

① -6 ② $-\dfrac{6}{5}$ ③ $-\dfrac{1}{3}$

④ 1 ⑤ 3

20 x의 값이 12만큼 증가할 때 y의 값은 4만큼 감소하고, 점 $(6, -7)$을 지나는 직선을 그래프로 하는 일차함수의 식은?

① $y=-3x+11$ ② $y=-\dfrac{1}{3}x-9$

③ $y=-\dfrac{1}{3}x-5$ ④ $y=\dfrac{1}{3}x-9$

⑤ $y=\dfrac{1}{3}x-5$

21 일차함수 $y=-2x+5$의 그래프와 평행하고, 점 $(3, 1)$을 지나는 직선의 y절편은?

① -5 ② -2 ③ 1

④ 4 ⑤ 7

22 일차함수 $y=-\dfrac{1}{2}x+3$의 그래프와 x축에서 만나고 점 $(2, 4)$를 지나는 직선을 그래프로 하는 일차함수의 식을 $y=ax+b$라 할 때, 상수 a, b에 대하여 ab의 값은?

① -6 ② -3 ③ 1

④ 3 ⑤ 6

23 세 점 $(3, -2)$, $(5, -4)$, (a, b)가 한 직선 위에 있을 때, a와 b 사이의 관계식은?

① $a+b=1$ ② $a+b=-1$

③ $a-b=1$ ④ $a-b=-1$

⑤ $b-2a=1$

24 두 점 $(0, 5)$, $(-3, 0)$을 지나는 직선 위에 점 $(a, 1)$이 있을 때, a의 값을 구하시오.

25 오른쪽 그림은 연립방정식 $\begin{cases} 3x-ay=2 \\ 2bx+y=-3 \end{cases}$ 의 해를 구하기 위해 그래프를 그린 것이다. 이때 상수 a, b에 대하여 ab의 값을 구하시오.

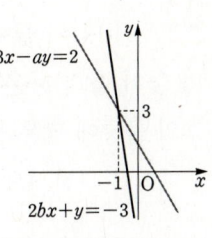

26 다음 중 일차방정식 $x+4y-4=0$과 연립하여 풀었을 때 해가 존재하지 <u>않는</u> 것은?

① $y=-4x-1$ ② $y=-\dfrac{1}{4}x-5$

③ $y=-\dfrac{1}{4}x+1$ ④ $y=\dfrac{1}{4}x+1$

⑤ $y=4x+1$

27 두 점 $(2m, 2)$, $(-5, 3)$을 지나는 직선과 일차함수 $y=-x+4$의 그래프가 서로 만나지 않도록 하는 m의 값은?

① -3 ② -2 ③ -1
④ 1 ⑤ 2

28 오른쪽 그림과 같이 두 직선 $x-y+1=0$, $2x+y-4=0$과 x축으로 둘러싸인 도형의 넓이를 구하시오.

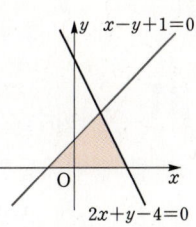

29 두 일차함수 $y=\dfrac{1}{3}x+3$, $y=-x+3$의 그래프와 x축으로 둘러싸인 도형의 넓이를 구하시오.

30 길이가 30 cm인 양초에 불을 붙이면 10분마다 3 cm씩 짧아진다고 한다. 양초에 불을 붙인 후 양초의 길이가 15 cm가 될 때까지 걸리는 시간은?

① 15분   ② 20분   ③ 35분
④ 40분   ⑤ 50분

31 일차함수 $y=-x+5$의 그래프를 y축의 방향으로 a만큼 평행이동한 그래프가 제1사분면을 지나지 않을 때, 상수 a의 값의 범위를 구하시오.

32 오른쪽 그림과 같이 두 일차함수 $y=ax+b$와 $y=\dfrac{1}{3}x$의 그래프가 점 $\mathrm{P}(-6, -2)$에서 만나고 $\overline{\mathrm{AC}}=3\overline{\mathrm{BC}}$일 때, 상수 a, b의 값을 각각 구하시오.

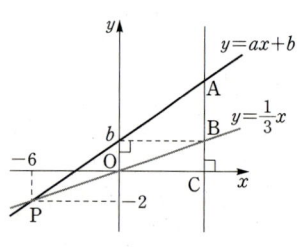

33 240 L의 물이 들어 있는 물통에서 3분 동안 48 L의 물이 흘러 나온다. 물이 흘러 나오기 시작한 지 x분 후의 물통에 남은 물의 양을 y L라 할 때, x와 y 사이의 관계식을 구하시오. (단, $0 \leq x \leq 15$)

34 일차함수 $y=f(x)$가 다음을 만족할 때, $f(10)-f(2)$의 값을 구하시오.

$$\frac{99}{f(100)-f(1)}+\frac{97}{f(99)-f(2)}+\frac{95}{f(98)-f(3)}+\cdots\cdots+\frac{1}{f(51)-f(50)}=100$$

빠른 정답 찾기

수학은 개념이다!

디딤돌의 중학 수학 시리즈는
여러분의 수학 자신감을 높여 줍니다.

개념 이해
디딤돌수학 개념연산

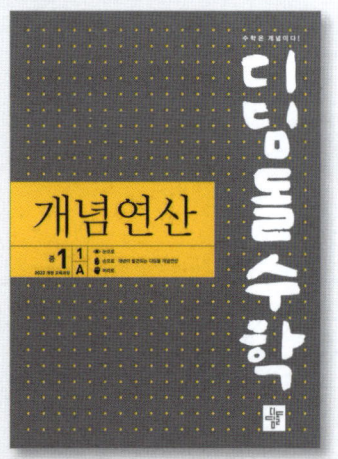

다양한 이미지와 단계별 접근을 통해
개념이 쉽게 이해되는 교재

개념 적용
디딤돌수학 개념기본

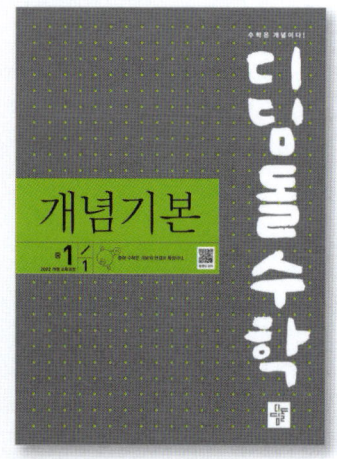

개념 이해, 개념 적용, 개념 완성으로
개념에 강해질 수 있는 교재

개념 응용
최상위수학 라이트

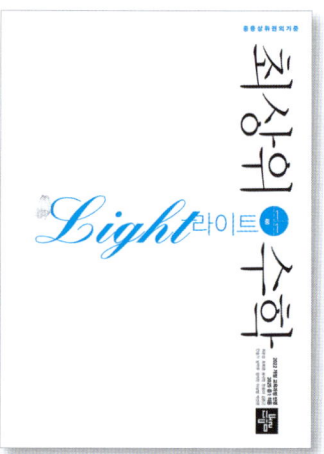

개념을 다양하게 응용하여
문제해결력을 키워주는 교재

개념 완성

디딤돌수학 **개념연산**과 **개념기본**은 동일한 학습 흐름으로 구성되어 있습니다.
연계 학습이 가능한 **개념연산**과 **개념기본**을 통해
중학 수학 개념을 완성할 수 있습니다.

최상위 수학

Light 라이트

중 2 / 1

정답과 풀이

2022 개정 교육과정

최상위 수학 Light라이트 중2-1

정답과 풀이

디딤돌

① 유리수와 순환소수

주제별
실력다지기

8~17쪽

01 ④	**02** ③	**03** ⑤	**04** ④
05 2	**06** ②	**07** ④	**08** 8
09 13	**10** ④	**11** 3	**12** ③
13 ③, ⑤	**14** 63	**15** 24	**16** 23
17 5	**18** 3	**19** ②	**20** ④
21 52번	**22** 3	**23** ④	**24** 30
25 ①	**26** 6	**27** ②	
28 $100, 99, \dfrac{23}{99}$		**29** $100, 10, 90, \dfrac{7}{45}$	
30 ②	**31** (1) ㄷ (2) ㄴ (3) ㅂ (4) ㅁ		**32** ⑤
33 ④	**34** 38	**35** ③	**36** 33
37 ②, ③	**38** ③	**39** ②	**40** 14
41 1	**42** 2	**43** 1	**44** ②
45 105	**46** ②	**47** ⑤	**48** ⑤
49 $\dfrac{61}{15}$		**50** $8.2\dot{7}$	

01 $\dfrac{7}{50} = \dfrac{7}{2 \times 5^2} = \dfrac{7 \times \boxed{2}}{2 \times 5^2 \times \boxed{2}}$
$= \dfrac{14}{2^2 \times 5^2} = \dfrac{14}{\boxed{100}} = \boxed{0.14}$

따라서 $A=2$, $B=100$, $C=0.14$이므로
$A+BC = 2+100 \times 0.14 = 2+14 = 16$

02 기약분수의 분모의 소인수가 2나 5뿐인 분수는 유한소수로 나타내어진다.

ㄱ. $\dfrac{7}{12} = \dfrac{7}{2^2 \times 3}$이므로 순환소수로 나타내어진다.

ㄴ. $\dfrac{27}{72} = \dfrac{3}{8} = \dfrac{3}{2^3}$이므로 유한소수로 나타내어진다.

ㄷ. $\dfrac{42}{105} = \dfrac{2}{5}$이므로 유한소수로 나타내어진다.

ㄹ. $\dfrac{21}{2^2 \times 3 \times 5} = \dfrac{7}{2^2 \times 5}$이므로 유한소수로 나타내어진다.

ㅁ. $\dfrac{33}{2^3 \times 3 \times 5} = \dfrac{11}{2^3 \times 5}$이므로 유한소수로 나타내어진다.

ㅂ. $\dfrac{24}{2^3 \times 3 \times 7} = \dfrac{1}{7}$이므로 순환소수로 나타내어진다.

따라서 소수로 나타낼 때 유한소수가 되는 것은 ㄴ, ㄷ, ㄹ, ㅁ의 4개이다.

03 각 분수를 기약분수로 만든 후 분모의 소인수가 2나 5뿐이면 유한소수로 나타낼 수 있다.

ㄱ. $\dfrac{4}{15} = \dfrac{4}{3 \times 5}$ ➡ 순환소수

ㄴ. $\dfrac{9}{60} = \dfrac{3}{20} = \dfrac{3}{2^2 \times 5}$ ➡ 유한소수

ㄷ. $\dfrac{3}{42} = \dfrac{1}{14} = \dfrac{1}{2 \times 7}$ ➡ 순환소수

ㄹ. $\dfrac{9}{225} = \dfrac{1}{25} = \dfrac{1}{5^2}$ ➡ 유한소수

따라서 유한소수로 나타낼 수 있는 것은 ㄴ, ㄹ이다.

04 ① $\dfrac{7}{12} \times \dfrac{3}{7} = \dfrac{1}{4} = \dfrac{1}{2^2}$

② $\dfrac{7}{12} \times \dfrac{6}{7} = \dfrac{1}{2}$

③ $\dfrac{7}{12} \times \dfrac{3}{5} = \dfrac{7}{20} = \dfrac{7}{2^2 \times 5}$

④ $\dfrac{7}{12} \times \dfrac{7}{2} = \dfrac{49}{24} = \dfrac{49}{2^3 \times 3}$

⑤ $\dfrac{7}{12} \times \dfrac{3}{14} = \dfrac{1}{8} = \dfrac{1}{2^3}$

기약분수의 분모의 소인수가 2나 5뿐이면 유한소수가 된다.
따라서 소수로 나타내었을 때, 유한소수가 되지 않는 것은 ④이다.

05 $A = \dfrac{5 \times 7}{2 \times 3^2}$, $B = \dfrac{2 \times 7}{3 \times 5}$, $C = \dfrac{3}{2 \times 5 \times 7}$이므로

ㄱ. $AB = \dfrac{5 \times 7}{2 \times 3^2} \times \dfrac{2 \times 7}{3 \times 5} = \dfrac{7^2}{3^3}$

ㄴ. $\dfrac{B}{A} = B \times \dfrac{1}{A} = \dfrac{2 \times 7}{3 \times 5} \times \dfrac{2 \times 3^2}{5 \times 7} = \dfrac{2^2 \times 3}{5^2}$

ㄷ. $CA = \dfrac{3}{2 \times 5 \times 7} \times \dfrac{5 \times 7}{2 \times 3^2} = \dfrac{1}{2^2 \times 3}$

ㄹ. $\dfrac{C}{B} = C \times \dfrac{1}{B} = \dfrac{3}{2 \times 5 \times 7} \times \dfrac{3 \times 5}{2 \times 7} = \dfrac{3^2}{2^2 \times 7^2}$

ㅁ. $BC = \dfrac{2 \times 7}{3 \times 5} \times \dfrac{3}{2 \times 5 \times 7} = \dfrac{1}{5^2}$

따라서 분모가 2 또는 5로만 이루어진 것은 ㄴ, ㅁ의 2개이다.

06 $\dfrac{1}{7} = \dfrac{4}{28}$, $\dfrac{3}{4} = \dfrac{21}{28}$이고 $28 = 2^2 \times 7$이므로 유한소수로 나타낼 수 있으려면 분자는 7의 배수이어야 한다.
따라서 $\dfrac{4}{28}$와 $\dfrac{21}{28}$ 사이의 분수 중에서 유한소수로 나타낼 수

있는 분수는 $\dfrac{7}{28}$, $\dfrac{14}{28}$의 2개이다.

07 $\dfrac{105}{50 \times x} = \dfrac{3 \times 5 \times 7}{2 \times 5^2 \times x} = \dfrac{3 \times 7}{2 \times 5 \times x}$이므로 보기 중 x의 값이 9일 때에만 주어진 분수는

$\dfrac{3 \times 7}{2 \times 5 \times 9} = \dfrac{7}{2 \times 5 \times 3}$이 되어 순환소수가 된다.

08 $\dfrac{14}{252} \times x = \dfrac{2 \times 7}{2^2 \times 3^2 \times 7} \times x = \dfrac{1}{2 \times 3^2} \times x$에서 x의 값이 한 자리의 자연수 중 9이면 주어진 분수는 유한소수가 되므로 순환소수가 되게 하는 가장 큰 x의 값은 8이다.

09 $\dfrac{99}{50} = \dfrac{3^2 \times 11}{2 \times 5^2}$, $\dfrac{99}{60} = \dfrac{3^2 \times 11}{2^2 \times 3 \times 5} = \dfrac{3 \times 11}{2^2 \times 5}$이므로

$\dfrac{1}{10}$을 두 분수에 각각 곱하면

$\dfrac{3^2 \times 11}{2 \times 5^2} \times \dfrac{1}{10} = \dfrac{3^2 \times 11}{2^2 \times 5^3}$, $\dfrac{3 \times 11}{2^2 \times 5} \times \dfrac{1}{10} = \dfrac{3 \times 11}{2^3 \times 5^2}$이 되어 두 분수는 모두 유한소수이다.

$\dfrac{1}{11}$을 두 분수에 각각 곱하면

$\dfrac{3^2 \times 11}{2 \times 5^2} \times \dfrac{1}{11} = \dfrac{3^2}{2 \times 5^2}$, $\dfrac{3 \times 11}{2^2 \times 5} \times \dfrac{1}{11} = \dfrac{3}{2^2 \times 5}$이 되어 두 분수는 모두 유한소수이다.

$\dfrac{1}{12}$을 두 분수에 각각 곱하면

$\dfrac{3^2 \times 11}{2 \times 5^2} \times \dfrac{1}{12} = \dfrac{3 \times 11}{2^3 \times 5^2}$, $\dfrac{3 \times 11}{2^2 \times 5} \times \dfrac{1}{12} = \dfrac{11}{2^4 \times 5}$이 되어 두 분수는 모두 유한소수이다.

따라서 구하는 가장 작은 두 자리의 자연수 x의 값은 13이다.

10 $\dfrac{17}{420} \times A = \dfrac{17}{2^2 \times 3 \times 5 \times 7} \times A$를 소수로 나타낼 때, 유한소수가 되도록 하려면 분모의 소인수가 2나 5뿐이어야 하므로 A는 3×7, 즉 21의 배수이어야 한다.

따라서 21의 배수 중 가장 큰 두 자리의 자연수는 84이다.

11 $1.2\dot{6} = \dfrac{126 - 12}{90} = \dfrac{114}{90} = \dfrac{19}{15} = \dfrac{19}{3 \times 5}$

이 수에 어떤 수를 곱하여 유한소수가 되게 하려면 그 수는 3의 배수이어야 한다.

따라서 곱해야 할 가장 작은 자연수는 3이다.

12 $\dfrac{x}{60} = \dfrac{x}{2^2 \times 3 \times 5}$를 소수로 나타내면 유한소수가 되므로 x는 3의 배수이다.

따라서 60보다 작은 3의 배수의 개수는 19개이다.

13 $\dfrac{34}{2^3 \times 3 \times 17} \times x = \dfrac{1}{2^2 \times 3} \times x$를 소수로 나타내면 유한

소수가 되어야 하므로 x는 3의 배수이다.

또, $\dfrac{22}{5 \times 11^2} \times x = \dfrac{2}{5 \times 11} \times x$를 소수로 나타내면 유한소수가 되어야 하므로 x는 11의 배수이다.

따라서 x의 값이 될 수 있는 수는 3과 11의 공배수인 33의 배수이므로 33, 66이다.

14 $\dfrac{11}{396} \times A = \dfrac{11}{2^2 \times 3^2 \times 11} \times A = \dfrac{1}{2^2 \times 3^2} \times A$를 유한소수로 나타낼 수 있으려면 A는 3^2, 즉 9의 배수이어야 한다.

$\dfrac{4}{210} \times A = \dfrac{4}{2 \times 3 \times 5 \times 7} \times A = \dfrac{2}{3 \times 5 \times 7} \times A$를 유한소수로 나타낼 수 있으려면 A는 3×7, 즉 21의 배수이어야 한다.

따라서 A는 9와 21의 공배수, 즉 63의 배수이므로 가장 작은 A의 값은 63이다.

15 $\dfrac{x}{140} = \dfrac{x}{2^2 \times 5 \times 7}$를 소수로 나타내면 유한소수이므로 x는 7의 배수이다.

이때 $10 \le x < 20$이므로 $x = 14$

따라서 $\dfrac{14}{140} = \dfrac{1}{10}$이므로 $a = 10$

$\therefore x + a = 14 + 10 = 24$

16 $\dfrac{a}{360} = \dfrac{a}{2^3 \times 3^2 \times 5}$를 소수로 나타내면 유한소수이므로 분모의 소인수는 2나 5뿐이어야 한다. 즉, a는 9의 배수이다.

또, $\dfrac{a}{360}$를 기약분수로 나타내면 $\dfrac{7}{b}$이므로 a는 7의 배수이다.

따라서 a는 9와 7의 공배수, 즉 63의 배수이고 두 자리의 자연수이므로 $a = 63$

$\dfrac{63}{360} = \dfrac{7}{40}$이므로 $b = 40$

$\therefore a - b = 63 - 40 = 23$

17 순환소수 $0.\dot{2}4\dot{3}$의 순환마디는 243이므로 순환마디의 숫자의 개수는 3이다. $\quad \therefore a = 3$

또한 $100 \div 3 = 33 \cdots 1$이므로 소수점 아래 100번째 자리의 숫자는 순환마디의 첫 번째 숫자인 2이다. $\quad \therefore b = 2$

$\therefore a + b = 3 + 2 = 5$

18 $\dfrac{1}{10} + \dfrac{3}{10^3} + \dfrac{1}{10^5} + \dfrac{3}{10^7} + \cdots$

$= \dfrac{1}{10} + \dfrac{0}{10^2} + \dfrac{3}{10^3} + \dfrac{0}{10^4} + \dfrac{1}{10^5} + \dfrac{0}{10^6} + \cdots$

이므로 소수로 나타내면 $0.10301030\cdots$

따라서 $0.\dot{1}030\dot{0}$이므로 소수점 아래 15번째 자리의 숫자는 3이다.

19 ① $41.\dot{5}$의 소수점 아래 30번째 자리의 숫자는 5이다.

② $2.4\dot{6}$ ➡ 순환마디의 숫자 2개

$30 \div 2 = 15 \cdots 0$이므로 소수점 아래 30번째 자리의 숫자는 순환마디의 마지막 숫자인 6이다.

③ $0.4\dot{7}\dot{3}$ ➡ 순환마디의 숫자 3개

$30 \div 3 = 10 \cdots 0$이므로 소수점 아래 30번째 자리의 숫자는 순환마디의 마지막 숫자인 3이다.

④ $1.1\dot{1}\dot{3}$ ➡ 순환마디의 숫자 2개

소수점 아래 30번째 자리의 숫자는 순환하는 부분만 생각할 때 29번째 자리의 숫자이다.

$29 \div 2 = 14 \cdots 1$이므로 순환마디의 첫 번째 숫자인 1이다.

⑤ $0.6\dot{9}1\dot{5}$ ➡ 순환마디의 숫자 3개

소수점 아래 30번째 자리의 숫자는 순환하는 부분만 생각할 때 29번째 자리의 숫자이다.

$29 \div 3 = 9 \cdots 2$이므로 순환마디의 두 번째 숫자인 1이다.

따라서 소수점 아래 30번째 자리의 숫자가 가장 큰 것은 ②이다.

20 ① $2.\dot{1}\dot{2}$ ➡ 순환마디의 숫자 2개

$20 \div 2 = 10 \cdots 0$이므로 소수점 아래 20번째 자리의 숫자는 순환마디의 마지막 숫자인 2이다.

② $0.2\dot{2}\dot{1}$ ➡ 순환마디의 숫자 2개

소수점 아래 20번째 자리의 숫자는 순환하는 부분만 생각할 때 19번째 자리의 숫자이다.

$19 \div 2 = 9 \cdots 1$이므로 순환마디의 첫 번째 숫자인 2이다.

③ $0.\dot{4}2857\dot{1}$ ➡ 순환마디의 숫자 6개

$20 \div 6 = 3 \cdots 2$이므로 소수점 아래 20번째 자리의 숫자는 순환마디의 두 번째 숫자인 2이다.

④ $0.2\dot{4}$ ➡ 순환마디의 숫자 2개

$20 \div 2 = 10 \cdots 0$이므로 소수점 아래 20번째 자리의 숫자는 순환마디의 마지막 숫자인 4이다.

⑤ $0.\dot{1}2\dot{3}$ ➡ 순환마디의 숫자 3개

$20 \div 3 = 6 \cdots 2$이므로 소수점 아래 20번째 자리의 숫자는 순환마디의 두 번째 숫자인 2이다.

따라서 소수점 아래 20번째 자리의 숫자가 2가 아닌 것은 ④이다.

21 $3.3 + 0.03 + 0.007 + 0.0003 + 0.00007$
$$+ 0.000003 + 0.0000007 + \cdots$$
$$= 3.3373737 \cdots = 3.3\dot{3}\dot{7}$$

이므로 순환마디의 숫자는 2개이다.

$(101-1) \div 2 = 50 \cdots 0$이므로 소수점 아래 101번째 자리까지 순환마디는 50번 반복된다.

따라서 3은 순환되는 부분에서 50번 나오고, 일의 자리와 소

수점 아래 첫 번째 자리에서 각각 1번씩 나오므로

$50 + 1 + 1 = 52$(번) 나온다.

22 순환소수 $1.\dot{2}345\dot{6}$의 순환마디의 숫자는 5개이므로 소수점 아래 25번째 자리의 숫자는 $25 \div 5 = 5 \cdots 0$에서 순환마디의 마지막 숫자인 6이고, 소수점 아래 52번째 자리의 숫자는 $52 \div 5 = 10 \cdots 2$에서 순환마디의 두 번째 숫자인 3이다.

따라서 두 숫자의 차는 $6 - 3 = 3$

23 $0.4\dot{5}8\dot{7}$ ➡ 순환마디의 숫자 3개

소수점 아래 50번째 자리의 숫자까지의 합은 소수점 아래 첫 번째 자리의 숫자인 4와 $(50-1) \div 3 = 16 \cdots 1$로부터 순환마디의 숫자인 5, 8, 7의 합을 16번 더한 후 순환마디의 첫 번째 숫자인 5를 더한 것이다.

$\therefore 4 + (5+8+7) \times 16 + 5 = 4 + 20 \times 16 + 5$
$$= 329$$

24 $\dfrac{1}{6} = 0.1666 \cdots = 0.1\dot{6}$이므로 소수점 아래 20번째 자리의 숫자는 6이다.

따라서 $a = 6$이므로 $a^2 - a = 6^2 - 6 = 30$

25 $\dfrac{3}{11} = 0.\dot{2}\dot{7}$ ➡ 순환마디의 숫자 2개

홀수 번째 자리의 숫자 : 2

짝수 번째 자리의 숫자 : 7

따라서 $x_{100} = 7$, $x_{77} = 2$이므로

$x_{100} - x_{77} = 7 - 2 = 5$

26 $\dfrac{9}{37} = 0.\dot{2}4\dot{3}$ ➡ 순환마디의 숫자 3개

$100 \div 3 = 33 \cdots 1$이므로 소수점 아래 100번째 자리의 숫자는 순환마디의 첫 번째 숫자인 2이다.

또, $86 \div 3 = 28 \cdots 2$이므로 소수점 아래 86번째 자리의 숫자는 순환마디의 두 번째 숫자인 4이다.

따라서 두 숫자의 합은 $2 + 4 = 6$

27 $0.2\dot{1}\dot{7}$의 순환마디는 17이다.

$x = 0.2171717 \cdots$ ...... ㉠

$\boxed{\text{(가) } 1000x} = 217.171717 \cdots$ ...... ㉡

$10x = \boxed{\text{(나) } 2.171717 \cdots}$ ...... ㉢

㉡－㉢을 하면

$990x = 215$

$\therefore x = \dfrac{215}{990} = \dfrac{43}{198}$

28 $0.2\dot{3}=x$라 하면 $x=0.2323\cdots$

$\boxed{100}\,x=23.2323\cdots$

$-)\quad\ \ x=\ \ 0.2323\cdots$

$\boxed{99}\,x=23$

$\therefore x=\boxed{\dfrac{23}{99}}$

29 $0.1\dot{5}=x$라 하면 $x=0.1555\cdots$

$\boxed{100}\,x=15.555\cdots$

$-)\ \boxed{10}\,x=\ \ 1.555\cdots$

$\boxed{90}\,x=14$

$\therefore x=\dfrac{14}{90}=\boxed{\dfrac{7}{45}}$

30 가장 편리한 계산식은 다음과 같다.

① $1000x-10x$

② $1000x-100x$

③ $100x-10x$

④ $10x-x$

⑤ $100x-x$

31 (1) $x=0.8555\cdots$ 이므로

$100x=85.555\cdots$

$-)\ 10x=\ \ 8.555\cdots$

$90x=77$　➡ ㄷ

(2) $x=3.171717\cdots$ 이므로

$100x=317.1717\cdots$

$-)\quad\ \ x=\ \ \ 3.1717\cdots$

$99x=314$　➡ ㄴ

(3) $x=0.69555\cdots$ 이므로

$1000x=695.555\cdots$

$-)\ 100x=\ \ 69.555\cdots$

$900x=626$　➡ ㅂ

(4) $x=16.2484848\cdots$ 이므로

$1000x=16248.4848\cdots$

$-)\ \ 10x=\ \ \ 162.4848\cdots$

$990x=16086$　➡ ㅁ

32 ① $8.\dot{1}\dot{4}=\dfrac{814-8}{99}$

② $2.\dot{1}3\dot{4}=\dfrac{2134-2}{999}$

③ $1.0\dot{5}\dot{7}=\dfrac{1057-10}{990}$

④ $0.0\dot{9}1\dot{3}=\dfrac{913}{9990}$

33 ㄱ. $2.\dot{3}\dot{7}=\dfrac{237-2}{99}$　ㄴ. $1.\dot{5}=\dfrac{15-1}{9}$

34 $0.151515\cdots=0.\dot{1}\dot{5}=\dfrac{15}{99}=\dfrac{5}{33}$

따라서 분모와 분자의 합은 $33+5=38$

35 $0.3\dot{7}\dot{2}=\dfrac{372-3}{990}=\dfrac{369}{990}$이므로

$\dfrac{369}{990}=a\times369$

$\therefore a=\dfrac{1}{990}=0.00\dot{1}$

36 $0.4+0.02+0.004+0.0002+\cdots=0.4242\cdots=0.\dot{4}\dot{2}$

$\therefore \dfrac{1}{2}(0.4+0.02+0.004+0.0002+\cdots)$

$=\dfrac{1}{2}\times0.\dot{4}\dot{2}=\dfrac{1}{2}\times\dfrac{42}{99}=\dfrac{7}{33}$

따라서 $\dfrac{7}{x}=\dfrac{7}{33}$이므로 $x=33$

37 ① 유리수는 분수의 꼴로 나타내어지는 수이므로 항상 분수로 나타낼 수 있다.

④ $\dfrac{4}{3}=1.333\cdots$이므로 무한소수로 나타낼 수 있다.

⑤ 0.345345는 유한소수이다.

38 ① 무한소수 중 순환소수는 유리수이다. 즉, 무한소수 중에는 유리수인 것도 있다.

② 무한소수 중 순환하지 않는 무한소수도 있다.

④ 소수의 정수 부분은 순환마디가 될 수 없다. 순환마디는 소수점 아래에서 순환하는 한 부분이다.

⑤ 정수가 아닌 유리수는 항상 유한소수 또는 순환소수로 나타낼 수 있다.

39 ① 무한소수 중 순환소수는 유리수이지만 순환하지 않는 무한소수는 유리수가 아니다.

③ 0이 아닌 모든 유리수는 유한소수 또는 순환소수로 나타낼 수 있다.

④ 순환하지 않는 무한소수는 유리수가 아니다.

⑤ 기약분수의 분모의 소인수가 2나 5뿐일 때는 유한소수로 나타내어진다.

40 $1<x\leq100$이고 x는 정수이므로

$\dfrac{1}{x}=\dfrac{1}{2},\ \dfrac{1}{3},\ \cdots,\ \dfrac{1}{100}$

$\dfrac{1}{x}$이 유한소수가 되므로 분모의 소인수가 2나 5뿐이어야 한다.

(i) 분모가 2의 거듭제곱으로만 이루어진 경우

$$\frac{1}{2},\ \frac{1}{2^2},\ \cdots,\ \frac{1}{2^6} \Rightarrow 6개$$

(ii) 분모가 5의 거듭제곱으로만 이루어진 경우

$$\frac{1}{5},\ \frac{1}{5^2} \Rightarrow 2개$$

(iii) 분모가 2와 5의 거듭제곱으로 이루어진 경우

$$\frac{1}{2\times5},\ \frac{1}{2^2\times5},\ \frac{1}{2^3\times5},\ \frac{1}{2^4\times5},\ \frac{1}{2\times5^2},\ \frac{1}{2^2\times5^2}$$
$$\Rightarrow 6개$$

따라서 x의 개수는 $6+2+6=14$이다.

41 $75x-10=2a$에서 $75x=2a+10$

$$\therefore x=\frac{2a+10}{75}=\frac{2(a+5)}{3\times5^2}$$

x가 유한소수이므로 $a+5$가 3의 배수이어야 한다.
그런데 a는 자연수이므로 $a+5=6,\ 9,\ 12,\ 15,\ \cdots$
따라서 a가 될 수 있는 가장 작은 자연수는 1이다.

42 $\frac{1}{7}<0.\dot{x}<\frac{1}{3}$에서

$$\frac{1}{7}<\frac{x}{9}<\frac{1}{3},\ \frac{9}{63}<\frac{7x}{63}<\frac{21}{63}$$

즉, $9<7x<21$을 만족시키는 자연수 x의 값은 2이다.

43 $(a\odot c)\odot(d\odot b)=\left(0.\dot{2}\odot\frac{4}{9}\right)\odot\left(\frac{5}{9}\odot0.\dot{3}\right)$

$$0.\dot{2}\odot\frac{4}{9}=\frac{2}{9}\odot\frac{4}{9}=\frac{4}{9}-\frac{2}{9}=\frac{2}{9}$$

$$\frac{5}{9}\odot0.\dot{3}=\frac{5}{9}\odot\frac{3}{9}=\frac{5}{9}-\frac{3}{9}=\frac{2}{9}$$

$$\therefore \left(0.\dot{2}\odot\frac{4}{9}\right)\odot\left(\frac{5}{9}\odot0.\dot{3}\right)=\frac{2}{9}\odot\frac{2}{9}=1$$

44 순환소수를 분수로 나타내어 계산하면

$$\frac{10a+b}{99}+\frac{10b+a}{99}=\frac{13-1}{9}$$

$$\frac{11a+11b}{99}=\frac{12}{9},\ \frac{11(a+b)}{99}=\frac{12}{9}$$

$$\frac{a+b}{9}=\frac{12}{9} \qquad \therefore a+b=12$$

45 $\frac{805}{1111}=\frac{7245}{9999}=0.\dot{7}24\dot{5}$

$0.\dot{7}24\dot{5}=0.72457245\cdots$
$\qquad\qquad =0.7+0.02+0.004+0.0005+\cdots$
$\qquad\qquad =\frac{7}{10}+\frac{2}{10^2}+\frac{4}{10^3}+\frac{5}{10^4}+\cdots$

이므로 $x_1=7,\ x_2=2,\ x_3=4,\ x_4=5,\ \cdots$
순환마디의 숫자가 4개이므로 $99\div4=24\ \cdots\ 3$에서
$x_1-x_2+x_3-x_4+\cdots+x_{99}$의 값은 $7-2+4-5$를 24번

더한 후 $7-2+4$를 더한 것이다.

$$\therefore x_1-x_2+x_3-x_4+\cdots+x_{99}$$
$$=(7-2+4-5)\times24+(7-2+4)$$
$$=4\times24+9=105$$

46 어떤 유리수를 x라 하면 $x\times0.\dot{1}=x\times0.1+1.\dot{1}$

$$x\times\frac{1}{9}=x\times\frac{1}{10}+\frac{11-1}{9}$$

$$x\times\frac{1}{9}=x\times\frac{1}{10}+\frac{10}{9}$$

양변에 90을 곱하면 $10x=9x+100$

$$\therefore x=100$$

47 주어진 조건을 식으로 나타내면

$$A\times0.07=A\times0.\dot{0}\dot{7}-0.02$$

$$A\times\frac{7}{100}=A\times\frac{7}{90}-\frac{2}{100}$$

양변에 900을 곱하면 $63A=70A-18,\ 7A=18$

$$\therefore A=\frac{18}{7}$$

48 현정 : $3.\dot{1}\dot{8}=\frac{318-3}{99}=\frac{315}{99}=\frac{35}{11}$

분모는 올바르게 보았으므로 처음 기약분수의 분모는 11이다.

나연 : $2.7\dot{6}=\frac{276-27}{90}=\frac{249}{90}=\frac{83}{30}$

분자는 올바르게 보았으므로 처음 기약분수의 분자는 83이다.

따라서 처음 기약분수는 $\frac{83}{11}$이다.

49 은정 : $2.7\dot{3}=\frac{273-27}{90}=\frac{246}{90}=\frac{41}{15}$

분모는 올바르게 보았으므로 처음 기약분수의 분모는 15이다.

현정 : $1.8\dot{4}=\frac{184-1}{99}=\frac{183}{99}=\frac{61}{33}$

분자는 올바르게 보았으므로 처음 기약분수의 분자는 61이다.

따라서 처음 기약분수는 $\frac{61}{15}$이다.

50 희영 : $0.20\dot{2}=\frac{202-20}{900}=\frac{182}{900}=\frac{91}{450}$

희영이는 분자를 올바르게 보았으므로 처음 기약분수의 분자
는 91이다.

나연 : $0.\dot{2}\dot{7}=\frac{27}{99}=\frac{3}{11}$

나연이는 분모를 올바르게 보았으므로 처음 기약분수의 분모
는 11이다.

따라서 처음 기약분수는 $\frac{91}{11}$이므로

$$\frac{91}{11}=8\frac{3}{11}=8\frac{27}{99}=8.\dot{2}\dot{7}$$

② 단항식의 계산

주제별 실력다지기

20~31쪽

01 ③, ④	**02** ⑤	**03** ④	**04** ②
05 30	**06** ②	**07** ③, ④	**08** 5
09 ①	**10** ⑤	**11** $3^{20} < 5^{15}$	**12** ②
13 2	**14** ④	**15** ④	**16** 1, 4
17 ④	**18** ④	**19** ④	**20** 11
21 ①, ③	**22** ③, ⑤	**23** ②	**24** ⑤
25 ⑤	**26** ③	**27** ⑤	**28** ⑤
29 ①	**30** ⑤	**31** $a^{10}b^8$	**32** ②
33 ⑤			
34 $A=-\dfrac{a^5 b^3}{4}$, 바르게 계산한 답 : $-a^{11}b^5$			**35** a
36 $\dfrac{3}{4}h$	**37** ③	**38** ①	**39** ②
40 ④	**41** ③	**42** ④	**43** ①
44 ③	**45** ①	**46** ③	**47** ②
48 $\dfrac{ab}{6}$	**49** ①	**50** ④	**51** ②
52 6	**53** ⑤	**54** ④	**55** ③
56 ①			

01 ① $(3^2)^3 = 3^6$, $(-3)^6 = 3^6$이므로 $(3^2)^3 = (-3)^6$

② $(-3^5)^2 = (3^5)^2 = 3^{10}$

③ $(-7^3)^5 = -7^{15}$이므로 $7^{15} \neq (-7^3)^5$

④ $(8^2)^3 = \{(2^3)^2\}^3 = 2^{18}$, $(2^3)^3 = 2^9$이므로
　$(8^2)^3 \neq (2^3)^3$

⑤ $(9^3)^5 = \{(3^2)^3\}^5 = 3^{30}$, $(27^5)^2 = \{(3^3)^5\}^2 = 3^{30}$이므로
　$(9^3)^5 = (27^5)^2$

따라서 옳지 않은 것은 ③, ④이다.

02 $5^8 \div 5^3 \div 5^a = 5^{8-3} \div 5^a = 5^5 \div 5^a = 1$이므로
$a = 5$

03 (가) $a^{12} \div a^\square \div a^4 = a^{12-\square-4} = a^5$이므로
　$12 - \square - 4 = 5$　∴ $\square = 3$

(나) $b^8 \div b^5 \div b^\square = b^{8-5} \div b^\square = b^3 \div b^\square = 1$이므로
　$\square = 3$

(다) $c^6 \div c^4 \div c^4 = c^{6-4} \div c^4 = c^2 \div c^4 = \dfrac{1}{c^{4-2}} = \dfrac{1}{c^2}$이므로
　$\square = 2$

따라서 (가), (나), (다)의 □ 안에 알맞은 수들의 합은
$3 + 3 + 2 = 8$

04 ② $2^n \times 2^{n+1} = 2^{n+n+1} = 2^{2n+1}$,
$(2^2)^{n+1} = 2^{2(n+1)} = 2^{2n+2}$이므로
$2^n \times 2^{n+1} \neq (2^2)^{n+1}$

⑤ $2^n = 2 \times 2^{n-1}$이므로
$2^n - 2^{n-1} = 2 \times 2^{n-1} - 2^{n-1}$
$= (2-1) \times 2^{n-1} = 2^{n-1}$

따라서 옳지 않은 것은 ②이다.

05 주어진 수에서 곱해진 2의 개수는 2의 배수인 수에 1개,
$2^2 = 4$의 배수에 추가로 1개, $2^3 = 8$의 배수에 추가로 1개,
$2^4 = 16$의 배수에 추가로 1개 더 곱해져 있다. 따라서 곱해져
있는 2의 개수는
(2의 배수의 개수) + (4의 배수의 개수) + (8의 배수의 개수)
$+ (16의 배수의 개수)$
$= 10 + 5 + 2 + 1 = 18$
∴ $a = 18$
같은 방법으로 곱해져 있는 3의 개수는
(3의 배수의 개수) + (9의 배수의 개수) $= 6 + 2 = 8$
∴ $b = 8$
또한 곱해져 있는 5의 개수는 (5의 배수의 개수) $= 4$
∴ $c = 4$
따라서 $a + b + c = 18 + 8 + 4 = 30$

06 $4^2 = (2^2)^2 = 2^4$이므로
$4^2 + 4^2 + 4^2 + 4^2 = 2^4 + 2^4 + 2^4 + 2^4 = 4 \times 2^4$
$= 2^2 \times 2^4 = 2^6$

07 (i) 자연수 n이 홀수일 때
(주어진 식) $= (-1)^{홀수} - (-1)^{홀수} + (-1)^{짝수}$
$= -1 - (-1) + 1 = -1 + 1 + 1 = 1$
(ii) 자연수 n이 짝수일 때
(주어진 식) $= (-1)^{홀수} - (-1)^{짝수} + (-1)^{짝수}$
$= -1 - 1 + 1 = -1$

08 먼저 주어진 식을 간단히 정리하면
$$3^{2(n-2)} \div 9^{n-3} = 3^{2(n-2)} \div (3^2)^{n-3}$$
$$= 3^{2(n-2)} \div 3^{2(n-3)}$$
$$= 3^{2(n-2)-2(n-3)}$$
$$= 3^{2n-4-2n+6}$$
$$= 3^2$$
$$\therefore M(3^{2(n-2)} \div 9^{n-3}) = M(3^2) = 3+2 = 5$$

09 $2^{x+5} = 4^{x+1}$에서 $2^{x+5} = (2^2)^{x+1}$, $2^{x+5} = 2^{2x+2}$이므로
$x+5 = 2x+2$ $\quad \therefore x=3$
$5^{2y+2} = 25^{2y}$에서 $5^{2y+2} = (5^2)^{2y}$, $5^{2y+2} = 5^{4y}$이므로
$2y+2 = 4y$, $2y=2$ $\quad \therefore y=1$

10 (좌변) $= 16^x \times 32^2 \div 2^6 = (2^4)^x \times (2^5)^2 \div 2^6$
$$= 2^{4x} \times 2^{10} \div 2^6 = 2^{4x+10-6} = 2^{4x+4}$$
(우변) $= 4^{12} = (2^2)^{12} = 2^{24}$
따라서 $2^{4x+4} = 2^{24}$이므로
$4x+4 = 24$, $4x = 20$
$\therefore x=5$

11 두 수의 밑을 같게 만들 수 없으므로 지수를 같게 만들어 크기를 비교한다.
즉, 두 수의 지수의 최대공약수가 5이므로
$(3^4)^5 = 81^5$, $(5^3)^5 = 125^5$
따라서 $81^5 < 125^5$에서 $3^{20} < 5^{15}$

12 $125^{2x-4} = (5^2)^{x+4}$의 밑을 5로 통일하면
$(5^3)^{2x-4} = (5^2)^{x+4}$, $5^{6x-12} = 5^{2x+8}$
따라서 $6x-12 = 2x+8$이므로 $4x = 20$
$\therefore x=5$

13 (좌변) $= 3^{2x} \times (3^4)^{2x} = 3^{2x} \times 3^{8x} = 3^{10x}$
(우변) $= (3^2)^7 \times (3^3)^x = 3^{14} \times 3^{3x} = 3^{14+3x}$
따라서 $3^{10x} = 3^{14+3x}$이므로
$10x = 14+3x$, $7x = 14$ $\quad \therefore x=2$

14 $32^{n+a} = (2^5)^{n+a} = 2^{5n+5a}$, $4^2 = (2^2)^2 = 2^4$이므로
주어진 등식은
$2^{5n+a} \div 2^{5n+5a} = 2^4$에서
$2^{5n+a-(5n+5a)} = 2^4$이므로
$5n+a-(5n+5a) = 4$, $-4a = 4$ $\quad \therefore a=-1$

15 $2^{x+2} + 2^{x+1} + 2^x = (2^x \times 2^2) + (2^x \times 2) + 2^x$
$$= 4 \times 2^x + 2 \times 2^x + 2^x$$

$$= (4+2+1) \times 2^x$$
$$= 7 \times 2^x$$
또, 448을 소인수분해하면 7×2^6이므로
$7 \times 2^x = 7 \times 2^6$ $\quad \therefore x=6$

16 $x^{x+3} = x^{2x-1}$에서
(i) $x \neq 1$일 때
밑이 같으면 지수가 같아야 등호가 성립하므로
$x+3 = 2x-1$ $\quad \therefore x=4$
(ii) $x=1$일 때
1의 거듭제곱은 지수에 관계없이 항상 1이므로
$x=1$이면 등호가 성립한다.
$1^{1+3} = 1^{2-1}$ $\quad \therefore 1^4 = 1$
따라서 주어진 등식을 만족시키는 x의 값은 1, 4이다.

17 (평행사변형의 넓이) $=$ (밑변의 길이) $\times$ (높이)이므로
(평행사변형의 넓이) $= 7a^2b^3 \times (-2a^3)^2$
$$= 7a^2b^3 \times 4a^6 = 28a^8b^3$$

18 (직육면체의 부피)
$=$ (가로의 길이) $\times$ (세로의 길이) $\times$ (높이)이므로
높이를 h라 하면
$18a^2b^2 = 3a \times 2b \times h$
$\therefore h = \dfrac{18a^2b^2}{6ab} = 3ab$

19 ① $a^4 \times a^\square = a^{4+\square} = a^9$에서 $4+\square = 9$ $\quad \therefore \square = 5$
② $(x^2)^\square = x^{2 \times \square} = x^{10}$에서 $2 \times \square = 10$
$\therefore \square = 5$
③ $(xy^2)^3 \times x^2 = x^3y^6 \times x^2 = x^5y^6 = x^\square y^6$에서 $\square = 5$
④ $a^8 \div a^\square = \dfrac{1}{a^{\square-8}} = \dfrac{1}{a^3}$에서 $\square - 8 = 3$
$\therefore \square = 11$
⑤ $a^\square \div a^5 = 1$에서 $\square = 5$

20 좌변의 괄호를 풀면 $\dfrac{\square^3 a^{12}}{b^6 c^{15}}$이므로
$\dfrac{\square^3 a^{12}}{b^6 c^{15}} = \dfrac{-64a^{12}}{b^6 c^\square}$에서
$\square^3 = -64 = (-4)^3$ $\quad \therefore \square = -4$
$c^{15} = c^\square$ $\quad \therefore \square = 15$
따라서 $\square$ 안에 알맞은 수들의 합은
$-4+15 = 11$

21 ① $3^2 + 3^2 + 3^2 + 3^2 = 3^2 \times 4$
② $2^3 \times 2^5 + 3^7 \times 3 = 2^{3+5} + 3^{7+1} = 2^8 + 3^8$

③ 뺄셈에서 지수법칙은 적용되지 않는다.
$x^{19}-x^9=x^9(x^{10}-1)$
④ $\{(-3a^2b^3)^2\}^2=(9a^4b^6)^2=81a^8b^{12}$
⑤ $(-5x^2y)\times xy^3=-5\times x^2\times x\times y\times y^3=-5x^3y^4$

22 ① $2x^3\times 5x^2=(2\times 5)\times x^{3+2}=10x^5$
② $(3x^2)^2\times(-2xy^2)^3=9x^4\times(-8x^3y^6)=-72x^7y^6$
④ $(-x^2y)^2\times 4xy=x^4y^2\times 4xy=4x^5y^3$

23 $6a^2\times\dfrac{3a}{2b^2}\times\left(-\dfrac{b}{3a}\right)^3$
$=6a^2\times\dfrac{3a}{2b^2}\times\left(-\dfrac{b^3}{27a^3}\right)$
$=-\left(6\times\dfrac{3}{2}\times\dfrac{1}{27}\right)\times\dfrac{a^2\times a}{a^3}\times\dfrac{b^3}{b^2}$
$=-\dfrac{1}{3}b$

24 $(2xy^2)^3\times(-4xy^4)\times(-3x^2y)^2$
$=8x^3y^6\times(-4xy^4)\times 9x^4y^2$
$=(-288)\times x^{3+1+4}\times y^{6+4+2}$
$=-288x^8y^{12}$
따라서 $a=-288$, $b=8$, $c=12$이므로
$a+b+c=-288+8+12=-268$

25 $a^{2x}b^x\times\dfrac{1}{a^5b^5}=a^7b^y$에서
$a^{2x}b^x=a^7b^y\times a^5b^5$, $a^{2x}b^x=a^{12}b^{y+5}$
따라서 $2x=12$, $x=y+5$에서 $x=6$, $y=1$
$\therefore x+y=7$

26 $72x^{10}y^7\div(-3x^2y^3)^2\div\left(-\dfrac{4}{3}xy^2\right)^2$
$=72x^{10}y^7\div 9x^4y^6\div\dfrac{16}{9}x^2y^4$
$=72x^{10}y^7\times\dfrac{1}{9x^4y^6}\times\dfrac{9}{16x^2y^4}$
$=\dfrac{9x^4}{2y^3}$

27 $(a^2b)^3\times a^3b^4\div(ab)^5\times(ab^2)^2$
$=a^6b^3\times a^3b^4\times\dfrac{1}{a^5b^5}\times a^2b^4$
$=a^6b^6$

28 $(xy^2z)^3\div\left(\dfrac{1}{3}xyz\right)^2\times\dfrac{x^2z}{3y}=x^3y^6z^3\div\dfrac{x^2y^2z^2}{9}\times\dfrac{x^2z}{3y}$
$=x^3y^6z^3\times\dfrac{9}{x^2y^2z^2}\times\dfrac{x^2z}{3y}$
$=3x^3y^3z^2$

따라서 $a=3$, $b=3$, $c=3$, $d=2$이므로
$a+b+c+d=3+3+3+2=11$

29 $(-6x^3y)^2\div(6x^2y)^2\times\boxed{}=-6x^3y^2$에서
$36x^6y^2\div 36x^4y^2\times\boxed{}=-6x^3y^2$
$x^2\times\boxed{}=-6x^3y^2$
$\therefore \boxed{}=\dfrac{-6x^3y^2}{x^2}=-6xy^2$

30 주어진 식을 변형하면
$\dfrac{-2x^4y^6}{A}=\dfrac{A^2}{-4x^5y^3}$
$A^3=(-2x^4y^6)\times(-4x^5y^3)=8x^9y^9=(2x^3y^3)^3$
$\therefore A=2x^3y^3$

31 $(-ab^2)^3\div\{\boxed{}\div(3a^2b)^2\}\times\dfrac{1}{9}a^4b$
$=(-a^3b^6)\div(\boxed{}\div 9a^4b^2)\times\dfrac{1}{9}a^4b$
$=(-a^3b^6)\div\left(\boxed{}\times\dfrac{1}{9a^4b^2}\right)\times\dfrac{1}{9}a^4b$
$=(-a^3b^6)\div\dfrac{\boxed{}}{9a^4b^2}\times\dfrac{1}{9}a^4b$
$=(-a^3b^6)\times\dfrac{9a^4b^2}{\boxed{}}\times\dfrac{1}{9}a^4b$
$=-\dfrac{a^{11}b^9}{\boxed{}}$
따라서 $-\dfrac{a^{11}b^9}{\boxed{}}=-ab$이므로
$\boxed{}=a^{11}b^9\times\dfrac{1}{ab}=a^{10}b^8$

32 $\dfrac{2^3+2^3}{9^2+9^2+9^2}\times(3^2+3^2+3^2)=\dfrac{2\times 2^3}{3\times 9^2}\times(3\times 3^2)$
$=\dfrac{2^4}{3\times(3^2)^2}\times 3^3=\dfrac{2^4}{3^5}\times 3^3=\dfrac{2^4}{3^2}=\dfrac{16}{9}$

33 어떤 식을 A로 놓으면
$A\div 4a^2b=2a^2b^7$
$\therefore A=2a^2b^7\times 4a^2b=8a^4b^8$
따라서 A에 $4a^2b$를 곱하여 바르게 계산하면
$A\times 4a^2b=8a^4b^8\times 4a^2b=32a^6b^9$

34 $A\div(-2a^3b)^2=-\dfrac{b}{16a}$이므로
$A=\left(-\dfrac{b}{16a}\right)\times(-2a^3b)^2=\left(-\dfrac{b}{16a}\right)\times 4a^6b^2$
$=-\dfrac{a^5b^3}{4}$

따라서 바르게 계산하면

$A \times (-2a^3b)^2 = \left(-\dfrac{a^5b^3}{4}\right) \times 4a^6b^2 = -a^{11}b^5$

35 m이 짝수, n이 홀수이므로 $m+1$은 홀수, mn은 짝수, $m-n$은 홀수이다.

$\therefore \dfrac{(-a)^{m+1} \times (-1)^{mn}}{a^m \times (-1)^{m-n}} = \dfrac{(-1) \times a^{m+1} \times 1}{a^m \times (-1)}$

$\qquad\qquad\qquad\qquad\quad = \dfrac{-a^{m+1}}{-a^m}$

$\qquad\qquad\qquad\qquad\quad = \dfrac{-a^m \times a}{-a^m}$

$\qquad\qquad\qquad\qquad\quad = a$

36 원뿔의 높이를 x라 하면

$\pi r^2 \times h = \dfrac{1}{3} \times \pi \times (2r)^2 \times x$

$\pi r^2 h = \dfrac{4}{3}\pi r^2 x$

$\therefore x = \pi r^2 h \div \dfrac{4}{3}\pi r^2 = \pi r^2 h \times \dfrac{3}{4\pi r^2} = \dfrac{3}{4}h$

37 직사각형의 세로의 길이를 A라 하면 두 도형의 넓이가 서로 같으므로

$9x^2y^2 \times A = \dfrac{1}{2} \times 3x^2y^3 \times 6x^3y$

$\therefore A = \dfrac{1}{2} \times 3x^2y^3 \times 6x^3y \div 9x^2y^2 = x^3y^2$

38 직육면체의 높이를 h라 하면

$8a^2b \times \dfrac{1}{4}ab^5 \times h = 32a^5b^6$

$\therefore h = 32a^5b^6 \div \left(8a^2b \times \dfrac{1}{4}ab^5\right)$

$\qquad = 32a^5b^6 \div 2a^3b^6$

$\qquad = \dfrac{32a^5b^6}{2a^3b^6} = 16a^2$

39 원기둥의 부피를 V_1, 원뿔의 부피를 V_2라 하면

$V_1 = \pi \times (2a)^2 \times b = 4\pi a^2 b$

$V_2 = \dfrac{1}{3} \times \pi b^2 \times 2a = \dfrac{2\pi ab^2}{3}$

따라서 원기둥의 부피를 원뿔의 부피의 x배라 하면

$V_1 = x \times V_2$이므로

$x = V_1 \div V_2 = 4\pi a^2 b \div \dfrac{2\pi ab^2}{3}$

$\qquad = 4\pi a^2 b \times \dfrac{3}{2\pi ab^2} = \dfrac{6a}{b}$ (배)

40 $\overline{\text{AC}}$를 회전축으로 하여 1회전 시키면 밑면의 반지름의 길이는 $5y$, 높이는 $3x$인 원뿔이 만들어지므로

$V_1 = \dfrac{1}{3} \times \pi \times (5y)^2 \times 3x = 25\pi xy^2$

$\overline{\text{BC}}$를 회전축으로 하여 1회전 시키면 밑면의 반지름의 길이는 $3x$, 높이는 $5y$인 원뿔이 만들어지므로

$V_2 = \dfrac{1}{3} \times \pi \times (3x)^2 \times 5y = 15\pi x^2 y$

$\therefore \dfrac{V_1}{V_2} = \dfrac{25\pi xy^2}{15\pi x^2 y} = \dfrac{5y}{3x}$

41 $P = 2^4$이므로 32^{24}의 밑을 2로 변형하면

$32^{24} = (2^5)^{24} = 2^{120} = (2^4)^{30} = P^{30}$

42 $A = 3^4$이므로 $9^4 \div 9^7$의 밑을 3으로 변형하면

$9^4 \div 9^7 = \dfrac{1}{9^3} = \dfrac{1}{(3^2)^3} = \dfrac{1}{3^6} = \dfrac{1}{3^2 \times 3^4} = \dfrac{1}{9A}$

43 $\dfrac{1}{16^6} = \dfrac{1}{(2^4)^6} = \dfrac{1}{2^{24}} = \dfrac{1}{(2^3)^8} = \dfrac{1}{x^8}$

44 $2^{51} - 2^{49}$을 2^{50}을 포함하는 식으로 변형하면

$2^{51} - 2^{49} = 2^{50} \times 2 - 2^{50} \div 2 = 2^{50}\left(2 - \dfrac{1}{2}\right) = 2^{50} \times \dfrac{3}{2}$

$2^{50} = a$이므로 (주어진 식) $= 2^{50} \times \dfrac{3}{2} = \dfrac{3}{2}a$

45 $0.8^{10} = \left(\dfrac{8}{10}\right)^{10} = \dfrac{(2^3)^{10}}{10^{10}} = \dfrac{2^{30}}{10^{10}} = \dfrac{2^{10 \times 3}}{10^{10}} = \dfrac{(2^{10})^3}{10^{10}}$

2^{10}을 $1000(=10^3)$으로 계산하면

$\dfrac{(2^{10})^3}{10^{10}} = \dfrac{(10^3)^3}{10^{10}} = \dfrac{10^9}{10^{10}} = \dfrac{1}{10} = 0.1$

46 $a = 2^{2x-1} = 2^{2x} \div 2$에서 $2a = 2^{2x}$

$\therefore 4^x = (2^2)^x = 2^{2x} = 2a$

47 $a = 5^{x+1} = 5^x \times 5$이므로 $5^x = \dfrac{a}{5}$

$\therefore 5^{2x+1} = 5^{2x} \times 5 = (5^x)^2 \times 5$

$\qquad\quad = \left(\dfrac{a}{5}\right)^2 \times 5 = \dfrac{a^2}{25} \times 5 = \dfrac{a^2}{5}$

48 $a = 2^{x+1} = 2^x \times 2$에서 $2^x = \dfrac{a}{2}$

$b = 3^{x+1} = 3^x \times 3$에서 $3^x = \dfrac{b}{3}$

$\therefore 6^x = (2 \times 3)^x = 2^x \times 3^x = \dfrac{a}{2} \times \dfrac{b}{3} = \dfrac{ab}{6}$

49 $A = 9^x = (3^2)^x = 3^{2x}$, $B = 3^{2x+1} = 3^{2x} \times 3$이므로

$B = 3A$

$\therefore A + B = A + 3A = 4A$

50 $4^{12} \times 5^{24} = (2^2)^{12} \times 5^{24} = 2^{24} \times 5^{24}$
$\qquad = (2 \times 5)^{24} = 10^{24}$
따라서 주어진 식은 25자리의 자연수이다.

51 $4 \times 25 \times 32 \times 125 = 2^2 \times 5^2 \times 2^5 \times 5^3$
$\qquad = 2^7 \times 5^5$
$\qquad = 2^2 \times 2^5 \times 5^5$
$\qquad = 4 \times (2 \times 5)^5$
$\qquad = 4 \times 10^5$
따라서 주어진 식은 끝에 오는 0의 개수가 5개이고, 4는 한 자리의 수이므로 $1+5=6$, 즉 6자리의 자연수이다.
$\therefore n = 6$

52 $4^5 \times 25^x = (2^2)^5 \times (5^2)^x = 2^{10} \times 5^{2x}$
위의 식이 12자리의 자연수가 되려면 $x > 5$이어야 하므로 $a \times 10^{10}$(단, a는 두 자리의 자연수)의 꼴이 되어야 한다.
$2^{10} \times 5^{2x} = 2^{10} \times 5^{2x-10} \times 5^{10}$
$\qquad = 5^{2x-10} \times (2 \times 5)^{10}$
$\qquad = 5^{2x-10} \times 10^{10}$
$x = 6$일 때, $5^2 \times 10^{10} = 25 \times 10^{10}$ ➡ 12자리
$x = 7$일 때, $5^4 \times 10^{10} = 625 \times 10^{10}$ ➡ 13자리
따라서 $x = 6$이다.

53 $\dfrac{2^{29} \times 15^{16}}{6^{14}} = \dfrac{2^{29} \times (3 \times 5)^{16}}{(2 \times 3)^{14}}$
$\qquad = \dfrac{2^{29} \times 3^{16} \times 5^{16}}{2^{14} \times 3^{14}}$
$\qquad = 2^{15} \times 3^2 \times 5^{16}$
$\qquad = 3^2 \times 5 \times 2^{15} \times 5^{15}$
$\qquad = 45 \times (2 \times 5)^{15}$
$\qquad = 45 \times 10^{15}$
따라서 주어진 식은 끝에 오는 0의 개수가 15개이고, 45는 두 자리의 수이므로 $2+15=17$, 즉 17자리의 자연수이다.

54 $2^8 \times 25^3 = 2^8 \times (5^2)^3 = 2^8 \times 5^6$
$\qquad = 2^2 \times (2 \times 5)^6 = 4 \times 10^6$
즉, 4×10^6일 때 a가 최소가 된다.
따라서 $a = 4$, $n = 6$이므로
$a + n = 4 + 6 = 10$

55 $2^{x-1} \times 5^{x+1} = 2^{x-1} \times 5^{(x-1)+2}$
$\qquad = 2^{x-1} \times 5^{x-1} \times 25$
$\qquad = 25 \times (2 \times 5)^{x-1}$
$\qquad = 25 \times 10^{x-1}$

위의 식이 8자리의 자연수가 되려면
$25 \times 10^{x-1} = 25 \times 10^6$
이어야 하므로 $x - 1 = 6$
$\therefore x = 7$

56 $2^4 \times 5^7 \times 12^3 = 2^4 \times 5^7 \times (2^2 \times 3)^3 = 2^4 \times 5^7 \times 2^6 \times 3^3$
$\qquad = 2^{10} \times 3^3 \times 5^7$
$\qquad = 2^3 \times 3^3 \times 2^7 \times 5^7$
$\qquad = 8 \times 27 \times (2 \times 5)^7$
$\qquad = 216 \times 10^7$
$\qquad = \underset{7개}{\underline{21600 \cdots 0}}$
$\therefore 2+1+6+7 = 16$

③ 다항식의 계산

주제별 실력다지기

35~39쪽

01 ⑤	**02** 1	**03** ①
04 $3x^2 - 13x + 8$	**05** ③	**06** ①
07 ②	**08** ①	**09** $-x^2 - 6x + 16$
10 ③	**11** ③	**12** ① **13** ②
14 ②	**15** ③	**16** $x - 2$
17 $4a^3b^5 + 8a^2b^5$	**18** ⑤	**19** ③
20 ③	**21** ①	**22** 14
23 $-\dfrac{29}{21}$	**24** ⑤	**25** -1

01 $2(x^2-3x-5)-a(x^2-2x-7)$
$=2x^2-6x-10-ax^2+2ax+7a$
$=(2-a)x^2+(2a-6)x-10+7a$
이 식이 일차식이 되려면 이차항이 없어야 하므로
$2-a=0$ $\quad \therefore a=2$

02 (주어진 식)$=\dfrac{6\times 2x+3(x-5y)-2(2x-5y)}{6}$
$\qquad =\dfrac{12x+3x-15y-4x+10y}{6}$
$\qquad =\dfrac{(12x+3x-4x)+(-15y+10y)}{6}$
$\qquad =\dfrac{11x-5y}{6}=\dfrac{11}{6}x-\dfrac{5}{6}y$
$a=\dfrac{11}{6}, b=-\dfrac{5}{6}$ $\quad \therefore a+b=\dfrac{11}{6}+\left(-\dfrac{5}{6}\right)=\dfrac{6}{6}=1$

03 $\boxed{}=-3x+y+(-5x+2y)$
$\qquad =-3x+y-5x+2y$
$\qquad =-8x+3y$

04 $A+(x^2-4x+7)=x^2-5x+6$에서
$A=x^2-5x+6-(x^2-4x+7)=-x-1$
$B-(x^2-4x+2)=2x^2-8x+7$에서
$B=2x^2-8x+7+(x^2-4x+2)=3x^2-12x+9$
$\therefore A+B=(-x-1)+(3x^2-12x+9)=3x^2-13x+8$

05 $4-2\{x-(x^2-3)+2x^2\}=4-2(x-x^2+3+2x^2)$
$\qquad\qquad\qquad\qquad\quad =4-2(x^2+x+3)$
$\qquad\qquad\qquad\qquad\quad =4-2x^2-2x-6$
$\qquad\qquad\qquad\qquad\quad =-2x^2-2x-2$
따라서 $A=-2, B=-2, C=-2$이므로
$A-2B+C=-2+4-2=0$

06 $5x-[7x-2y-\{-x+2y-(3x+7y)\}]$
$=5x-\{7x-2y-(-x+2y-3x-7y)\}$
$=5x-\{7x-2y-(-4x-5y)\}$
$=5x-(7x-2y+4x+5y)$
$=5x-(11x+3y)$
$=5x-11x-3y=-6x-3y$
따라서 $a=-6, b=-3$이므로 $\dfrac{a}{b}=\dfrac{-6}{-3}=2$

07 어떤 식을 A라 하면
$A+(x^2+5x-3)=3x^2+7x+4$에서

07(cont.) $A=3x^2+7x+4-(x^2+5x-3)$
$\quad =3x^2+7x+4-x^2-5x+3$
$\quad =2x^2+2x+7$
따라서 바르게 계산한 식은
$2x^2+2x+7-(x^2+5x-3)=2x^2+2x+7-x^2-5x+3$
$\qquad\qquad\qquad\qquad\qquad\quad =x^2-3x+10$

08 어떤 다항식을 A라 하면
$(-3x^2-7x+2)-A=7x^2-x+3$에서
$A=(-3x^2-7x+2)-(7x^2-x+3)$
$\quad =-3x^2-7x+2-7x^2+x-3$
$\quad =-10x^2-6x-1$
따라서 바르게 계산한 식은
$-3x^2-7x+2+A$
$=-3x^2-7x+2+(-10x^2-6x-1)$
$=-3x^2-7x+2-10x^2-6x-1$
$=-13x^2-13x+1$

09 다음과 같이 빈칸의 식을 각각 B, C라 하면

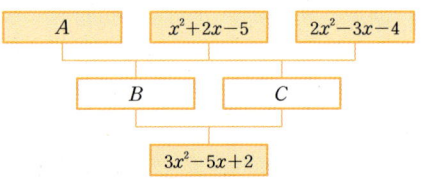

$x^2+2x-5+(2x^2-3x-4)=C$에서 $C=3x^2-x-9$
$B+C=3x^2-5x+2$이므로
$B+3x^2-x-9=3x^2-5x+2$
$\therefore B=-4x+11$
따라서 $A+(x^2+2x-5)=B=-4x+11$이므로
$A=-4x+11-(x^2+2x-5)=-x^2-6x+16$

10 ③ $\dfrac{3}{4}x(x-4y)=\dfrac{3}{4}x^2-3xy$

11 $x(3x+y+1)-\dfrac{1}{2}(4xy-2x^2)$
$=3x^2+xy+x-2xy+x^2$
$=4x^2-xy+x$
x^2의 계수 $a=4$, xy의 계수 $b=-1$
$\therefore a+b=4+(-1)=3$

12 $\boxed{}=(6a^2b^3-3ab^2+12a^2b)\div\dfrac{3}{2}ab$
$\qquad =(6a^2b^3-3ab^2+12a^2b)\times\dfrac{2}{3ab}$
$\qquad =4ab^2-2b+8a$

13 $(15x^2-27xy)\div 3x+(30xy-15y^2)\div(-5y)$

$=\dfrac{15x^2-27xy}{3x}+\dfrac{30xy-15y^2}{-5y}$

$=5x-9y-6x+3y$

$=-x-6y$

따라서 x의 계수는 -1이다.

14 $(x^3y^2-8x^2y^3)\div(-xy)^2-(x-4)\times 2x$

$=\dfrac{x^3y^2-8x^2y^3}{(-xy)^2}-(2x^2-8x)$

$=\dfrac{x^3y^2-8x^2y^3}{x^2y^2}-2x^2+8x$

$=x-8y-2x^2+8x$

$=-2x^2+9x-8y$

15 $-(3x-2y)\times 5xy+(8x^3y^2-4x^2y^3)\div\dfrac{2}{3}xy$

$=-15x^2y+10xy^2+(8x^3y^2-4x^2y^3)\times\dfrac{3}{2xy}$

$=-15x^2y+10xy^2+12x^2y-6xy^2$

$=-3x^2y+4xy^2$

따라서 $A=-3$, $B=4$이므로

$A+B=-3+4=1$

16 $A\times(xy)=x^3y^2-2x^2y^2$

$A=(x^3y^2-2x^2y^2)\div(xy)$

$\quad=(x^3y^2-2x^2y^2)\times\dfrac{1}{xy}$

$\quad=x^2y-2xy$

따라서 바르게 계산한 식은

$(x^2y-2xy)\div(xy)=(x^2y-2xy)\times\dfrac{1}{xy}=x-2$

17 어떤 식을 A라 하면

$A\div\left(\dfrac{2}{3}ab^2\right)=9ab+18b$이므로

$A=(9ab+18b)\times\left(\dfrac{2}{3}ab^2\right)=6a^2b^3+12ab^3$

따라서 바르게 계산한 식은

$(6a^2b^3+12ab^3)\times\left(\dfrac{2}{3}ab^2\right)=4a^3b^5+8a^2b^5$

18 (직육면체의 부피)

$=$(가로의 길이)$\times$(세로의 길이)$\times$(높이)이므로

$40a^2b-10ab^2=4a\times 5b\times$(높이)

$\therefore$ (높이)$=\dfrac{40a^2b-10ab^2}{20ab}=2a-\dfrac{1}{2}b$

19 (원기둥의 부피)$=$(밑면의 넓이)$\times$(높이)에서

$\pi(2a)^2\times$(높이)$=12\pi a^2-4\pi a^3b^2$

(높이)$=(12\pi a^2-4\pi a^3b^2)\div(4\pi a^2)=3-ab^2$

20 $y=x+3$을 $-3x+7y-5$에 대입하여 y를 없애면

$-3x+7(x+3)-5=-3x+7x+21-5$

$\qquad\qquad\qquad\quad\;\;=4x+16$

21 $(A+B)-(2A-B)=A+B-2A+B$

$\qquad\qquad\qquad\quad\;\;=-A+2B$

$\qquad\qquad\qquad\quad\;\;=-(2x+y)+2(x-2y)$

$\qquad\qquad\qquad\quad\;\;=-2x-y+2x-4y$

$\qquad\qquad\qquad\quad\;\;=-5y$

22 $\dfrac{3xy-4yz+2xz}{xyz}=\dfrac{3}{z}-\dfrac{4}{x}+\dfrac{2}{y}$

이때 $x=-\dfrac{1}{2}$, $y=-\dfrac{1}{3}$, $z=\dfrac{1}{4}$이므로

$\dfrac{1}{x}=-2$, $\dfrac{1}{y}=-3$, $\dfrac{1}{z}=4$

$\therefore \dfrac{3}{z}-\dfrac{4}{x}+\dfrac{2}{y}=3\times 4-4\times(-2)+2\times(-3)$

$\qquad\qquad\qquad=12+8-6=14$

23 $x=2k$, $y=5k$를 분자, 분모에 대입하면

(분자)$=x^2+y^2=(2k)^2+(5k)^2=4k^2+25k^2=29k^2$

(분모)$=x^2-y^2=(2k)^2-(5k)^2=4k^2-25k^2=-21k^2$

$\therefore \dfrac{x^2+y^2}{x^2-y^2}=\dfrac{29k^2}{-21k^2}=-\dfrac{29}{21}$

24 $x:y:z=1:2:3$이므로 상수 $k(k\neq 0)$에 대하여

$x=k$, $y=2k$, $z=3k$라 하면

$\dfrac{(5x+2y-2z)^2}{x^2+y^2+z^2}=\dfrac{(5k+2\times 2k-2\times 3k)^2}{k^2+(2k)^2+(3k)^2}$

$\qquad\qquad\qquad=\dfrac{(5k+4k-6k)^2}{k^2+4k^2+9k^2}$

$\qquad\qquad\qquad=\dfrac{9k^2}{14k^2}=\dfrac{9}{14}$

25 $a+b+c=0$에서

$b+c=-a$, $c+a=-b$, $a+b=-c$

$\therefore \dfrac{a}{b+c}-\dfrac{b}{c+a}+\dfrac{c}{a+b}=\dfrac{a}{-a}-\dfrac{b}{-b}+\dfrac{c}{-c}$

$\qquad\qquad\qquad\qquad\quad=(-1)-(-1)+(-1)$

$\qquad\qquad\qquad\qquad\quad=-1$

단원 종합 문제

40~46쪽

01 ④	**02** ④	**03** 9	**04** ②
05 ⑤	**06** 21	**07** ⑤	
08 ④, ⑤	**09** $\dfrac{15}{8}$	**10** $5.\dot{6}$	
11 ③, ⑤	**12** $0.\dot{9}\dot{3}$	**13** ⑤	**14** ②
15 ②	**16** $\dfrac{a^5}{64b^3}$	**17** -2배	**18** ②
19 ③	**20** 25	**21** ④	
22 B, C, A	**23** ④	**24** $a^2+3ab-4b$	
25 ④	**26** ③	**27** 2, 5, 8	**28** 4
29 $-\dfrac{b^9}{2a}$	**30** ②		

01 ④ 모든 순환소수는 분수로 나타낼 수 있다.

02 각 분수를 기약분수로 만든 후 분모에 2나 5 이외의 소인수만 있으면 유한소수로 나타낼 수 있다.

① $1.\dot{3} \times \dfrac{3}{5} = \dfrac{12}{9} \times \dfrac{3}{5} = \dfrac{4}{5}$ ➡ 유한소수

② $\dfrac{14}{5^3 \times 7} = \dfrac{2}{5^3}$ ➡ 유한소수

③ $\dfrac{3}{0.2\dot{6}} = 3 \div 0.2\dot{6} = 3 \div \dfrac{24}{90} = 3 \times \dfrac{90}{24} = \dfrac{45}{4} = \dfrac{45}{2^2}$
➡ 유한소수

④ $\dfrac{9}{2^5 \times 3^3 \times 5} = \dfrac{1}{2^5 \times 3 \times 5}$ ➡ 무한소수

⑤ $\dfrac{21}{3 \times 5^2 \times 7} = \dfrac{1}{5^2}$ ➡ 유한소수

03 $\dfrac{33}{2x} = \dfrac{3 \times 11}{2x}$이 순환소수가 되므로 기약분수로 나타냈을 때, 분모에 2와 5 이외의 소인수가 존재해야 한다. 따라서 분자가 3×11이므로 30보다 작은 자연수 중 x의 값이 될 수 있는 수는 7, 9, 13, 14, 17, 18, 19, 21, 23, 26, 27, 28, 29이고, 이 중에서 홀수는 9개이다.

04 $\dfrac{7}{250} = \dfrac{7}{\boxed{2} \times 5^3} = \dfrac{7 \times \boxed{2^2}}{\boxed{2} \times 5^3 \times \boxed{2^2}}$

$= \dfrac{28}{2^3 \times 5^3} = \dfrac{\boxed{28}}{10^{\boxed{3}}} = \dfrac{28}{1000} = \boxed{0.028}$

$\therefore A=2, B=4, C=28, D=3, E=0.028$

05 $0.1 + 0.001 + 0.00001 + \cdots = 0.1010\cdots = 0.\dot{1}\dot{0}$

$\therefore \dfrac{1}{20}(0.1 + 0.001 + 0.00001 + \cdots)$

$= \dfrac{1}{20} \times 0.\dot{1}\dot{0} = \dfrac{1}{20} \times \dfrac{10}{99} = \dfrac{1}{198}$

따라서 $\dfrac{1}{x} = \dfrac{1}{198}$이므로 $x = 198$

06 $\dfrac{1}{12} = \dfrac{1}{2^2 \times 3}$, $\dfrac{3}{28} = \dfrac{3}{2^2 \times 7}$

두 분수를 모두 유한소수로 나타낼 수 있게 하려면 두 분수에 3과 7의 공배수를 곱하면 된다.
따라서 자연수 A는 21의 배수이므로 A의 값 중 가장 작은 수는 21이다.

07 $\dfrac{4}{11} = 0.363636\cdots$ 이므로 소수점 아래 홀수 번째 자리의 숫자는 3이고, 짝수 번째 자리의 숫자는 6이다.
따라서 소수점 아래 68번째 자리의 숫자는 6이다.

08 어떤 순환소수를 기약분수로 나타낸 수를
$\dfrac{k}{150}$ (단, k는 상수)라 하면 $\dfrac{k}{150} = \dfrac{6k}{900}$이므로 이 순환소수는 $a.bc\dot{d}$의 형태이다.
④ 소수 셋째 자리의 숫자만 순환마디이다.
⑤ 이 순환소수를 기약분수로 나타내었을 때, 분자가 13이면
이 순환소수는 $\dfrac{13}{150} = \dfrac{78}{900} = 0.08\dot{6}$이다.
따라서 옳지 않은 것은 ④, ⑤이다.

09 자연수 x에 대하여 $\dfrac{1}{2} \le \dfrac{x}{56} \le \dfrac{6}{7}$이라 하면
$\dfrac{28}{56} \le \dfrac{x}{56} \le \dfrac{48}{56}$이므로 $28 \le x \le 48$
이때 $\dfrac{x}{56} = \dfrac{x}{2^3 \times 7}$가 유한소수이므로 x는 7의 배수이어야 한다.
따라서 $x = 28, 35, 42$이므로 구하는 합은
$\dfrac{28}{56} + \dfrac{35}{56} + \dfrac{42}{56} = \dfrac{105}{56} = \dfrac{15}{8}$

10 선영 : $0.\dot{3} = \dfrac{3}{9} = \dfrac{1}{3}$
분모는 올바르게 보았으므로 처음 기약분수의 분모는 3이다.
지영 : $1.\dot{8} = \dfrac{18-1}{9} = \dfrac{17}{9}$

분자는 올바르게 보았으므로 처음 기약분수의 분자는 17이다.

따라서 처음 기약분수는 $\frac{17}{3}$이므로 순환소수로 나타내면

$\frac{17}{3}=17\div3=5.666\cdots=5.\dot{6}$

11 $\frac{a}{60}=\frac{a}{2^2\times3\times5}$를 소수로 나타내면 유한소수이므로

a는 3의 배수이고, $\frac{a}{60}$를 기약분수로 나타내면 $\frac{3}{b}$이므로 a

는 9의 배수이다.

$10\leq a\leq60$인 수 중에서 9의 배수는 18, 27, 36, 45, 54이

므로 가능한 a, b의 값은 $a=18$, $b=10$ 또는 $a=36$, $b=5$

또는 $a=45$, $b=4$이다.

$\therefore a+b=28,\ 41,\ 49$

12 $0.\dot{x}\dot{y}+0.\dot{y}\dot{x}=\frac{10x+y}{99}+\frac{10y+x}{99}=\frac{6}{9}$이므로

$\frac{11x+11y}{99}=\frac{x+y}{9}=\frac{6}{9}$에서 $x+y=6$

이때 x, y는 $x>y$인 한 자리의 자연수이므로

$x=5$, $y=1$ 또는 $x=4$, $y=2$

따라서 $0.\dot{x}\dot{y}$로 가능한 수는 $0.\dot{5}\dot{1}=\frac{51}{99}$, $0.\dot{4}\dot{2}=\frac{42}{99}$이므로

그 합은

$\frac{51}{99}+\frac{42}{99}=\frac{93}{99}=0.\dot{9}\dot{3}$

13 (주어진 식)$=(-x)\times(-y^3)\times x^8\times y^2$
$=x^{1+8}y^{3+2}=x^9y^5$

14 ① $2^3+2^3+2^3+2^3=4\times2^3=2^2\times2^3=2^{2+3}=2^5$
② $4(2^3+2^3)=4\times(2\times2^3)=2^2\times2^{1+3}=2^{2+4}=2^6$
③ $2^2\times2^3=2^{2+3}=2^5$
④ $(2^2)^4\div2^3=2^8\div2^3=2^{8-3}=2^5$
⑤ $2^8\div2^6\times2^3=2^{8-6}\times2^3=2^{2+3}=2^5$

15 (직육면체의 부피)=(밑넓이)×(높이)이므로

$112a^2b=(4a)^2\times$(높이)에서

(높이)$=112a^2b\div(4a)^2=112a^2b\times\frac{1}{16a^2}=7b$

16 주어진 식의 나눗셈을 곱셈으로 바꾸어 정리하면

$\frac{1}{4}a^6b^2\times\left(-\frac{1}{8a^2b^4}\right)\times\frac{1}{\boxed{}}=-\frac{2b}{a}$

$\left(-\frac{a^4}{32b^2}\right)\times\frac{1}{\boxed{}}=-\frac{2b}{a}$

$\frac{1}{\boxed{}}=\left(-\frac{2b}{a}\right)\div\left(-\frac{a^4}{32b^2}\right)$

$=\left(-\frac{2b}{a}\right)\times\left(-\frac{32b^2}{a^4}\right)=\frac{64b^3}{a^5}$

$\therefore \boxed{}=\frac{a^5}{64b^3}$

17 (가) $x^2y^3\times\boxed{A}\div4x^4y^5=xy^2$에서

$\boxed{A}=xy^2\times\frac{4x^4y^5}{x^2y^3}=4x^3y^4$

$\therefore a=4$

(나) $x^5y^2\div4xy^3\times\boxed{B}=-2x^4y^7$에서

$\boxed{B}=-2x^4y^7\times\frac{4xy^3}{x^5y^2}=-8y^8$

$\therefore b=-8$

따라서 b는 a의 -2배이다.

18 $(-2xy^2)^3\div A=-2xy$에서

$-8x^3y^6\times\frac{1}{A}=-2xy$

$\frac{1}{A}=\frac{-2xy}{-8x^3y^6}=\frac{1}{4x^2y^5}$

따라서 $A=4x^2y^5$이므로 $\frac{A}{4xy}=\frac{4x^2y^5}{4xy}=xy^4$

19 $2^{13}\times5^8=2^5\times2^8\times5^8=32\times(2\times5)^8=32\times10^8$

따라서 주어진 식은 끝에 오는 0의 개수가 8개이고, 32는 두

자리의 수이므로 $2+8=10$, 즉 10자리의 자연수이다.

$\therefore n=10$

$\therefore n^2+n+1=10^2+10+1=111$

20 (가) 주어진 식의 밑을 2로 통일하면

$8^{2x-1}\times16^{2x}\div4^{5x+4}$

$=(2^3)^{2x-1}\times(2^4)^{2x}\div(2^2)^{5x+4}$

$=2^{6x-3}\times2^{8x}\div2^{10x+8}$

$=2^{6x-3+8x-(10x+8)}$

$=2^{4x-11}$

따라서 $2^{4x-11}=2^9$이므로 $4x-11=9$

$4x=20$　　$\therefore x=5$

(나) $4^{11}\times5^{18}=(2^2)^{11}\times5^{18}=2^{22}\times5^{18}$

$=2^4\times2^{18}\times5^{18}=16\times(2\times5)^{18}$

$=16\times10^{18}$

따라서 주어진 식은 끝에 오는 0의 개수가 18개이고 16

은 두 자리의 수이므로 $2+18=20$, 즉 20자리의 자연

수이다.

$\therefore y=20$

$\therefore x+y=5+20=25$

21 $8^{16} \div 4^9 = (2^3)^{16} \div (2^2)^9 = 2^{48} \div 2^{18} = 2^{48-18} = 2^{30}$
$2^{10} = A$이므로 $2^{30} = (2^{10})^3 = A^3$

22 세 수의 밑을 같게 할 수 없으므로 지수를 같게 만든다.
세 수의 지수의 최대공약수가 5이므로 세 수를
$A = 2^{20} = (2^4)^5 = 16^5$, $B = 3^{15} = (3^3)^5 = 27^5$,
$C = 5^{10} = (5^2)^5 = 25^5$으로 변형하면 밑이 클수록 큰 수이므로
$B > C > A$이다.
따라서 큰 수부터 차례로 나열하면 B, C, A이다.

23 $(9x^2 - 27xy) \div (-3x) - \dfrac{10x^2 + 5xy}{5x}$
$= \dfrac{9x^2 - 27xy}{-3x} - \dfrac{10x^2 + 5xy}{5x}$
$= -3x + 9y - (2x + y)$
$= -3x + 9y - 2x - y$
$= -5x + 8y$
따라서 $A = -5$, $B = 8$이므로
$A + B = -5 + 8 = 3$

24 어떤 다항식을 A라 하면
$A + (a^2 - 2ab + 3b) = 3a^2 - ab + 2b$에서
$A = 3a^2 - ab + 2b - (a^2 - 2ab + 3b)$
$\quad = 2a^2 + ab - b$
따라서 바르게 계산한 식은
$A - (a^2 - 2ab + 3b) = 2a^2 + ab - b - a^2 + 2ab - 3b$
$\qquad\qquad\qquad\qquad\quad = a^2 + 3ab - 4b$

25 $\dfrac{x^2y - xy^2}{xy} - \dfrac{3xy^2 - x^2y^2}{xy^2}$
$= \left(\dfrac{x^2y}{xy} - \dfrac{xy^2}{xy} \right) - \left(\dfrac{3xy^2}{xy^2} - \dfrac{x^2y^2}{xy^2} \right)$
$= (x - y) - (3 - x) = x - y - 3 + x = 2x - y - 3$
이때 $x = 6$, $y = -2$이므로
$2x - y - 3 = 2 \times 6 - (-2) - 3 = 11$

26 주어진 단계에 맞춰 전 단계를 하나의 식으로 나타내면
$[(2ab^2)^3 \div (4a^2b^5) + \{-3a(2a - 4b)\}] \times \dfrac{1}{a}$
$= \left(\dfrac{8a^3b^6}{4a^2b^5} - 6a^2 + 12ab \right) \times \dfrac{1}{a}$
$= (2ab - 6a^2 + 12ab) \times \dfrac{1}{a}$
$= (-6a^2 + 14ab) \times \dfrac{1}{a}$
$= -6a + 14b$

27 $\dfrac{7(11 - x)}{3x}$가 유한소수가 되기 위해서는 $11 - x$는 3의 배수이고 x가 1이거나 x의 소인수가 2 또는 5뿐이거나 7의 배수이어야 하므로 x의 값은 1, 2, 4, 5, 7, 8 중 하나이다.
또한 $11 - x$는 3의 배수이어야 하므로
$11 - x = 3$, $11 - x = 6$, $11 - x = 9$
$\therefore x = 2, 5, 8$

28 기약분수로 나타내었을 때, 분모의 소인수에 2와 5가 없어야 순환마디가 소수점 아래 첫째 자리부터 시작한다.
$\dfrac{11 \times n}{2^2 \times 5 \times 7}$에서 n은 $2^2 \times 5$의 배수이어야 한다.
n은 두 자리의 자연수이므로 $n = 20, 40, 60, 80$의 4개이다.

29 $\boxed{A}$ ➡ $\boxed{B}$ ➡ b^4 ➡ $-\dfrac{2a}{b}$ ➡ $-2ab^3$ ➡ $4a^2b^2$
$b^4 \square \left(-\dfrac{2a}{b} \right) = -2ab^3$이고 $\left(-\dfrac{2a}{b} \right) \square (-2ab^3) = 4a^2b^2$
에서 공통적으로 적용된 연산은 연속하는 두 식의 곱이 그 다음 식이 되는 것이다.
따라서 $\boxed{B} \times b^4 = -\dfrac{2a}{b}$에서
$\boxed{B} = \left(-\dfrac{2a}{b} \right) \times \dfrac{1}{b^4} = -\dfrac{2a}{b^5}$
또한 $\boxed{A} \times \boxed{B} = b^4$에서 $\boxed{A} \times \left(-\dfrac{2a}{b^5} \right) = b^4$
$\therefore \boxed{A} = b^4 \times \left(-\dfrac{b^5}{2a} \right) = -\dfrac{b^9}{2a}$

30 $a^{10} = (3^2)^{10} = 3^{20}$
3의 거듭제곱 수의 일의 자리의 숫자를 구해 보면
3^1 ➡ 3, 3^2 ➡ 9, 3^3 ➡ 7, 3^4 ➡ 1, 3^5 ➡ 3, …으로 4개의 숫자 3, 9, 7, 1이 계속해서 반복된다.
따라서 3^{20}에서 $20 \div 4 = 5 \cdots 0$이므로 일의 자리의 숫자는 반복되는 수 중 마지막 숫자인 1이다.

1 일차부등식

주제별 실력다지기

50~57쪽

01 ④	**02** $-5 < A \leq 7$		**03** -3
04 2	**05** ①	**06** 3	**07** ③
08 ②, ⑤	**09** ③	**10** ④	**11** ②
12 ③	**13** (1) $x > 1$ (2) $x \geq 1$ (3) $x < 26$		
14 -6	**15** ④	**16** ①	**17** ①
18 $x \geq -7$	**19** $x < -2$	**20** ③	**21** ⑤
22 $x < 2$	**23** $x < -\dfrac{5}{3}$	**24** -3	
25 해가 없다	**26** ④	**27** 5	**28** ②
29 ①, ②	**30** -1	**31** ③	**32** ④
33 -1	**34** $-\dfrac{1}{4}$	**35** -9	
36 $-2 \leq a < -1$		**37** $0 < a \leq 1$	
38 $-2 < a \leq -\dfrac{7}{4}$		**39** ⑤	**40** 6

01 $3 \leq x < 6$에서
$6 \times (-2) < -2x \leq 3 \times (-2)$
$-12 + 1 < -2x + 1 \leq -6 + 1$
$\therefore -11 < A \leq -5$

02 $-4 \leq x < 2$에서 $-4 < -2x \leq 8$
$-5 < -2x - 1 \leq 7$ $\quad \therefore -5 < A \leq 7$

03 $-3 \leq a < 2$에서 $(-3) \times 4 \leq 4a < 2 \times 4$
$-12 + 1 \leq 4a + 1 < 8 + 1$
$\therefore -11 \leq X < 9$
이 부등식을 만족시키는 X의 값 중 최대 정수는 8이고, 최소 정수는 -11이므로
$M = 8$, $m = -11$
$\therefore M + m = 8 + (-11) = -3$

04 $-2 \leq x < 2$에서 $-4 < -2x \leq 4$
$\therefore 1 < -2x + 5 \leq 9$
따라서 이 부등식을 만족시키는 $-2x + 5$의 값 중 가장 작은 자연수는 2이다.

05 $-3 < -2a + 7 \leq 5$에서 $-3 - 7 < -2a \leq 5 - 7$
$-10 < -2a \leq -2$, $\dfrac{-2}{-2} \leq a < \dfrac{-10}{-2}$
$\therefore 1 \leq a < 5$

06 $-10 \leq -3x + 2 < 5$에서
$-10 - 2 \leq -3x < 5 - 2$
$-12 \leq -3x < 3$
$\therefore -1 < x \leq 4$
따라서 $a = -1$, $b = 4$이므로
$a + b = -1 + 4 = 3$

07 ① $x + 5 < y + 5$이면 $x < y$
② $-3x > -3y$이면 $x < y$
③ $8x - 3 > 8y - 3$이면 $x > y$
④ $-\dfrac{x}{2} > -\dfrac{y}{2}$이면 $x < y$
⑤ $\dfrac{x}{5} < \dfrac{y}{5}$이면 $x < y$
따라서 부등호의 방향이 다른 것은 ③

08 $1 - 3a < 1 - 3b$에서 $-3a < -3b$ $\quad \therefore a > b$
① $a > b$에서 $4a > 4b$
③ $a > b$에서 $-2a < -2b$
④ $a > b$에서 $9a > 9b$ $\quad \therefore 9a - 3 > 9b - 3$
⑤ $a > b$에서 $a + 10 > b + 10$

09 ① $a < b$에서 $-c > 0$이므로 $-\dfrac{a}{c} < -\dfrac{b}{c}$
② $a < b$에서 $-a > -b$, $c - a > c - b$
$\quad \therefore \dfrac{c - a}{2} > \dfrac{c - b}{2}$
③ $0 < a < b$에서 $\dfrac{1}{a} > \dfrac{1}{b}$
$\quad$ 이때 $c < 0$이므로 $\dfrac{c}{a} < \dfrac{c}{b}$
④ $0 < a < b$에서 $\dfrac{a}{b} < 1$ $\quad \therefore \dfrac{a}{b} - c < 1 - c$
⑤ $0 < a < b$에서 $a^2 < b^2$, $-a^2 > -b^2$
$\quad \therefore -a^2 - c > -b^2 - c$

10 ① [반례] $a = -1$, $b = 2$이면 $\dfrac{1}{-1} < \dfrac{1}{2}$이므로
$\quad -1 < 2$, 즉 $a < b$

② $c-a<c-b$에서 $-a<-b$ $\therefore a>b$

③ $a<b$에서 $c>0$이면 $ac<bc$

④ $\dfrac{a}{c}>\dfrac{b}{c}$의 양변에 c^2을 곱하면 $ac>bc$

⑤ $a<b$에서 $c>0$이면 $\dfrac{a}{c}<\dfrac{b}{c}$

11 $\dfrac{5}{4}x+3=8$에서 $5x+12=32$, $5x=20$ $\therefore x=4$

$x=4$를 각 부등식에 대입하면

① $-2\times4+6>7\times4-12$ (거짓)

② $4+9<6\times4-1$ (참)

③ $2\times4+3\le5\times4-10$ (거짓)

④ $3\times4+8<16-4$ (거짓)

⑤ $4\times4-1\ge8\times4+1$ (거짓)

12 ① $-3x+7<-2$에서 $-3x<-9$ $\therefore x>3$

② $3x-20>x+6$에서 $2x>26$ $\therefore x>13$

③ $-x+\dfrac{1}{2}<5$에서 $-x<\dfrac{9}{2}$ $\therefore x>-\dfrac{9}{2}$

④ $-2x+7<3x+2$에서 $-5x<-5$ $\therefore x>1$

⑤ $4x-1<1-6x$에서 $10x<2$ $\therefore x<\dfrac{1}{5}$

13 (1) $2(x-5)+5>-6x+3$에서

$2x-10+5>-6x+3$

$8x>8$ $\therefore x>1$

(2) $0.3x+0.2\le1.2x-0.7$의 양변에 10을 곱하면

$3x+2\le12x-7$, $-9x\le-9$

$\therefore x\ge1$

(3) $\dfrac{2x-1}{3}<\dfrac{x}{2}+4$의 양변에 분모의 최소공배수 6을 곱하면

$2(2x-1)<3x+24$, $4x-2<3x+24$

$\therefore x<26$

14 $2x-6<-x+3$, $3x<9$ $\therefore x<3$

따라서 $x<3$의 양변에 각각 -3을 곱하면 $-3x>-9$

이 식의 양변에 각각 2를 더하면 $-3x+2>-7$

$\therefore a>-7$

따라서 가장 작은 정수 a의 값은 -6

15 $6(x-4)-3\le5x-(4x-3)$에서

$6x-24-3\le5x-4x+3$, $6x-27\le x+3$

$5x\le30$ $\therefore x\le6$

16 $\dfrac{x-1}{2}+\dfrac{x}{3}>\dfrac{1}{3}$의 양변에 분모의 최소공배수 6을 곱하

면

$3(x-1)+2x>2$, $3x-3+2x>2$

$5x>5$ $\therefore x>1$

따라서 1보다 큰 수는 모두 해가 된다.

17 $\dfrac{x-7}{5}-0.3x>-\dfrac{3}{2}$의 양변에 10을 곱하면

$2(x-7)-3x>-15$

$2x-14-3x>-15$

$-x>-1$ $\therefore x<1$

따라서 1보다 작은 자연수는 없으므로 이 부등식을 만족시키는 자연수 x는 없다. 즉, x의 개수는 0이다.

18 $0.\dot{6}=\dfrac{2}{3}$, $0.5=\dfrac{1}{2}$이므로

$\dfrac{2}{3}(x+3)-\dfrac{4}{3}x\le\dfrac{1}{2}(4-x)+\dfrac{7}{6}$

에서 양변에 6을 곱하면 $4(x+3)-8x\le3(4-x)+7$

$4x+12-8x\le12-3x+7$, $-x\le7$ $\therefore x\ge-7$

19 $ax>b$의 양변을 a로 나눌 때 부등호의 방향이 바뀌므로 $a<0$

$ax+2a>0$에서 $ax>-2a$

이때 $a<0$이므로 $x<-2$

20 $a<2$, 즉 $a-2<0$이므로

$(a-2)x\ge4(a-2)$의 양변을 $a-2$로 나누면

$x\le\dfrac{4(a-2)}{a-2}$ $\therefore x\le4$

21 $(2a-8)x\le5a-20$에서

$2(a-4)x\le5(a-4)$

$a<4$, 즉 $a-4<0$이므로

$x\ge\dfrac{5(a-4)}{2(a-4)}$ $\therefore x\ge\dfrac{5}{2}$

따라서 이 부등식을 만족시키는 정수 x의 최솟값은 3이다.

22 $ax>-6$의 양변을 a로 나눌 때 부등호의 방향이 바뀌므로 $a<0$

$x<-\dfrac{6}{a}$과 $x<3$이 같으므로 $-\dfrac{6}{a}=3$ $\therefore a=-2$

따라서 부등식 $-ax<4$에 $a=-2$를 대입하면

$2x<4$ $\therefore x<2$

23 $(2a+3b)x+(a+b)>0$에서

$(2a+3b)x>-a-b$

주어진 부등식의 해가 $x<-\dfrac{1}{4}$로 부등호의 방향이 바뀌었으

므로 $2a+3b<0$ $\qquad$ ⊙

$(2a+3b)x>-a-b$에서 $x<\dfrac{-a-b}{2a+3b}$

따라서 $\dfrac{-a-b}{2a+3b}=-\dfrac{1}{4}$이므로

$2a+3b=4(a+b)$, $2a+3b=4a+4b$

$\therefore b=-2a$ $\qquad$ ⓛ

ⓛ을 $(a+2b)x+(2b-a)>0$에 대입하면

$(a-4a)x+(-4a-a)>0$, $-3ax>5a$

이때 ⓛ을 ⊙에 대입하면

$2a-6a<0$, $-4a<0$ $\therefore a>0$

$-3ax>5a$에서 $a>0$이므로

$x<\dfrac{5a}{-3a}$ $\therefore x<-\dfrac{5}{3}$

24 $(a-1)x>b$의 해가 $x<\dfrac{1}{3}$로 부등호의 방향이 바뀌었

으므로 $a-1<0$이다.

$(a-1)x>b$에서 $x<\dfrac{b}{a-1}$이므로 $\dfrac{b}{a-1}=\dfrac{1}{3}$

$\therefore a-1=3b$ $\qquad$ ⊙

이때 $a-1<0$이므로 $3b<0$ $\therefore b<0$

또 주어진 조건에서 $b^2=1$이므로

$b=-1$ $(\because b<0)$

$b=-1$을 ⊙에 대입하면

$a-1=-3$ $\therefore a=-2$

$\therefore a+b=-2+(-1)=-3$

25 $ax+5>bx+9$에서 $(a-b)x>4$

이때 $a=b$이므로 $0\times x>4$

따라서 주어진 부등식을 만족시키는 해가 없다.

26 $ax-1>4x+3a$에서 $(a-4)x>3a+1$

부등식의 해가 없으므로 위의 부등식은

$0\times x>(0$ 또는 양수$)$의 꼴이어야 한다.

따라서 $a-4=0$이고 $3a+1\geq0$이므로

$a=4$

27 $a(x+2)<5x+3$에서

$ax+2a<5x+3$

$\therefore (a-5)x<3-2a$

부등식을 만족시키는 해가 없으려면 위의 부등식은

$0\times x<(0$ 또는 음수$)$의 꼴이어야 한다.

따라서 $a-5=0$이고 $3-2a\leq0$이므로

$a=5$

28 $ax-1<3x+b$에서 $(a-3)x<b+1$

부등식을 만족시키는 해가 모든 수이려면 위의 부등식은

$0\times x<($양수$)$의 꼴이어야 한다.

따라서 $a-3=0$, $b+1>0$이므로

$a=3$, $b>-1$

29 $ax-4\leq b(x-2)$에서 $ax-4\leq bx-2b$

$\therefore (a-b)x\leq4-2b$ $\qquad$ ⊙

① [반례] $a=1$, $b=0$이면 ⊙에서 $x\leq4$이므로 부등식을 만

족시키는 자연수 x가 존재한다.

② $a<b$이면 $a-b<0$이므로 ⊙에서 $x\geq\dfrac{4-2b}{a-b}$

③ $a>b$이면 $a-b>0$이므로 ⊙에서 $x\leq\dfrac{4-2b}{a-b}$

④ $a=b$이면 $a-b=0$, $b\leq2$이면 $4-2b\geq0$이므로

⊙은 $0\times x\leq(0$ 또는 양수$)$의 꼴이 된다.

따라서 해는 모든 수이다.

⑤ $a=b$이면 $a-b=0$, $b>2$이면 $4-2b<0$이므로

⊙은 $0\times x\leq($음수$)$의 꼴이 된다.

따라서 해가 없다.

30 $2ax-8<0$에서 $2ax<8$ $\therefore ax<4$

주어진 부등식의 해가 $x>-4$로 부등호의 방향이 바뀌었으

므로 $a<0$이다.

$ax<4$에서 $x>\dfrac{4}{a}$이므로 $\dfrac{4}{a}=-4$

$\therefore a=-1$

31 $ax+4<3x+2a$에서 $(a-3)x<2a-4$ $\qquad$ ⊙

주어진 부등식의 해가 $x>\dfrac{2a-4}{a-3}$로 부등호의 방향이 바뀌

었으므로 ⊙에서 x의 계수 $a-3<0$이다.

$\therefore a<3$

32 $x-3\geq4x-3$에서 $-3x\geq0$ $\therefore x\leq0$

$a-4x\geq-3x+6$에서

$-x\geq6-a$ $\therefore x\leq a-6$

두 일차부등식의 해 $x\leq0$과 $x\leq a-6$이 서로 같으므로

$a-6=0$ $\therefore a=6$

33 $\dfrac{x}{6}<\dfrac{x}{2}+a$의 양변에 6을 곱하면

$x<3x+6a$, $2x>-6a$ $\therefore x>-3a$

$3(x-2)+a>2$, $3x-6+a>2$, $3x>8-a$

$\therefore x>\dfrac{8-a}{3}$

해가 서로 같으므로 $-3a=\dfrac{8-a}{3}$, $-9a=8-a$, $8a=-8$

$\therefore a=-1$

34 $\dfrac{1}{2}x-1\ge\dfrac{3}{4}x+2$의 양변에 분모의 최소공배수 4를 곱하면

$2x-4\ge3x+8$, $-x\ge12$ $\qquad\therefore x\le-12$

따라서 $ax-1\ge2$, 즉 $ax\ge3$의 해는 $x\le-12$이다.

이때 해의 부등호의 방향이 바뀌었으므로 $a<0$이다.

$ax\ge3$에서 $x\le\dfrac{3}{a}$이므로 $\dfrac{3}{a}=-12$

$\therefore a=-\dfrac{1}{4}$

35 $0.3x-0.2(x-4)>0.4$의 양변에 10을 곱하면

$3x-2(x-4)>4$, $3x-2x+8>4$

$\therefore x>-4$

$5x-a>-3+2x$에서

$3x>a-3$ $\qquad\therefore x>\dfrac{a-3}{3}$

두 일차부등식의 해가 서로 같으므로

$\dfrac{a-3}{3}=-4$, $a-3=-12$

$\therefore a=-9$

36 $x-a>2x$에서 $-x>a$ $\qquad\therefore x<-a$

이 부등식을 만족시키는 자연수 x가 1개이므로 $-a$는 다음 그림과 같이 1과 2 사이의 값이 되어야 한다.

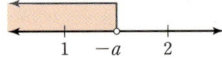

$-a=1$이면 $x<1$이므로 부등식을 만족시키는 자연수가 없다.

$-a=2$이면 $x<2$이므로 부등식을 만족시키는 자연수가 1개이다.

따라서 $1<-a\le2$이므로

$-2\le a<-1$

37 $2(x-a)<x-a+1$에서

$2x-2a<x-a+1$ $\qquad\therefore x<a+1$

이 부등식을 만족시키는 자연수 x가 1개이므로 $a+1$은 다음 그림과 같이 1과 2 사이의 값이 되어야 한다.

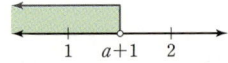

$a+1=1$이면 $x<1$이므로 부등식을 만족시키는 자연수가 없다.

$a+1=2$이면 $x<2$이므로 부등식을 만족시키는 자연수가 1개이다.

따라서 $1<a+1\le2$이므로 $0<a\le1$

38 일차부등식을 풀면

$4(x-a)\ge5x+2$에서 $4x-4a\ge5x+2$

$-x\ge4a+2$ $\qquad\therefore x\le-4a-2$ $\qquad$ …… ㉠

즉, 부등식 ㉠을 만족시키는 자연수 x가 5개이므로 $-4a-2$는 다음 그림과 같이 5와 6 사이의 값이 되어야 한다.

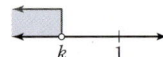

$-4a-2=5$이면 $x\le5$이므로 부등식을 만족시키는 자연수가 5개이다.

$-4a-2=6$이면 $x\le6$이므로 부등식을 만족시키는 자연수가 6개가 되어 성립하지 않는다.

따라서 $5\le-4a-2<6$이므로 $7\le-4a<8$

$\therefore -2<a\le-\dfrac{7}{4}$

39 $-3(x+2)+3>-3(k+1)$에서

$-3x-6+3>-3k-3$, $-3x>-3k$

$\therefore x<k$

이 부등식을 만족시키는 자연수 x가 존재하지 않으려면 k는 다음 그림과 같이 1보다 작은 값이 되어야 한다.

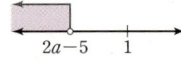

이때 $k=1$이면 $x<1$이므로 성립한다.

따라서 구하는 k의 값의 범위는 $k\le1$

그러므로 k의 값이 될 수 없는 것은 ⑤이다.

40 일차부등식을 풀면

$\dfrac{3x-5}{2}>2x-a$에서 $3x-5>4x-2a$

$-x>5-2a$ $\qquad\therefore x<2a-5$

$x<2a-5$를 만족시키는 자연수 x가 없어야 한다.

따라서 $2a-5$가 다음 그림과 같이 1보다 작은 값이 되어야 한다.

$2a-5=1$이면 $x<1$이므로 부등식을 만족시키는 자연수가 없다.

즉, $2a-5\le1$이므로 $2a\le6$ $\qquad\therefore a\le3$

이를 만족시키는 자연수 a는 1, 2, 3이므로 구하는 합은

$1+2+3=6$

② 부등식의 활용

주제별 실력다지기

61~71쪽

01 ③	02 ⑤	03 ③	04 ②
05 ②	06 4 km	07 4시간	
08 200 g	09 ②	10 100 g	
11 500 g	12 300 g	13 2개월 후	14 ⑤
15 13750원	16 15000원	17 20 %	18 6개
19 ④	20 ③	21 ④	22 ②
23 ③	24 4.4 km	25 38명	26 17
27 ②	28 ④	29 6송이	30 ①
31 ③	32 ③	33 1	
34 20 cm	35 ④	36 $0 < x < 25$	
37 ⑤	38 $6\,cm \leq \overline{AB} \leq 8\,cm$		39 88점
40 ①	41 ⑤	42 ④	
43 90분 초과 100분 이하		44 6명	45 ③

01 x km까지 올라갔다 내려온다고 하면
(올라갈 때 걸리는 시간)+(내려올 때 걸리는 시간)
$$\leq (3시간\ 30분)$$
이므로 $\dfrac{x}{3}+\dfrac{x}{4} \leq \dfrac{7}{2}$
$4x+3x \leq 42$, $7x \leq 42$ ∴ $x \leq 6$
따라서 최대 6 km까지 올라갔다 내려올 수 있다.

02 집에서 x km 떨어진 곳까지 갔다온다고 하면
(갈 때 걸리는 시간)+(올 때 걸리는 시간)≤(2시간 15분)
이므로 $\dfrac{x}{3}+\dfrac{x}{2} \leq \dfrac{9}{4}$
$4x+6x \leq 27$, $10x \leq 27$ ∴ $x \leq 2.7$
따라서 집에서 최대 2.7 km 떨어진 곳까지 갔다올 수 있다.

03 식당까지의 거리를 x km라 하면

(식당까지 갈 때 걸리는 시간)+(점심 먹는 시간)
$$+(올\ 때\ 걸리는\ 시간)\leq(1시간\ 반)$$
이므로 $\dfrac{x}{3}+\dfrac{1}{2}+\dfrac{x}{3} \leq \dfrac{3}{2}$
$2x+3+2x \leq 9$, $4x \leq 6$ ∴ $x \leq 1.5$
따라서 극장에서 1.5 km 이내의 식당을 이용해야 한다.

04 고속버스 터미널에서 식당까지의 거리를 x km라 하면
(식당까지 가는 시간)+(밥을 먹는 시간)
$$+(터미널로\ 오는\ 시간)\leq(2시간)$$
이므로 $\dfrac{x}{5}+\dfrac{3}{4}+\dfrac{x}{5} \leq 2$
$4x+15+4x \leq 40$, $8x \leq 25$ ∴ $x \leq \dfrac{25}{8}$
따라서 고속버스 터미널에서 $\dfrac{25}{8}$ km 이내의 식당을 이용할 수 있다.

05 시속 3 km로 걸어간 거리를 x km라 하면 시속 5 km로 뛰어간 거리는 $(12-x)$ km이다.
(시속 3 km로 걸어간 시간)+(시속 5 km로 뛰어간 시간)
$$\leq(3시간)$$
이므로 $\dfrac{x}{3}+\dfrac{12-x}{5} \leq 3$
$5x+3(12-x) \leq 45$
$5x+36-3x \leq 45$, $2x \leq 9$ ∴ $x \leq 4.5$
따라서 A지점으로부터 최대 4.5 km까지 시속 3 km로 걸을 수 있다.

06 시속 4 km로 걸은 거리를 x km라 하면 시속 3 km로 걸은 거리는 $(10-x)$ km이므로
(시속 3 km로 걸은 시간)+(시속 4 km로 걸은 시간)
$$\leq(3시간)$$
이므로 $\dfrac{10-x}{3}+\dfrac{x}{4} \leq 3$
$4(10-x)+3x \leq 36$, $-x \leq -4$ ∴ $x \geq 4$
따라서 시속 4 km로 걸은 거리는 4 km 이상이다.

07 도서관까지의 거리를 x km라 하면
(갈 때 걸리는 시간)-(올 때 걸리는 시간)≥(30분)
이므로 $\dfrac{x}{3}-\dfrac{x}{4} \geq \dfrac{1}{2}$
$4x-3x \geq 6$ ∴ $x \geq 6$
따라서 도서관까지의 최소 거리는 6 km이다.
그러므로 도서관까지 갈 때와 돌아올 때 모두 시속 3 km로 걸었을 때 걸리는 최소 시간은
$\dfrac{6}{3}+\dfrac{6}{3}=2+2=4(시간)$

08 7 %의 소금물의 양을 x g이라 하면 전체 소금의 양은

$\dfrac{3}{100} \times 200 + \dfrac{7}{100} \times x = 6 + 0.07x$ (g)

섞은 후의 소금물의 양은 $(200+x)$ g이므로

$\dfrac{6+0.07x}{200+x} \times 100 \geq 5$

$100(6+0.07x) \geq 5(200+x)$

$600 + 7x \geq 1000 + 5x$

$2x \geq 400$ $\quad \therefore x \geq 200$

따라서 7 %의 소금물은 200 g 이상 섞어야 한다.

09 16 %의 소금물의 양을 x g이라 하면 전체 소금의 양은

$\dfrac{10}{100} \times 200 + \dfrac{16}{100} \times x = 20 + 0.16x$ (g)

섞은 후의 소금물의 양은 $(200+x)$ g이므로

$\dfrac{20+0.16x}{200+x} \times 100 \geq 12$

$100(20+0.16x) \geq 12(200+x)$

$2000 + 16x \geq 2400 + 12x, \ 4x \geq 400$

$\therefore x \geq 100$

따라서 16 %의 소금물은 100 g 이상 섞었다.

10 4 %의 소금물 300 g에 들어 있는 소금의 양은

$\dfrac{4}{100} \times 300 = 12$ (g)

증발시킬 물의 양을 x g이라 하면

$\dfrac{12}{300-x} \times 100 \geq 6$

$1200 \geq 6(300-x)$

$1200 \geq 1800 - 6x, \ 6x \geq 600$

$\therefore x \geq 100$

따라서 100 g 이상의 물을 증발시켜야 6 % 이상의 소금물이 된다.

11 10 %의 소금물 500 g에 들어 있는 소금의 양은

$\dfrac{10}{100} \times 500 = 50$ (g)

더 넣는 물의 양을 x g이라 하면 물을 더 넣어도 소금의 양은 변하지 않으므로

$\dfrac{50}{500+x} \times 100 \leq 5$

$5000 \leq 5(500+x)$

$1000 \leq 500 + x$ $\quad \therefore x \geq 500$

따라서 최소 500 g의 물을 더 넣어야 한다.

12 더 넣어야 할 소금의 양을 x g이라 하면

$\dfrac{90+x}{1000+x} \times 100 \geq 30$

$100(90+x) \geq 30(1000+x)$

$9000 + 100x \geq 30000 + 30x$

$70x \geq 21000$ $\quad \therefore x \geq 300$

따라서 300 g 이상의 소금을 더 넣어야 한다.

13 x개월 후 언니의 예금액은 $(30000+6000x)$원, 동생의 예금액은 $(12000+5000x)$원이므로

$(30000+6000x) - (12000+5000x) \geq 20000$

$1000x \geq 2000$ $\quad \therefore x \geq 2$

따라서 언니와 동생의 예금액의 차가 20000원 이상이 되는 것은 2개월 후부터이다.

14 야구 모자의 정가를 x원이라 하면

(정가의 1할을 할인한 금액) − (원가) ≥ (원가의 1할 5푼)

이어야 하므로

$0.9x - 7200 \geq 7200 \times 0.15$

$0.9x \geq 1080 + 7200, \ 0.9x \geq 8280$

$\therefore x \geq 9200$

따라서 모자의 정가를 9200원 이상으로 정해야 한다.

15 옷의 정가를 x원이라 하면

(정가의 20 %를 할인한 금액) − (원가) ≥ (원가의 10 %)

이어야 하므로

$0.8x - 10000 \geq 10000 \times 0.1$

$0.8x \geq 11000$ $\quad \therefore x \geq 13750$

따라서 정가를 13750원 이상으로 정해야 한다.

16 꽃다발의 원가를 x원이라 하면

(원가에 3할의 이익을 붙인 정가) − 1500 − (원가)

$\geq$ (원가의 20 %)

이어야 하므로

$1.3x - 1500 - x \geq 0.2x$

$0.1x \geq 1500$ $\quad \therefore x \geq 15000$

따라서 원가의 최솟값은 15000원이다.

17 원가를 a원이라 하면 25 %의 이익을 붙여 정가를 정하므로

(정가) $= a\left(1 + \dfrac{25}{100}\right) = 1.25a$(원)

또한, 정가에서 x % 할인한다고 하면 손해보지 않아야 하므로 (정가에서 x % 할인한 금액) ≥ (원가)이어야 한다.

$1.25a \times \left(1 - \dfrac{x}{100}\right) \geq a, \ 1.25\left(1 - \dfrac{x}{100}\right) \geq 1$

$125\left(1 - \dfrac{x}{100}\right) \geq 100, \ 125 - \dfrac{5}{4}x \geq 100$

$-\dfrac{5}{4}x \geq -25 \qquad \therefore x \leq 20$

따라서 손해를 보지 않으려면 최대 20 %까지 할인할 수 있다.

18 컵을 x개 산다고 하면 동네 가게에서 살 때의 비용은 $6500x$원이고, 인터넷 쇼핑몰에서 살 때의 비용은 $(2500+6000x)$원이므로

$6500x > 2500+6000x$

$500x > 2500 \qquad \therefore x > 5$

따라서 컵을 6개 이상 살 때, 인터넷 쇼핑몰에서 사는 것이 유리하다.

19 1년에 x편의 프로그램을 다시 본다고 하면 비회원일 때 다시 보기 비용은 $500x$원이고, 회원일 때 다시 보기 비용은 $(2000+500 \times 0.9 \times x)$원이므로

$500x > 2000+450x,\ 50x > 2000$

$\therefore x > 40$

따라서 1년에 41편 이상 다시 보기를 할 때, 회원 가입을 하는 것이 유리하다.

20 x권을 빌린다고 하면

(기본 회비)+(할인된 대여료)<(일반 대여료)이어야 기본 회비를 내는 것이 유리하므로

$10000+500x < 1000x$

$-500x < -10000$

$\therefore x > 20$

따라서 21권 이상 빌려야 기본 회비를 내는 것이 유리하다.

21 한 달 평균 이동전화 사용 시간을 x분이라 하면

$15000+180x > 18000+120x$

$60x > 3000 \qquad \therefore x > 50$

따라서 한 달 평균 이동전화 사용 시간이 50분 초과일 때, B 요금제가 유리하다.

22 x명의 학생이 미술관을 관람한다고 하면

(30명의 단체 요금)<(x명의 요금 총액)이어야 단체 요금을 내는 것이 유리하므로

$6000 \times 0.8 \times 30 < 6000x$

$0.8 \times 30 < x$

$\therefore x > 24$

따라서 25명 이상이면 30명의 단체 요금을 내는 것이 유리하다.

23 입장객 수를 x명이라 하면

(30명의 단체권 요금)<(x명의 입장료)이므로

$30 \times 14000 \times 0.7 < 14000x$

$30 \times 0.7 < x \qquad \therefore x > 21$

따라서 22명 이상이면 단체권을 사는 것이 유리하다.

24 4명이 버스를 탔을 때 요금은 $900 \times 4 = 3600$(원)

4명이 택시를 타고 x km를 간다면 1 km마다 요금이 500원씩 오르므로 택시비는 $2400+500(x-2)$원이다.

$3600 > 2400+500(x-2)$

$1200 > 500(x-2)$

$x-2 < \dfrac{12}{5} \qquad \therefore x < \dfrac{22}{5} = 4.4$

따라서 4.4 km 미만까지는 택시를 타는 것이 유리하다.

25 1인당 티켓 요금을 a원이라 하고, 20명 이상 40명 미만인 관객을 x명이라 하면 티켓 요금은 $(x \times a \times 0.85)$원이고, 40명의 단체 티켓 요금은 $(40 \times a \times 0.8)$원이므로

$0.85ax > 40a \times 0.8,\ 0.85ax > 32a$

$\therefore x > \dfrac{640}{17} = 37.647\cdots$

따라서 38명 이상일 때, 40명의 단체 티켓을 사는 것이 유리하다.

26 처음 두 자리의 자연수의 십의 자리의 숫자를 x라 하면 일의 자리의 숫자는 $8-x$이다.

처음 수는 $10x+(8-x)$이고, 십의 자리의 숫자와 일의 자리의 숫자를 바꾼 수는 $10(8-x)+x$이므로

$3\{10x+(8-x)\} < 10(8-x)+x$

$3(9x+8) < 80-10x+x,\ 27x+24 < 80-9x$

$36x < 56 \qquad \therefore x < \dfrac{14}{9} = 1.555\cdots$

따라서 부등식을 만족시키는 자연수 x는 1이므로 처음 자연수는 17이다.

27 현석이의 나이를 x세라 하면 (가)에서 성희의 나이는 $(5x-35)$세이다.

(나)에서 $4x \geq (5x-35)+5$

$-x \geq -30 \qquad \therefore x \leq 30$

따라서 현석이의 나이는 최대 30세이다.

28 빵을 x개 산다고 하면 우유는 $(20-x)$개를 살 수 있고 (전체 가격)≤ 9000이므로

$500x+300(20-x) \leq 9000$

$200x \leq 3000 \qquad \therefore x \leq 15$

따라서 빵은 최대 15개까지 살 수 있다.

29 한 송이에 700원인 장미를 x송이 넣는다면 한 송이에 400원인 카네이션은 $(10-x)$송이 넣을 수 있으므로
$700x+400(10-x)<6000$
$700x+4000-400x<6000$
$300x<2000$ $\quad\therefore x<\dfrac{20}{3}=6.666\cdots$
따라서 장미는 최대 6송이까지 넣을 수 있다.

30 세로의 길이를 x m라 하면 가로의 길이는 $(x+14)$ m이고, 직사각형의 둘레의 길이는 $2(x+x+14)$ m이므로
$48\leq2(x+x+14)<56$
$24\leq2x+14<28$
$10\leq2x<14$
$\therefore 5\leq x<7$
따라서 세로의 길이는 5 m 이상 7 m 미만이다.

31 직사각형의 가로의 길이를 x라 하면 세로의 길이는 $x-3$이므로
$34\leq2(x+x-3)\leq36$, $17\leq2x-3\leq18$
$20\leq2x\leq21$ $\quad\therefore 10\leq x\leq\dfrac{21}{2}=10.5$
따라서 가로의 길이는 자연수이므로 10이다.

32 삼각형에서
(가장 긴 변의 길이)<(나머지 두 변의 길이의 합)이므로
$x+9<(x+1)+(x+3)$ $\quad\therefore x>5$

33 x가 자연수이므로 가장 긴 변의 길이는 $2x+1$이다.
삼각형에서 (가장 긴 변의 길이)<(나머지 두 변의 길이의 합)
이므로
$2x+1<2+(x+1)$, $2x+1<x+3$ $\quad\therefore x<2$
따라서 자연수 x는 1

34 (마름모의 넓이)$=\dfrac{1}{2}\times$(한 대각선의 길이)
$\times$(다른 대각선의 길이)
이므로 다른 대각선의 길이를 x cm라 하면
$\dfrac{1}{2}\times4\times x\leq40$, $2x\leq40$
$\therefore x\leq20$
따라서 다른 대각선의 길이의 최댓값은 20 cm이다.

35 사다리꼴의 넓이는 $\dfrac{1}{2}\times(9+x)\times4=2(9+x)$이므로
$2(9+x)\leq48$, $9+x\leq24$ $\quad\therefore x\leq15$

따라서 아랫변의 길이의 최댓값은 15 cm이다.

36 (사다리꼴의 넓이)
$=\dfrac{1}{2}\times\{$(윗변의 길이)$+$(아랫변의 길이)$\}\times$(높이)
이므로
$\dfrac{1}{2}\times(5+x)\times4<60$, $5+x<30$
$\therefore x<25$
또한, 변의 길이는 항상 양수이므로 $x>0$이다.
$\therefore 0<x<25$

37 물의 높이를 h cm라 하면
$5\times7\times h<300$, $35h<300$
$\therefore h<\dfrac{60}{7}=8.571\cdots$
따라서 물의 높이가 될 수 없는 것은 ⑤이다.

38 $\overline{\text{AB}}$의 길이를 x cm라 하고, 변 CD를 회전축으로 하여 1회전하면 밑면의 반지름의 길이가 5 cm이고 높이가 x cm인 원기둥이 만들어진다.
$150\pi\leq\pi\times5^2\times x\leq200\pi$
$\therefore 6\leq x\leq8$
$\therefore 6\text{ cm}\leq\overline{\text{AB}}\leq8\text{ cm}$

39 네 번째 수학 시험 점수를 x점이라 하면
$\dfrac{70+86+76+x}{4}\geq80$
$232+x\geq320$
$\therefore x\geq88$
따라서 평균이 80점 이상이 되려면 네 번째 수학 시험에서 88점 이상을 받아야 한다.

40 다섯 번째 시험 점수를 x점이라 하면
$80\leq\dfrac{84+86+83+72+x}{5}<82$
$80\leq\dfrac{325+x}{5}<82$
$400\leq325+x<410$
$\therefore 75\leq x<85$
따라서 다섯 번째 시험에서 최소 75점을 받아야 한다.

41 15장 외에 x장을 더 뽑는다고 하면 사진은 총 $(15+x)$장이고, 전체 가격은 $(8000+300x)$원이므로
$\dfrac{8000+300x}{15+x}\leq400$, $8000+300x\leq400(15+x)$
$80+3x\leq4(15+x)$, $-x\leq-20$

$\therefore x \geq 20$

따라서 $15+x \geq 35$이므로 사진을 35장 이상 뽑으면 1장당 가격이 400원 이하이다.

42 키가 1.7 m인 남자의 표준 몸무게는
$1.7 \times 1.7 \times 22 = 63.58 \,(\text{kg})$
키가 170 cm인 남자의 몸무게를 x kg이라 하면
$\dfrac{x}{63.58} \times 100 \geq 120 \qquad \therefore x \geq 76.296$
따라서 몸무게가 76.3 kg 이상이면 비만이다.

43 지불한 주차 요금 4000원 중 2000원은 60분에 대한 기본 요금이고, 나머지 2000원은 60분이 초과한 시간에 대한 요금이다.
주차 시간에서 60분을 뺀 시간을 x분이라 하면
$30 < x \leq 40$
전체 주차 시간은 $30+60 < x+60 \leq 40+60$
$\therefore 90(\text{분}) < (\text{주차 시간}) \leq 100(\text{분})$
따라서 상범이는 90분 초과 100분 이하 동안 주차했다.

44 음식점을 이용하는 사람 수를 x라 할 때, VIP 카드를 이용할 경우 드는 비용은
$5000 + 15000 \times x \times \dfrac{4}{5} = 5000 + 12000x$
일반카드를 이용할 경우 드는 비용은
$(15000-2000)x = 13000x$
$5000 + 12000x < 13000x,\ 1000x > 5000 \qquad \therefore x > 5$
따라서 VIP 카드로 할인 혜택을 받는 것이 더 유리한 최소 인원은 6명

45 전체 일의 양을 1이라 하면 남자 1명, 여자 1명이 하루에 할 수 있는 일의 양은 각각 $\dfrac{1}{8}$, $\dfrac{1}{12}$이다.
남자가 x명이라면 여자는 $(9-x)$명이므로
$\dfrac{1}{8}x + \dfrac{1}{12}(9-x) \geq 1,\ 3x + 2(9-x) \geq 24$
$\therefore x \geq 6$
따라서 남자는 최소 6명이 필요하다.

Ⅱ 부등식

단원 종합 문제

72~76쪽

01 ②	02 ③, ⑤	03 -6	04 ⑤
05 ②	06 ②	07 $x \leq -3a$	08 ⑤
09 9	10 ㄴ, ㄹ, ㅂ	11 ⑤	12 ③
13 ⑤	14 100 m	15 360 m	16 ④
17 450 g	18 7개	19 ⑤	20 ③
21 ③	22 ㄴ	23 14	
24 3등분	25 12개		

01 ② $b+3 \leq 8$

02 ① $a>b$에서 $a+1>b+1$
② $a>b$에서 $\dfrac{5}{3}a > \dfrac{5}{3}b$
　　$\therefore \dfrac{5}{3}a-1 > \dfrac{5}{3}b-1$
③ $a>b$에서 $a-3>b-3$
④ $a>b$에서 $-\dfrac{a}{2} < -\dfrac{b}{2}$
　　$\therefore -\dfrac{a}{2}+\dfrac{1}{5} < -\dfrac{b}{2}+\dfrac{1}{5}$
⑤ $a>b$에서 $-a<-b$
　　$\therefore 3-a < 3-b$

03 $-5 \leq -x-2 < 7$에서
$-5+2 \leq (-x-2)+2 < 7+2$
$-3 \leq -x < 9$
각 변에 -1을 곱하면 $-9 < x \leq 3$
따라서 $a=-9$, $b=3$이므로
$a+b = -9+3 = -6$

04 $3x-1 < x+5$에서 $2x < 6 \qquad \therefore x < 3$
$4x-2 \leq 7x-8$에서 $-3x \leq -6 \qquad \therefore x \geq 2$
따라서 $a=3$, $b=2$이므로 $ab=6$

05 $2(2x-1) < 3x+2,\ 4x-2 < 3x+2$에서

$x<4$이므로 이를 만족시키는 자연수는 1, 2, 3이고, 개수는 3이다.

06 $\frac{2x-1}{3}-\frac{5x-3}{4}>1$의 양변에 각각 12를 곱하여 풀면

$4(2x-1)-3(5x-3)>12$에서

$8x-4-15x+9>12$, $-7x>7$, $x<-1$

따라서 이를 만족시키는 가장 큰 정수는 -2이다.

07 $a<0$에서 $-a>0$이므로

$-\frac{x}{a}\leq3$의 양변에 $-a$를 곱하면 $x\leq-3a$

08 $3-2ax>x-6a$에서

$(-2a-1)x>-6a-3$, $(2a+1)x<3(2a+1)$

이때 $a<-1$이므로 $2a<-2$, $2a+1<-1$에서

$x>3$

09 $\frac{5}{4}(x-a)\leq6-\frac{a}{2}x$의 양변에 각각 4를 곱하여 풀면

$5(x-a)\leq24-2ax$에서 $(5+2a)x\leq24+5a$

그런데 이 부등식의 해가 $x\leq3$이므로 부등호의 방향이 같다.

그러므로 $5+2a>0$에서 $a>-\frac{5}{2}$ …… ㉠

따라서 $x\leq\frac{24+5a}{5+2a}$이므로 $\frac{24+5a}{5+2a}=3$에서

$24+5a=3(5+2a)$, $a=9$이고, 이것은 ㉠을 만족시키므로 상수 a의 값은 9이다.

10 ㄱ. $a=-3$, $b=1$, $c=2$일 때, $a<0<b<c$이지만 $1^2<2^2<(-3)^2$이므로 $b^2<c^2<a^2$이다.

ㄴ. $b<c$의 양변에 각각 -1을 곱하면 $-b>-c$이고, 양변에 각각 a를 더하면 $a-b>a-c$이므로 $a-c<a-b$이다.

ㄷ. $b<c$의 양변에서 각각 a를 빼면
$-a+b<-a+c$

ㄹ. $a<0$, $b>0$이므로 $a-b<0$, $-a+b>0$이다.
따라서 $a-b<-a+b$이고, 양변에서 각각 c를 빼면
$a-b-c<-a+b-c$

ㅁ. $b<c$의 양변을 각각 a로 나누면 $a<0$이므로
$\frac{b}{a}>\frac{c}{a}$

ㅂ. $0<b<c$이므로 $\frac{1}{b}>\frac{1}{c}$이고, 양변에서 각각 3을 빼면
$\frac{1}{b}-3>\frac{1}{c}-3$

따라서 항상 옳은 것은 ㄴ, ㄹ, ㅂ이다.

11 $7-3x\leq5x-a$를 정리하면 $-8x\leq-a-7$에서

$x\geq\frac{a+7}{8}$이고,

이 부등식의 해 중에서 가장 작은 수가 2이므로

$\frac{a+7}{8}=2$에서 $a+7=16$ $\therefore a=9$

12 $(a-1)x+3<a$에서 $(a-1)x<a-3$이므로 부등식의 해가 없으려면 $0\times x<(0$ 또는 음수$)$이어야 한다.

따라서 $a-1=0$에서 $a=1$이고,

이때 이 부등식은 $0\times x<-2$가 되어 부등식의 해는 없다.

13 $\triangle APQ=\square ABCD-\triangle ABQ-\triangle APD-\triangle CPQ$

$\qquad=20^2-\frac{1}{2}\{20x+20\times6+14\times(20-x)\}$

$\qquad=400-\frac{1}{2}(20x+120+280-14x)$

$\qquad=400-\frac{1}{2}(6x+400)$

$\qquad=400-3x-200=200-3x$

따라서 문제의 뜻에 따라

$200-3x\leq400\times\frac{2}{5}$, $3x\geq40$,

$x\geq\frac{40}{3}$ $\therefore x\geq13.333\cdots$

그러므로 x의 값으로 적당한 것은 ⑤

14 분속 20 m로 걸은 거리를 x m라 하면 분속 80 m로 뛴 거리는 $(900-x)$ m이다.

$\frac{x}{20}+\frac{900-x}{80}\leq15$에서 $4x+900-x\leq1200$

$3x\leq300$ $\therefore x\leq100$

따라서 분속 20 m로 걸어간 거리는 100 m 이하이다.

15 문구점에서 집까지의 거리를 x m라 하면

(갈 때 걸리는 시간)+(색연필을 사는 시간)
$\qquad\qquad\qquad\qquad$+(올 때 걸리는 시간)$\leq(40$분$)$

이므로 $\frac{x}{30}+10+\frac{x}{20}\leq40$

$2x+600+3x\leq2400$, $5x\leq1800$ $\therefore x\leq360$

따라서 문구점은 집에서 360 m 이내에 있다.

16 역에서 상점까지의 거리를 x km라 하면

$\frac{x}{4}+\frac{20}{60}+\frac{x}{4}\leq1$이고, 양변에 각각 12를 곱하여 풀면

$3x+4+3x\leq12$에서

$6x\leq8$ $\therefore x\leq\frac{4}{3}$

따라서 역에서 $\frac{4}{3}$ km 이내에 있는 상점을 이용해야 한다.

17 8 %의 소금물의 양을 x g이라 하면 전체 소금의 양은

$$\frac{12}{100}\times450+\frac{8}{100}\times x=54+0.08x\ (g)$$

섞은 후의 소금물의 양은 $(450+x)$ g이고,

(섞은 후의 소금물의 농도)$\le$($10\ \%$)이므로

$$\frac{54+0.08x}{450+x}\times100\le10$$

$$100(54+0.08x)\le10(450+x)$$

$$5400+8x\le4500+10x$$

$$-2x\le-900\qquad\therefore x\ge450$$

따라서 8 %의 소금물을 450 g 이상 섞어야 한다.

18 과자를 x개 산다고 하면 사탕과 과자를 모두 합하여 12개를 사야 하므로 살 수 있는 사탕의 개수는 $(12-x)$이다.

$200(12-x)+500x\le4500$을 풀면

$$2400-200x+500x\le4500$$

$$300x\le2100\qquad\therefore x\le7$$

따라서 과자를 최대 7개까지 살 수 있다.

19 책을 x권(단, $x>3$) 빌린다고 하면

$7000\le5000+800(x-3)\le9000$에서

$$7000\le5000+800x-2400\le9000$$

$$4400\le800x\le6400\qquad\therefore \frac{11}{2}\le x\le8$$

따라서 6권 이상 8권 이하의 책을 빌릴 수 있다.

20 입장객의 수를 x명이라 하면

(50명의 단체 입장료)$<$(x명의 입장료)이어야 하므로

$$6000\times0.75\times50<6000x,\ 0.75\times50<x$$

$$\therefore x>37.5$$

따라서 38명 이상이 입장할 때, 50명의 단체 입장권을 사는 것이 유리하다.

21 도시락의 정가를 x원이라 하면

(정가의 20 %를 할인한 금액)$-$(원가)$\ge$(원가의 10 %)

이므로 $0.8x-4000\ge4000\times0.1$

$$0.8x\ge4400\qquad\therefore x\ge5500$$

따라서 도시락의 정가를 5500원 이상으로 정해야 한다.

22 ㄱ. $a>0$, $b<0$, $a+b<0$이므로 $|a|<|b|$,

즉 $|a|^2<|b|^2$

따라서 $a^2<b^2$ $\therefore a^2-b^2<0$

ㄴ. $a^2b-ab^2=ab(a-b)$, $a>0$, $b<0$이므로 $a-b>0$

따라서 $ab(a-b)<0$ $\therefore a^2b-ab^2<0$

ㄷ. $a>0$이므로 $a^3>0$, $b<0$이므로 $b^3<0$

$\therefore a^3-b^3>0$

따라서 옳은 것은 ㄴ

23 $3<\left[\dfrac{x-5}{4}\right]<6$이므로 $\left[\dfrac{x-5}{4}\right]=4$ 또는 5

따라서 $3.5\le\dfrac{x-5}{4}<5.5$이므로

$$14\le x-5<22,\ 19\le x<27$$

이를 만족시키는 정수 x의 개수는 8개

$5<\left\langle\dfrac{y-4}{3}\right\rangle<8$이므로 $\left\langle\dfrac{y-4}{3}\right\rangle=6$ 또는 7

따라서 $5<\dfrac{y-4}{3}\le7$이므로

$$15<y-4\le21,\ 19<y\le25$$

이를 만족시키는 정수 y의 개수는 6개

따라서 구하는 값은 $8+6=14$

24 겉넓이는 $6a^2$, 부피는 a^3이므로 $6a^2\times2=a^3$

a^2이 양수이므로 양변을 a^2으로 나누면 $a=12$

가로, 세로, 높이를 모두 n등분하면 한 변의 길이가 $\dfrac{12}{n}$인 정육면체 n^3개가 만들어지므로

겉넓이의 합은 $n^3\times\left\{6\times\left(\dfrac{12}{n}\right)^2\right\}$이고 전체 부피는 12^3이다.

작은 정육면체의 겉넓이의 합 S가 전체 부피의 합 V보다 크려면

$$n^3\times\left\{6\times\left(\dfrac{12}{n}\right)^2\right\}>12^3,\ n^3\times6\times\dfrac{12^2}{n^2}>12^3$$

양변을 12^2으로 나누면 $n\times6>12$ $\therefore n>2$

따라서 작은 정육면체의 겉넓이의 합 S가 전체 부피의 합 V보다 크려면 최소한 3등분하여야 한다.

25 한 개의 수문에서 1분 동안 흘려보내는 물의 양을 p톤이라 하면 15개의 수문으로 10분 만에 모두 흘려보냈으므로

$$5000+200\times10=15\times p\times10,\ 150p=7000$$

$$\therefore p=\frac{140}{3}$$

즉, 한 개의 수문에서 1분 동안 $\dfrac{140}{3}$톤의 물을 흘려보낸다.

7500톤의 물과 매분 300톤의 비율로 유입되는 물을 x개의 수문을 열어 30분 이내에 모두 흘려보낸다고 하면

$$x\times\frac{140}{3}\times30\ge7500+300\times30,\ 1400x\ge16500$$

$$\therefore x\ge\frac{165}{14}=11.785\cdots$$

따라서 물을 30분 이내에 모두 흘려보내기 위해 열어야 하는 최소한의 수문은 12개이다.

① 일차방정식과 연립방정식

주제별 실력다지기

81~96쪽

01 ②, ④　　**02** ①, ⑤　　**03** ④　　**04** ①

05 5　　**06** ③　　**07** 5

08 $(1, 3), (4, 2), (7, 1)$　　**09** $x=2, y=5$　**10** -2

11 $x=\dfrac{5}{2}$　　**12** -38　　**13** 4　　**14** ④

15 (1) $x=-1, y=6$　(2) $x=-2, y=\dfrac{5}{2}$

　　(3) $x=-10, y=-10$　(4) $x=-2, y=-1$

16 (1) $x=2, y=0$　(2) $x=4, y=13$　(3) $x=-1, y=-2$

　　(4) $x=-\dfrac{1}{3}, y=-3$

17 ①　　**18** ⑤　　**19** ③　　**20** ④

21 ④　　**22** -1　　**23** ③　　**24** ⑤

25 ④　　**26** -3　　**27** -2　　**28** ④

29 ①　　**30** ②　　**31** ②　　**32** ⑤

33 ②　　**34** ④　　**35** -1　　**36** ①

37 ③　　**38** ②　　**39** 14　　**40** ⑤

41 ③　　**42** ②

43 $x=-3, y=-\dfrac{1}{2}$

44 $m=-1, x=6, y=8$　　**45** $\dfrac{1}{10}$　　**46** ③

47 $x=1, y=-1$　　**48** -6　　**49** ①

50 10　　**51** ②　　**52** 18　　**53** ①

54 2　　**55** $x=\dfrac{4}{3}, y=-\dfrac{28}{15}$　　**56** 5

57 3　　**58** (1) 해가 없다. (2) 해가 무수히 많다.

59 ③　　**60** ⑤　　**61** ②　　**62** -3

63 ④　　**64** ④　　**65** ②　　**66** ②

67 -11　　**68** ④　　**69** ±3　　**70** -1

01 ② 분모에 미지수가 있으므로 일차방정식이 아니다.
③ 정리하면 $3x-y+9=0$이므로 x, y에 대한 일차방정식이다.
④ xy항은 x, y에 대하여 2차이므로 일차방정식이 아니다.
⑤ 정리하면 $x+y=0$이므로 x, y에 대한 일차방정식이다.

02 주어진 일차방정식을 정리하면 $(a^2-4)x+2y=0$
이 방정식이 미지수가 2개인 일차방정식이 되려면
$a^2-4\neq0$이므로 $a\neq-2, a\neq2$
따라서 a의 값으로 적당하지 않은 것은 ①, ⑤이다.

03 ① $y=\dfrac{5}{2}x$이므로 미지수가 2개인 일차방정식이다.
② $200x+500y=3600$이므로 미지수가 2개인 일차방정식이다.
③ $y\div x=6\cdots5$에서 $y=6x+5$이므로 미지수가 2개인 일차방정식이다.
④ $xy=90$이므로 일차방정식이 아니다.
⑤ $2x+3y=40$이므로 미지수가 2개인 일차방정식이다.

04 20 %의 소금물 x g에 녹아 있는 소금의 양은
$\left(\dfrac{20}{100}\times x\right)$ g
25 %의 소금물 y g에 녹아 있는 소금의 양은
$\left(\dfrac{25}{100}\times y\right)$ g
따라서 두 미지수 x, y에 대한 일차방정식으로 나타내면
$\dfrac{20}{100}x+\dfrac{25}{100}y=15$

05 $2x-y=3$을 y에 대하여 풀면 $y=2x-3$이므로
$x=2$일 때 $y=1$, $x=3$일 때 $y=3$, $x=4$일 때 $y=5$,
$x=5$일 때 $y=7$, $x=6$일 때 $y=9$이다.
따라서 구하는 순서쌍은 $(2, 1), (3, 3), (4, 5),$
$(5, 7), (6, 9)$이고, 개수는 5이다.

06 $y=15-3x$의 x에 자연수 1, 2, 3, 4, 5, …를 차례로 대입하여 y의 값을 구하면 다음 표와 같다.

x	1	2	3	4	5	…
y	12	9	6	3	0	…

이때 y도 자연수이므로 순서쌍 (x, y)는 $(1, 12), (2, 9),$
$(3, 6), (4, 3)$이고, 개수는 4이다.

07 $3x+2y=33$에서 $x=11-\dfrac{2}{3}y$　……㉠
x가 자연수이려면 y는 3의 배수이어야 하므로 ㉠의 y에 3, 6,

9, … 를 차례로 대입하여 x의 값을 구하면 다음 표와 같다.

x	9	7	5	3	1	-1	…
y	3	6	9	12	15	18	…

이때 x도 자연수이므로 구하는 순서쌍 (x, y)는 $(9, 3)$, $(7, 6)$, $(5, 9)$, $(3, 12)$, $(1, 15)$이고, 개수는 5이다.

08 $x \odot y = (5-y) \odot x$에서
$2x+y = 2(5-y)+x$, $x+3y=10$
$\therefore x = 10-3y$
y에 자연수 1, 2, 3, 4, … 를 차례로 대입하여 x의 값을 구하면 다음 표와 같다.

x	7	4	1	-2	…
y	1	2	3	4	…

이때 x도 자연수이므로 구하는 순서쌍 (x, y)는 $(7, 1)$, $(4, 2)$, $(1, 3)$이다.

09 (ⅰ) $x \geq 5$일 때
$2x-(x-5)=20-3y-2x$
$3x+3y=15$ $\therefore x+y=5$
그런데 $x \geq 5$이고 x, y는 모두 자연수이므로 주어진 식을 만족시키는 해는 없다.
(ⅱ) $x < 5$일 때
$2x-\{-(x-5)\}=20-3y-2x$
$2x+x-5=20-3y-2x$ $\therefore 5x+3y=25$
그런데 $x<5$이고 x, y는 모두 자연수이므로
$5x+3y=25$를 만족시키는 해는 $x=2$, $y=5$이다.

10 $3x+ay=1$에 $x=-2$, $y=1$을 대입하면
$-6+a=1$ $\therefore a=7$
$3x+7y=1$에 $x=b$, $y=4$를 대입하면
$3b+28=1$ $\therefore b=-9$
$\therefore a+b=7+(-9)=-2$

11 일차방정식 $(2b-3a)x-(2a-3b)y=0$의 해가
$x=-\dfrac{1}{2}$, $y=2$이므로 대입하면
$-b+\dfrac{3}{2}a-4a+6b=0$
$\dfrac{5}{2}a=5b$ $\therefore a=2b$
$a=2b$를 일차방정식 $ax-4b=3a-2bx$에 대입하면
$2bx-4b=3 \times 2b-2bx$, $4bx=10b$
이때 $a \neq 0$이므로 $b \neq 0$이다.
$\therefore x=\dfrac{10b}{4b}=\dfrac{5}{2}$

12 $x=1$, $y=\dfrac{a}{2}$를 주어진 일차방정식에 대입하면
$2(a^2+1)+4a\left(1-\dfrac{a}{2}\right)-3=0$, $4a-1=0$
$\therefore a=\dfrac{1}{4}$
$a=\dfrac{1}{4}$, $x=b$, $y=3$을 주어진 일차방정식에 대입하면
$2\left\{\left(\dfrac{1}{4}\right)^2+b\right\}+4 \times \dfrac{1}{4}(1-3)-3=0$
$\dfrac{1}{8}+2b-2-3=0$, $2b=\dfrac{39}{8}$ $\therefore b=\dfrac{39}{16}$
$\therefore 4a-16b=4 \times \dfrac{1}{4}-16 \times \dfrac{39}{16}$
$\qquad =1-39=-38$

13 $x=3$, $y=b$를 $4x-3y=6$에 대입하면
$12-3b=6$, $3b=6$ $\therefore b=2$
따라서 이 연립방정식의 해는 $x=3$, $y=2$이므로 방정식 $ax+y=8$에 대입해도 성립한다.
$3a+2=8$, $3a=6$ $\therefore a=2$
$\therefore ab=2 \times 2=4$

14 $x=-2$, $y=1$을 연립방정식의 두 일차방정식에 각각 대입하면
$2 \times (-2)-a=3$ $\therefore a=-7$
$-2b+3=5$ $\therefore b=-1$
$x=-2$, $y=1$은 일차방정식 $-7x-y=c$의 해이므로
$(-7) \times (-2)-1=c$ $\therefore c=13$

15 (1)
$$
\begin{array}{r}
x+y=\;\;\;5 \quad \cdots\cdots \text{㉠}\\
+)\;\;\underline{x-y=-7} \quad \cdots\cdots \text{㉡}\\
2x\;\;\;\;\;=-2 \quad \therefore x=-1
\end{array}
$$
$x=-1$을 ㉠에 대입하면
$-1+y=5$ $\therefore y=6$

(2)
$$
\begin{array}{r}
x+2y=\;\;\;3 \quad \cdots\cdots \text{㉠}\\
-)\;\;\underline{3x+2y=-1} \quad \cdots\cdots \text{㉡}\\
-2x\;\;\;\;\;=\;\;\;4 \quad \therefore x=-2
\end{array}
$$
$x=-2$를 ㉠에 대입하면
$-2+2y=3$ $\therefore y=\dfrac{5}{2}$

(3)
$$
\begin{array}{r}
3x-4y=10 \quad \cdots\cdots \text{㉠}\\
+)\;\;\underline{-3x+2y=10} \quad \cdots\cdots \text{㉡}\\
-2y=20 \quad \therefore y=-10
\end{array}
$$
$y=-10$을 ㉠에 대입하면
$3x+40=10$, $3x=-30$ $\therefore x=-10$

(4) $\begin{cases} -3x+2y=4 & \cdots\cdots \text{㉠} \\ 2x-7y=3 & \cdots\cdots \text{㉡} \end{cases}$

㉠×2+㉡×3을 하면

$$-6x+\ 4y=8$$
$$+\ )\ \ 6x-21y=9$$
$$\overline{\qquad\quad -17y=17}\qquad \therefore\ y=-1$$

$y=-1$을 ㉠에 대입하면

$$-3x-2=4,\ -3x=6\qquad \therefore\ x=-2$$

16 (1) $y=x-2$를 $5x-y=10$에 대입하면

$$5x-(x-2)=10,\ 4x=8\qquad \therefore\ x=2$$

$x=2$를 $y=x-2$에 대입하면 $y=0$

(2) $y=5x-7$을 $y=3x+1$에 대입하면

$$5x-7=3x+1,\ 2x=8\qquad \therefore\ x=4$$

$x=4$를 $y=3x+1$에 대입하면 $y=13$

(3) $x=2y+3$을 $3x=2y+1$에 대입하면

$$3(2y+3)=2y+1,\ 6y+9=2y+1$$
$$4y=-8\qquad \therefore\ y=-2$$

$y=-2$를 $x=2y+3$에 대입하면 $x=-1$

(4) $y=3x-2$를 $3x-2y=5$에 대입하면

$$3x-2(3x-2)=5,\ 3x-6x+4=5$$
$$-3x=1\qquad \therefore\ x=-\dfrac{1}{3}$$

$x=-\dfrac{1}{3}$을 $y=3x-2$에 대입하면 $y=-3$

17 $x=1,\ y=-1$을 연립방정식에 대입하면

$$\begin{cases} a-b=3 & \cdots\cdots ㉠ \\ -3b-a=1 & \cdots\cdots ㉡ \end{cases}$$

㉠+㉡을 하면

$$-4b=4\qquad \therefore\ b=-1$$

$b=-1$을 ㉠에 대입하면

$$a-(-1)=3\qquad \therefore\ a=2$$
$$\therefore\ ab=2\times(-1)=-2$$

18 $$\begin{cases} ay=x+14 & \cdots\cdots ㉠ \\ 3x+2ay=8 & \cdots\cdots ㉡ \end{cases}$$

㉠을 ㉡에 대입하면

$$3x+2(x+14)=8,\ 5x=-20\qquad \therefore\ x=-4$$

연립방정식의 해가 $x=b,\ y=\dfrac{5}{2}$이므로 $b=-4$

$x=-4,\ y=\dfrac{5}{2}$를 ㉠에 대입하면

$$\dfrac{5}{2}a=10\qquad \therefore\ a=4$$
$$\therefore\ a-2b=4-2\times(-4)=12$$

다른 풀이

$x=b,\ y=\dfrac{5}{2}$를 주어진 연립방정식에 대입하면

$$\begin{cases} \dfrac{5}{2}a=b+14 & \cdots\cdots ㉠ \\ 3b+5a=8 & \cdots\cdots ㉡ \end{cases}$$

㉠을 b에 대하여 풀면

$$b=\dfrac{5}{2}a-14\qquad \cdots\cdots ㉢$$

㉢을 ㉡에 대입하면

$$3\left(\dfrac{5}{2}a-14\right)+5a=8,\ \dfrac{25}{2}a=50$$
$$\therefore\ a=4$$

$a=4$를 ㉢에 대입하면 $b=-4$

$$\therefore\ a-2b=4-2\times(-4)=12$$

19 $-3x+2y-12=-5x$에서 $2x+2y=12$

$$\therefore\ x+y=6$$

y의 값이 x의 값의 2배이므로 $y=2x$

따라서 $x,\ y$는 연립방정식 $\begin{cases} x+y=6 \\ y=2x \end{cases}$를 만족시키므로

이 연립방정식을 풀면 $x=2,\ y=4$

20 x의 값이 y의 값의 3배이므로 $x=3y$

주어진 연립방정식에 $x=3y$를 대입하면

$$3y-y=a\qquad \therefore\ 2y=a\qquad \cdots\cdots ㉠$$
$$2\times 3y+3y=15-3a,\ 9y=15-3a$$
$$\therefore\ 3y=5-a\qquad \cdots\cdots ㉡$$

㉠을 ㉡에 대입하면 $3y=5-2y$

$$5y=5\qquad \therefore\ y=1$$

$y=1$을 ㉠에 대입하면 $a=2$

21 $x,\ y$의 값의 비가 $4:5$이므로

$$x:y=4:5\qquad \therefore\ 5x=4y$$

따라서 연립방정식 $\begin{cases} 5x-2y=20 \\ 5x=4y \end{cases}$를 풀면

$$x=8,\ y=10$$
$$\therefore\ x+y=8+10=18$$

22 $x:y=3:1$이므로 $x=3y$

따라서 연립방정식 $\begin{cases} x+3y=-6 \\ x=3y \end{cases}$를 풀면

$$x=-3,\ y=-1$$

$x=-3,\ y=-1$을 $ax-2y=5$에 대입하면

$$-3a+2=5,\ -3a=3\qquad \therefore\ a=-1$$

23 세 일차방정식이 한 개의 공통인 해를 가지므로 미지수가 없는 두 일차방정식 $6x-y=-4$와 $4x-y=0$을 연립하여 풀면 $x=-2,\ y=-8$

따라서 세 일차방정식의 공통인 해가 $x=-2$,
$y=-8$이므로 $ax+2y=-6$에 대입하면
$-2a-16=-6,\ 2a=-10$ ∴ $a=-5$

24 두 연립방정식 중에서 $2x-y=4$와 $x+3y=9$를 연립
하여 풀면 $x=3,\ y=2$
$x=3,\ y=2$를 $4x+5y=a$에 대입하면
$12+10=a$ ∴ $a=22$
$x=3,\ y=2$를 $bx-4y=1$에 대입하면
$3b-8=1,\ 3b=9$ ∴ $b=3$

25 두 연립방정식 중에서 $x+2y=7$과 $4x+3y=-2$를
연립하여 풀면 $x=-5,\ y=6$
$x=-5,\ y=6$을 $2x+ay=2$에 대입하면
$-10+6a=2,\ 6a=12$ ∴ $a=2$
$x=-5,\ y=6$을 $bx+y=1$에 대입하면
$-5b+6=1,\ -5b=-5$ ∴ $b=1$
∴ $a+b=2+1=3$

26 두 연립방정식 중에서 $x+2y=4$와 $-x+3y=-9$를
연립하여 풀면 $x=6,\ y=-1$
$x=6,\ y=-1$을 $ny-mx=9$와 $2x+ny=my$에 각각 대
입하여 정리하면
$6m+n=-9,\ m-n=-12$
이 두 방정식을 연립하여 풀면
$m=-3,\ n=9$
∴ $\dfrac{n}{m}=\dfrac{9}{-3}=-3$

27 연립방정식 $\begin{cases} x-3y=0 \\ x-2y=2 \end{cases}$를 풀면 $x=6,\ y=2$
$x=6,\ y=2$를 $bx-ay=-4$에 대입하면
$6b-2a=-4,\ 2a-6b=4$ ∴ $a-3b=2$ ······ ㉠
$x=6,\ y=2$를 $ax-by=-4$에 대입하면
$6a-2b=-4$ ∴ $3a-b=-2$ ······ ㉡
㉠×3-㉡을 하면 $-8b=8$ ∴ $b=-1$
$b=-1$을 ㉠에 대입하여 풀면 $a=-1$
∴ $a+b=(-1)+(-1)=-2$

28 잘못 본 ㉠의 x의 계수를 m이라 하면 연립방정식
$\begin{cases} mx+2y=6 & \cdots\cdots ㉠' \\ 4x+3y=7 & \cdots\cdots ㉡ \end{cases}$을 만족시키는 y의 값이 5이
므로 ㉡에 $y=5$를 대입하면
$4x+15=7$ ∴ $x=-2$
㉠'에 $x=-2,\ y=5$를 대입하면

$-2m+10=6$ ∴ $m=2$
따라서 x의 계수 3을 2로 잘못 보았다.

29 잘못 본 a의 값을 m이라 하면 연립방정식
$\begin{cases} y=2x+m & \cdots\cdots ㉠ \\ 2x-3y=5 & \cdots\cdots ㉡ \end{cases}$을 만족시키는 x의 값이 -2
이므로 ㉡에 $x=-2$를 대입하면
$-4-3y=5$ ∴ $y=-3$
㉠에 $x=-2,\ y=-3$을 대입하면
$-3=-4+m$ ∴ $m=1$
따라서 a의 값을 1로 잘못 보았다.

30 $\begin{cases} ax+by=3 \\ cx+5y=8 \end{cases}$의 해가 $x=2,\ y=2$이므로 대입하면
$\begin{cases} 2a+2b=3 & \cdots\cdots ㉠ \\ 2c+10=8 & \cdots\cdots ㉡ \end{cases}$
㉡에서 $2c=-2$ ∴ $c=-1$
나연이는 $a,\ b$는 바르게 보았으므로 $ax+by=3$에
$x=-4,\ y=1$을 대입하면
$-4a+b=3$ ······ ㉢
㉠, ㉢을 연립하여 풀면
$a=-\dfrac{3}{10},\ b=\dfrac{9}{5}$
∴ $b-ac=\dfrac{9}{5}-\left(-\dfrac{3}{10}\right)\times(-1)=\dfrac{9}{5}-\dfrac{3}{10}=\dfrac{3}{2}$

31 $\begin{cases} ax+by=5 \\ cx-3y=7 \end{cases}$의 해가 $x=2,\ y=1$이므로 대입하면
$\begin{cases} 2a+b=5 & \cdots\cdots ㉠ \\ 2c-3=7 & \cdots\cdots ㉡ \end{cases}$
㉡에서 $2c=10$ ∴ $c=5$
은정이는 $a,\ b$는 바르게 보았으므로 $ax+by=5$에 $x=1$,
$y=3$을 대입하면
$a+3b=5$ ······ ㉢
㉠, ㉢을 연립하여 풀면
$a=2,\ b=1$
∴ $ab-c=2\times1-5=-3$

32 m과 n을 바꾸어 놓은 연립방정식 $\begin{cases} nx-my=3 \\ mx+ny=14 \end{cases}$의
해가 $x=-1,\ y=2$이므로 대입하면
$\begin{cases} -n-2m=3 \\ -m+2n=14 \end{cases}$
이 연립방정식을 풀면 $m=-4,\ n=5$이므로
$m-n=-4-5=-9$

33 x와 y를 바꾸어 놓은 연립방정식 $\begin{cases} y=ax+3 \\ -2y-x=8 \end{cases}$ 의 해가

$x=b,\ y=-5$이므로 대입하면

$\begin{cases} -5=ab+3 & \cdots\cdots\ \text{㉠} \\ 10-b=8 & \cdots\cdots\ \text{㉡} \end{cases}$

㉡에서 $b=2$

$b=2$를 ㉠에 대입하면

$-5=2a+3,\ 2a=-8 \qquad \therefore a=-4$

$\therefore a+b=-4+2=-2$

34 $a,\ b$를 바꾸어 놓은 연립방정식 $\begin{cases} bx+ay=5 \\ ax+by=7 \end{cases}$ 의 해가

$x=1,\ y=3$이므로 대입하면

$\begin{cases} b+3a=5 \\ a+3b=7 \end{cases}$

이 연립방정식을 풀면 $a=1,\ b=2$

따라서 처음 연립방정식은 $\begin{cases} x+2y=5 \\ 2x+y=7 \end{cases}$이므로

이 연립방정식을 풀면

$x=3,\ y=1$

35 a와 b를 바꾸어 놓은 연립방정식 $\begin{cases} bx+ay=8 \\ ax+by=7 \end{cases}$ 의 해가

$x=3,\ y=2$이므로 대입하면

$\begin{cases} 3b+2a=8 \\ 3a+2b=7 \end{cases}$

이 연립방정식을 풀면

$a=1,\ b=2$

따라서 처음 연립방정식은 $\begin{cases} x+2y=8 \\ 2x+y=7 \end{cases}$이므로

이 연립방정식을 풀면 $x=2,\ y=3$

따라서 $m=2,\ n=3$이므로

$an-bm=1\times3-2\times2=3-4=-1$

36 주어진 연립방정식을 정리하면

$\begin{cases} 7x-5y=16 \\ y=3x \end{cases}$

이 연립방정식을 풀면 $x=-2,\ y=-6$

37 주어진 연립방정식을 정리하면

$\begin{cases} 3x+2y=2 \\ x+2y=14 \end{cases}$

이 연립방정식을 풀면 $x=-6,\ y=10$

따라서 $m=-6,\ n=10$이므로

$m+n=-6+10=4$

38 주어진 연립방정식을 정리하면

$\begin{cases} -3x+8y=a-1 & \cdots\cdots\ \text{㉠} \\ -2x+4y=-2 & \cdots\cdots\ \text{㉡} \end{cases}$

$x=b,\ y=2$를 ㉡에 대입하면

$-2b+8=-2 \qquad \therefore b=5$

$x=5,\ y=2$를 ㉠에 대입하면

$-15+16=a-1 \qquad \therefore a=2$

39 $\begin{cases} \dfrac{1}{3}x+\dfrac{1}{4}y=\dfrac{1}{2} & \cdots\cdots\ \text{㉠} \\ \dfrac{1}{2}x-\dfrac{3}{5}y=4 & \cdots\cdots\ \text{㉡} \end{cases}$ 에서

㉠$\times12$, ㉡$\times10$을 하면

$\begin{cases} 4x+3y=6 \\ 5x-6y=40 \end{cases}$

이 연립방정식을 풀면 $x=4,\ y=-\dfrac{10}{3}$

$\therefore x-3y=4-3\times\left(-\dfrac{10}{3}\right)=14$

40 $\begin{cases} x-2.8y=1.5 & \cdots\cdots\ \text{㉠} \\ 0.02x+0.04y=0.15 & \cdots\cdots\ \text{㉡} \end{cases}$ 에서

㉠$\times10$, ㉡$\times100$을 하면

$\begin{cases} 10x-28y=15 \\ 2x+4y=15 \end{cases}$

이 연립방정식을 풀면 $x=5,\ y=\dfrac{5}{4}$

41 $\begin{cases} \dfrac{x}{5}+\dfrac{2}{3}y=-2 & \cdots\cdots\ \text{㉠} \\ -0.6x-1.7y=3.3 & \cdots\cdots\ \text{㉡} \end{cases}$ 에서

㉠$\times15$, ㉡$\times10$을 하면

$\begin{cases} 3x+10y=-30 \\ -6x-17y=33 \end{cases}$

이 연립방정식을 풀면 $x=20,\ y=-9$

42 주어진 연립방정식의 두 식의 양변에 각각 10을 곱하면

$\begin{cases} 5x-6y=-13 \\ 3x+2y=-5 \end{cases}$

이 연립방정식을 풀면 $x=-2,\ y=\dfrac{1}{2}$

따라서 $a=-2,\ b=\dfrac{1}{2}$이므로

$ab=(-2)\times\dfrac{1}{2}=-1$

43 $\langle 3,\ -2\rangle \circ \langle -x-1,\ y\rangle = 3(-x-1)-(-2)\times y$

$\qquad\qquad\qquad\qquad = -3x+2y-3=5$

$\therefore -3x+2y=8$

$$\langle -1,\ 4\rangle \circ \langle x,\ -y+1\rangle = (-1)\times x - 4(-y+1)$$
$$= -x + 4y - 4 = -3$$
$$\therefore\ -x + 4y = 1$$

따라서 연립방정식 $\begin{cases} -3x+2y=8 \\ -x+4y=1 \end{cases}$ 을 풀면

$$x = -3,\ y = -\frac{1}{2}$$

44 연립방정식 $\begin{cases} 2mx+y=-4 & \cdots\cdots\ \bigcirc \\ -mx+y=14 & \cdots\cdots\ \bigcirc \end{cases}$ 에서

$\bigcirc + \bigcirc \times 2$를 하면 $3y=24$ $\therefore\ y=8$
그런데 주어진 조건에서 x, y의 최대공약수는 2이고 최소공
배수는 24이므로 $xy = 2 \times 24$, $8x = 48$
따라서 $x=6$이므로 $x=6$, $y=8$을 $\bigcirc$에 대입하면
$-6m+8=14$, $-6m=6$ $\therefore\ m=-1$

45 $\dfrac{1}{x}=A$, $\dfrac{1}{y}=B$라 하면 주어진 연립방정식은

$$\begin{cases} 2A+B=9 \\ A+2B=12 \end{cases}$$

이 연립방정식을 풀면 $A=2$, $B=5$

따라서 $\dfrac{1}{x}=2$, $\dfrac{1}{y}=5$이므로 $x=\dfrac{1}{2}$, $y=\dfrac{1}{5}$

$$\therefore\ xy = \frac{1}{2} \times \frac{1}{5} = \frac{1}{10}$$

46 $\dfrac{1}{x}=A$, $\dfrac{1}{y}=B$라 하면 $\begin{cases} aA-B=3 & \cdots\cdots\ \bigcirc \\ 4A+bB=6 & \cdots\cdots\ \bigcirc \end{cases}$ 의

해는 $A=1$, $B=-2$이다.
$\bigcirc$에 $A=1$, $B=-2$를 대입하면
$a-(-2)=3$ $\therefore\ a=1$
$\bigcirc$에 $A=1$, $B=-2$를 대입하면
$4-2b=6$ $\therefore\ b=-1$
$\therefore\ a+b=1+(-1)=0$

다른 풀이

$x=1$, $y=-\dfrac{1}{2}$을 주어진 연립방정식에 대입하면

$$\begin{cases} a+2=3 \\ 4-2b=6 \end{cases}$$

따라서 $a=1$, $b=-1$이므로 $a+b=1+(-1)=0$

47 주어진 식의 양변을 각각 xy로 나누면

$\begin{cases} \dfrac{3}{y}+\dfrac{2}{x}=-1 \\ \dfrac{4}{y}-\dfrac{1}{x}=-5 \end{cases}$ 이므로 $\begin{cases} \dfrac{2}{x}+\dfrac{3}{y}=-1 \\ \dfrac{1}{x}-\dfrac{4}{y}=5 \end{cases}$ 에서

$\dfrac{1}{x}=A$, $\dfrac{1}{y}=B$라 하면 $\begin{cases} 2A+3B=-1 \\ A-4B=5 \end{cases}$

이 연립방정식을 풀면 $A=1$, $B=-1$
따라서 $\dfrac{1}{x}=1$, $\dfrac{1}{y}=-1$이므로
$x=1$, $y=-1$

48 두 연립방정식의 해가 같으므로 미지수 a, b가 없는

연립방정식 $\begin{cases} 6x-2y=xy \\ 3x+4y=3xy \end{cases}$ 를 세운다.

각 식의 양변을 xy로 나누면

$\begin{cases} \dfrac{6}{y}-\dfrac{2}{x}=1 \\ \dfrac{3}{y}+\dfrac{4}{x}=3 \end{cases}$ 이므로 $\begin{cases} \dfrac{2}{x}-\dfrac{6}{y}=-1 \\ \dfrac{4}{x}+\dfrac{3}{y}=3 \end{cases}$ 에서

$\dfrac{1}{x}=A$, $\dfrac{1}{y}=B$라 하면 $\begin{cases} 2A-6B=-1 \\ 4A+3B=3 \end{cases}$

이 연립방정식을 풀면 $A=\dfrac{1}{2}$, $B=\dfrac{1}{3}$

따라서 $\dfrac{1}{x}=\dfrac{1}{2}$, $\dfrac{1}{y}=\dfrac{1}{3}$이므로 $x=2$, $y=3$

$x=2$, $y=3$을 나머지 일차방정식에 각각 대입하면

$$\begin{cases} 2a+3b=3 \\ 2a-3b=5 \end{cases}$$

이 연립방정식을 풀면 $a=2$, $b=-\dfrac{1}{3}$

$$\therefore\ \frac{a}{b} = a \times \frac{1}{b} = 2 \times (-3) = -6$$

49 $\begin{cases} 3x-2y+1=-4y-3 \\ x-5y+5=-4y-3 \end{cases}$ 에서 $\begin{cases} 3x+2y=-4 \\ x-y=-8 \end{cases}$

이 연립방정식을 풀면 $x=-4$, $y=4$
$\therefore\ xy = (-4) \times 4 = -16$

50 $\begin{cases} 3x+y=9x+9y \\ 3x+y=x-2y+5 \end{cases}$ 에서 $\begin{cases} 3x+4y=0 \\ 2x+3y=5 \end{cases}$

이 연립방정식을 풀면 $x=-20$, $y=15$
따라서 $a=-20$, $b=15$이므로
$a+2b=-20+2\times 15=10$

51 $\begin{cases} x-5=-13y-x \\ -13y-x=y+5 \end{cases}$ 에서 $\begin{cases} 2x+13y=5 \\ x+14y=-5 \end{cases}$

이 연립방정식을 풀면 $x=9$, $y=-1$
$x=9$, $y=-1$을 $ax+4y=5$에 대입하면
$9a-4=5$ $\therefore\ a=1$

52 $\begin{cases} ax+2y=x+y+7 \\ -15x+by=x+y+7 \end{cases}$ 에서

$$\begin{cases} (a-1)x+y=7 & \cdots\cdots\ \bigcirc \\ 16x+(1-b)y=-7 & \cdots\cdots\ \bigcirc \end{cases}$$

⊙에 $x=2$, $y=-3$을 대입하면

$2(a-1)-3=7$, $2(a-1)=10$

$a-1=5$ ∴ $a=6$

ⓒ에 $x=2$, $y=-3$을 대입하면

$32-3(1-b)=-7$, $-3(1-b)=-39$

$1-b=13$ ∴ $b=-12$

∴ $a-b=6-(-12)=18$

다른 풀이

주어진 식에 $x=2$, $y=-3$을 대입하면

$2a-6=-30-3b=2-3+7=6$

$2a-6=6$에서 $a=6$

$-30-3b=6$에서 $b=-12$

∴ $a-b=6-(-12)=18$

53 $\begin{cases} \dfrac{x+2y}{4}=1 \\ \dfrac{2x+3y-6}{3}=1 \end{cases}$ 에서 $\begin{cases} x+2y=4 \\ 2x+3y=9 \end{cases}$

이 연립방정식을 풀면 $x=6$, $y=-1$

∴ $xy=6\times(-1)=-6$

54 각 변에 6을 곱하면 $4x-3y-2=3x+2y+10=-6y$

$\begin{cases} 4x-3y-2=-6y \\ 3x+2y+10=-6y \end{cases}$ 에서 $\begin{cases} 4x+3y=2 & \cdots\cdots ⊙ \\ 3x+8y=-10 & \cdots\cdots ⓒ \end{cases}$

⊙$\times3-$ⓒ$\times4$를 하여 방정식을 풀면 $x=2$, $y=-2$

∴ $k=2x+y=2\times2+(-2)=2$

55 연립방정식의 각 변에 10을 곱하면

$2(x-y)-3y=16x+5y=12$

$\begin{cases} 2(x-y)-3y=12 \\ 16x+5y=12 \end{cases}$ 에서 $\begin{cases} 2x-5y=12 \\ 16x+5y=12 \end{cases}$

이 연립방정식을 풀면 $x=\dfrac{4}{3}$, $y=-\dfrac{28}{15}$

56 연립방정식 $\begin{cases} 2x+3y=8x+11y \\ 2x+3y=k \end{cases}$ 에서

$\begin{cases} 3x+4y=0 \\ 2x+3y=k \end{cases}$ 의 해가 일차방정식 $x+y=-5$를 만족

시키므로 연립방정식 $\begin{cases} 3x+4y=0 \\ x+y=-5 \end{cases}$ 를 풀면

$x=-20$, $y=15$

$x=-20$, $y=15$를 $2x+3y=k$에 대입하면

$k=2\times(-20)+3\times15=5$

다른 풀이

$\begin{cases} 2x+3y=k & \cdots\cdots ⊙ \\ 8x+11y=k & \cdots\cdots ⓒ \end{cases}$ 에서

⊙$\times4-$ⓒ을 하면 $y=3k$

$y=3k$를 ⊙에 대입하면

$2x+9k=k$, $2x=-8k$

∴ $x=-4k$

$x=-4k$, $y=3k$를 $x+y=-5$에 대입하면

$-4k+3k=-5$ ∴ $k=5$

57 $\begin{cases} 4x-2y=4 & \cdots\cdots ⊙ \\ 3x-4y+a=4 & \cdots\cdots ⓒ \\ -x+3y=4 & \cdots\cdots ⓒ \\ 2a-3b+1=4 & \cdots\cdots ⓔ \end{cases}$

일차방정식 ⊙, ⓒ을 연립하여 풀면

$x=2$, $y=2$

$x=2$, $y=2$를 ⓒ에 대입하면

$6-8+a=4$ ∴ $a=6$

$a=6$을 ⓔ에 대입하면

$12-3b+1=4$ ∴ $b=3$

∴ $a-b=6-3=3$

58 (1) $\begin{cases} x-y=-5 \\ 2x-2y=10 \end{cases}$ 에서 $\begin{cases} 2x-2y=-10 \\ 2x-2y=10 \end{cases}$ 이므로

해가 없다.

(2) $\begin{cases} x-3y=2 \\ 3x-9y=6 \end{cases}$ 에서 $\begin{cases} 3x-9y=6 \\ 3x-9y=6 \end{cases}$ 이므로 해가 무수히 많다.

59 $\begin{cases} 2x-y=1 \\ 6x-3y=1 \end{cases}$ 에서 $\begin{cases} 6x-3y=3 \\ 6x-3y=1 \end{cases}$ 이므로 해가 없다.

따라서 ㄱ과 ㄹ을 한 쌍으로 하면 해가 없다.

60 해가 없으려면 $\dfrac{-2}{4}=\dfrac{5}{-10}\neq\dfrac{-2}{a}$ 이어야 한다.

∴ $a\neq4$

61 해가 없으려면 $\dfrac{6}{3}=\dfrac{2}{1}\neq\dfrac{2a-2}{4a+5}$ 이어야 하므로

$\dfrac{2a-2}{4a+5}\neq2$, $8a+10\neq2a-2$

$6a\neq-12$ ∴ $a\neq-2$

62 연립방정식 $\begin{cases} -3x+6y=7 \\ x+(a+1)y=3a \end{cases}$ 의 해가 없으므로

$\dfrac{-3}{1}=\dfrac{6}{a+1}\neq\dfrac{7}{3a}$ 이어야 한다.

$-3=\dfrac{6}{a+1}$ 에서 $a+1=-2$ ∴ $a=-3$

63 해가 존재하지 않으려면 $\dfrac{1}{-2}=\dfrac{-a}{-1}\ne\dfrac{4}{b}$ 이어야 하므로

$a=-\dfrac{1}{2}$

$\dfrac{4}{b}\ne-\dfrac{1}{2}$ 에서 $b\ne-8$

64 ① $\begin{cases} 3x-3y=3 \\ 3x-3y=-3 \end{cases}$ 이므로 해가 없다.

② $x=1,\ y=0$

③ $\begin{cases} 2x+6y=2 \\ 2x+6y=2 \end{cases}$ 이므로 해가 무수히 많다.

④ $x=0,\ y=3$

⑤ $\begin{cases} 2x-4y=14 \\ 2x-4y=13 \end{cases}$ 이므로 해가 없다.

65 해가 무수히 많으려면 $\dfrac{a}{3}=\dfrac{-2}{4}=\dfrac{3}{b}$ 이어야 하므로

$\dfrac{a}{3}=-\dfrac{1}{2}$ 에서 $a=-\dfrac{3}{2}$

$\dfrac{3}{b}=-\dfrac{1}{2}$ 에서 $b=-6$

$\therefore 2a+b=2\times\left(-\dfrac{3}{2}\right)+(-6)=-3-6=-9$

66 해가 무수히 많으려면 $\dfrac{1}{-2}=\dfrac{4}{-6a}=\dfrac{b}{10}$ 이어야 한다.

$-\dfrac{1}{2}=-\dfrac{2}{3a}$ 에서 $3a=4$　$\therefore a=\dfrac{4}{3}$

$-\dfrac{1}{2}=\dfrac{b}{10}$ 에서 $b=-5$

$\therefore 3a+b=3\times\dfrac{4}{3}+(-5)=4-5=-1$

67 해가 무수히 많으려면 $\dfrac{a-1}{4}=\dfrac{5}{-b}=\dfrac{-3}{6}$ 이어야 한다.

$\dfrac{a-1}{4}=-\dfrac{1}{2}$ 에서 $a-1=-2$　$\therefore a=-1$

$\dfrac{5}{-b}=-\dfrac{1}{2}$ 에서 $b=10$

$\therefore a-b=-1-10=-11$

68 해가 무수히 많으려면 $\dfrac{3}{1}=\dfrac{-12}{a}=\dfrac{-6}{-2}$ 이어야 하므로

$\dfrac{-12}{a}=3$　$\therefore a=-4$

방정식 $(2a+b+2)x+b-7=0$ 에 $a=-4$ 를 대입하면

$(b-6)x+b-7=0$

이 방정식이 해를 갖지 않으려면 $b-6=0,\ b-7\ne0$ 이어야

하므로 $b=6$

69 두 일차방정식의 공통인 해가 무수히 많으므로

연립방정식 $\begin{cases} \dfrac{1}{2}x+|k|y=a \\ \dfrac{2}{3}x+4y=b \end{cases}$, 즉 $\begin{cases} x+2|k|y=2a \\ 2x+12y=3b \end{cases}$ 의 해가

무수히 많다.

따라서 $\dfrac{1}{2}=\dfrac{2|k|}{12}=\dfrac{2a}{3b}$ 이어야 하므로

$\dfrac{1}{2}=\dfrac{|k|}{6}$, $|k|=3$　$\therefore k=\pm3$

70 연립방정식 $\begin{cases} ax+by+c=0 \\ bx+cy+a=0 \end{cases}$ 의 해가 무수히 많으므로

$\dfrac{a}{b}=\dfrac{b}{c}=\dfrac{c}{a}$ 이어야 한다.

$\dfrac{a}{b}=\dfrac{b}{c}=\dfrac{c}{a}=k$ (k는 상수)라 하면

$a=bk,\ b=ck,\ c=ak$

세 식을 각 변끼리 더하면

$a+b+c=(a+b+c)k$

이때 $a+b+c\ne0$ 이므로 양변을 $a+b+c$ 로 나누면

$k=1$　$\therefore a=b=c$

따라서 $ax+by+c=0$ 에 $b=a,\ c=a$ 를 대입하면

$ax+ay+a=0$

$a(x+y+1)=0$

이때 $a\ne0$ 이므로 $x+y+1=0$

$\therefore x+y=-1$

❷ 연립방정식의 활용

주제별 실력다지기

98~111쪽

01 ④	**02** 27	**03** 41	**04** ②
05 235	**06** 75	**07** ⑤	**08** ④
09 남학생 : 10명, 여학생 : 30명		**10** ③	**11** ①
12 현정 : 15세, 어머니 : 40세, 할머니 : 68세			**13** 12회
14 ③	**15** $x=3,\ y=2$	**16** 10 km	
17 6 km	**18** 18 km	**19** ②	**20** ④
21 은정 : 6 km, 현정 : 10 km	**22** ③		**23** ④

24 나연 : 시속 6 km, 선영 : 시속 2 km   **25** ④

26 100 m   **27** ②   **28** 초속 32 m

29 초속 45 m   **30** 550 m   **31** ⑤

32 시속 2 km   **33** 유람선 : 시속 9 km, 강물 : 시속 3 km

34 분속 40 m   **35** 1.8 km   **36** ③

37 200 g   **38** 250 g   **39** ①   **40** 70 g

41 A : 16 %, B : 2 %   **42** 10 %   **43** ③

44 10 %, 30 %   **45** 12 kg   **46** 5 g

47 ④   **48** A : 168 g, B : 32 g

49 10000원   **50** 380명   **51** 3224명

52 420명   **53** ③   **54** 18000원

55 A : 3000원, B : 4000원   **56** ③

57 3600원   **58** 10분   **59** ⑤   **60** 12일

61 6분   **62** 3시간   **63** 100만 원

64 14500원   **65** 스팸 : 4개, 오이 : 6개

---

01 처음 수의 십의 자리의 숫자를 x, 일의 자리의 숫자를 y라고 하면 이 수는 $10x+y$이고, 십의 자리의 숫자와 일의 자리의 숫자를 바꾼 수는 $10y+x$이므로

$$\begin{cases} x+y=7 \\ 10y+x=(10x+y)+27 \end{cases} \text{에서} \begin{cases} x+y=7 \\ x-y=-3 \end{cases}$$

$\therefore x=2,\ y=5$

따라서 처음 수는 25이다.

02 처음 수의 십의 자리의 숫자를 x, 일의 자리의 숫자를 y라고 하면

$$\begin{cases} x+y=9 \\ 10y+x=3(10x+y)-9 \end{cases} \text{에서} \begin{cases} x+y=9 \\ 29x-7y=9 \end{cases}$$

$\therefore x=2,\ y=7$

따라서 처음 수는 27이다.

03 두 자연수를 $x,\ y\ (x>y)$라고 하면

$$\begin{cases} x+y=50 \\ x=4y+5 \end{cases}$$

$\therefore x=41,\ y=9$

따라서 큰 수는 41이다.

04 $$\begin{cases} A=B+6 \\ 2A=3B+5 \end{cases}$$

이 연립방정식을 풀면 $A=13,\ B=7$

$\therefore A+B=13+7=20$

05 백의 자리의 숫자를 x, 십의 자리의 숫자를 y, 일의 자리의 숫자를 z라 하면

$$\begin{cases} x+y+z=10 & \cdots\cdots ㉠ \\ y+z=8 & \cdots\cdots ㉡ \end{cases}$$

㉠$-$㉡을 하면 $x=2$

또, 일의 자리의 숫자를 백의 자리에 놓고 나머지 숫자를 한 자리씩 내려쓴 수는 $100z+10x+y$이고, 이 수는 처음 수의 2배보다 53만큼 크므로

$$100z+10x+y=2(100x+10y+z)+53$$

이 식에 $x=2$를 대입하여 정리하면

$$-19y+98z=433 \quad \cdots\cdots ㉢$$

㉡, ㉢을 연립하여 풀면

$$y=3,\ z=5$$

따라서 처음 세 자리의 자연수는 235이다.

06 생산된 합격품의 개수를 x, 불량품의 개수를 y라고 하면

$$\begin{cases} x+y=250 \\ 100x-200y=2500 \end{cases} \text{에서} \begin{cases} x+y=250 \\ x-2y=25 \end{cases}$$

$\therefore x=175,\ y=75$

따라서 불량품의 개수는 75이다.

07 이 단체의 남녀 회원 수를 각각 x명, y명이라고 하면

$$\begin{cases} x+y=66 \\ \dfrac{1}{3}x+\dfrac{2}{5}y=\dfrac{4}{11}\times 66 \end{cases} \text{에서} \begin{cases} x+y=66 \\ 5x+6y=360 \end{cases}$$

$\therefore x=36,\ y=30$

따라서 남자 회원 수는 36명, 여자 회원 수는 30명이다.

08 세 과목의 평균 점수는 b점이므로

$$b=\frac{75+a+90}{3}$$

$\therefore 3b=a+165 \quad \cdots\cdots ㉠$

평균 점수는 영어 점수보다 5점이 높으므로

$$b=a+5 \quad \cdots\cdots ㉡$$

㉠, ㉡을 연립하여 풀면

$$a=75,\ b=80$$

따라서 나연이의 평균 점수는 80점이다.

09 남학생의 수를 x명, 여학생의 수를 y명이라고 하면

$$x+y=40$$

남학생 x명의 평균이 72점이므로 남학생 전체의 점수의 합은 72x점, 같은 방법으로 여학생 전체의 점수의 합은 84y점, 전체 40명의 점수의 합은

$81 \times 40 = 3240$(점)

$\therefore 72x + 84y = 3240$

두 식을 간단히 하면 $\begin{cases} x+y=40 \\ 6x+7y=270 \end{cases}$

$\therefore x=10, \ y=30$

따라서 남학생의 수는 10명, 여학생의 수는 30명이다.

10 올해 어머니와 아들의 나이를 각각 x세, y세라고 하면

$\begin{cases} x-y=27 \\ x+12=2(y+12) \end{cases}$ 에서 $\begin{cases} x-y=27 \\ x-2y=12 \end{cases}$

$\therefore x=42, \ y=15$

따라서 현재 어머니의 나이는 42세이다.

11 현재 아버지의 나이를 x세, 아들의 나이를 y세라고 하면

$\begin{cases} x=3y \\ x+10=2(y+10)+4 \end{cases}$ 에서 $\begin{cases} x=3y \\ x=2y+14 \end{cases}$

$\therefore x=42, \ y=14$

따라서 현재 아버지와 아들의 나이의 차는

$x-y=42-14=28$(세)

12 현재 현정이의 나이와 어머니의 나이를 각각 x세, y세라 하면 할머니의 나이에서

$4x+8=y+28$ ...... ㉠

현정이의 나이가 현재 어머니의 나이가 되는 때는 $(y-x)$년 후이므로 그때의 어머니의 나이는

$y+(y-x)=2y-x$(세)이고, 그때 어머니의 나이는 현재 할머니의 나이보다 3세 더 적게 되므로

$2y-x=y+28-3$ ...... ㉡

㉠, ㉡을 연립하여 풀면

$x=15, \ y=40$

따라서 현재 현정이의 나이는 15세, 어머니의 나이는 40세, 할머니의 나이는 68세이다.

13 희영이가 이긴(지영이가 진) 횟수를 x회, 지영이가 이긴 (희영이가 진) 횟수를 y회라고 하면

$\begin{cases} 2x-y=15 \\ -x+2y=6 \end{cases}$

$\therefore x=12, \ y=9$

따라서 희영이는 12회 이겼다.

14 형이 이긴(동생이 진) 횟수를 x회, 동생이 이긴(형이 진)

횟수를 y회라고 하면

$\begin{cases} 3x-y=7 \\ -x+3y=3 \end{cases}$

$\therefore x=3, \ y=2$

따라서 형이 이긴 횟수는 3회이다.

15 재현이가 10회 이겼으므로 동욱이는 10회 졌고, 동욱이가 8회 이겼으므로 재현이는 8회 졌다.

$\begin{cases} 10x-8y=14 \\ 8x-10y=4 \end{cases}$ 에서 $\begin{cases} 5x-4y=7 \\ 4x-5y=2 \end{cases}$

$\therefore x=3, \ y=2$

16
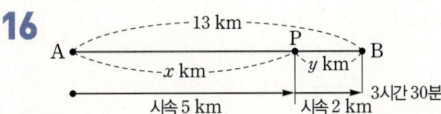

A에서 P까지의 거리를 x km, P에서 B까지의 거리를 y km라고 하면

$x+y=13$

시속 5 km로 걸은 시간은 $\dfrac{x}{5}$시간, 시속 2 km로 걸은 시간은 $\dfrac{y}{2}$시간이고 모두 3시간 30분, 즉 $\dfrac{7}{2}$시간이 걸렸으므로

$\dfrac{x}{5}+\dfrac{y}{2}=\dfrac{7}{2}$

두 식을 간단히 하면 $\begin{cases} x+y=13 \\ 2x+5y=35 \end{cases}$

$\therefore x=10, \ y=3$

따라서 A에서 P까지의 거리는 10 km이다.

17
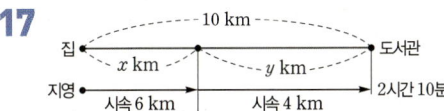

지영이가 시속 6 km로 걸은 거리를 x km, 시속 4 km로 걸은 거리를 y km라고 하면 모두 10 km를 걸었고, 총 2시간 10분, 즉 $\dfrac{13}{6}$시간이 걸렸으므로

$\begin{cases} x+y=10 \\ \dfrac{x}{6}+\dfrac{y}{4}=\dfrac{13}{6} \end{cases}$ 에서 $\begin{cases} x+y=10 \\ 2x+3y=26 \end{cases}$

$\therefore x=4, \ y=6$

따라서 시속 4 km로 걸은 거리는 6 km이다.

18

걸어간 거리를 x km, 뛰어간 거리를 y km라고 하면

$x+y=20$

총 2시간 45분, 즉 $\dfrac{11}{4}$ 시간이 걸렸으므로

$$\dfrac{x}{4}+\dfrac{y}{8}=\dfrac{11}{4}$$

두 식을 간단히 하면 $\begin{cases} x+y=20 \\ 2x+y=22 \end{cases}$

$\therefore x=2,\ y=18$

따라서 민선이가 뛰어간 거리는 18 km이다.

19

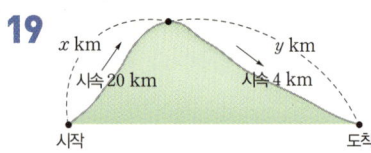

케이블카를 탄 거리를 x km, 걸어서 내려온 거리를 y km라고 하면

$\begin{cases} \dfrac{x}{20}+\dfrac{y}{4}=\dfrac{96}{60} \\ y=3x \end{cases}$ 에서 $\begin{cases} x+5y=32 \\ y=3x \end{cases}$

$\therefore x=2,\ y=6$

따라서 케이블카를 탄 거리는 2 km이다.

20

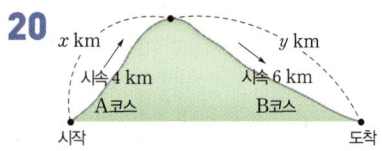

A, B 두 코스의 거리를 각각 x km, y km라고 하면

$\begin{cases} x+y=16 \\ \dfrac{x}{4}+\dfrac{1}{2}+\dfrac{y}{6}=\dfrac{10}{3} \end{cases}$ 에서 $\begin{cases} x+y=16 \\ 3x+2y=34 \end{cases}$

$\therefore x=2,\ y=14$

따라서 A, B 두 코스의 거리의 차는

$14-2=12\ (\text{km})$

21

은정이와 현정이가 만날 때까지 걸은 거리를 각각 x km, y km라고 하면

$x+y=16$

두 사람이 만날 때까지 걸은 시간은 같으므로

$\dfrac{x}{3}=\dfrac{y}{5}$

두 식을 간단히 하면

$\begin{cases} x+y=16 \\ 5x=3y \end{cases}$

$\therefore x=6,\ y=10$

따라서 은정이가 걸은 거리는 6 km이고, 현정이가 걸은 거리는 10 km이다.

22

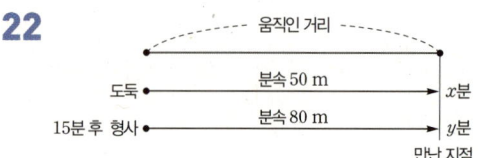

도둑이 도망간 시간을 x분, 형사가 쫓아간 시간을 y분이라고 하면

$x=y+15$

도둑과 형사가 움직인 거리는 같으므로

$50x=80y$

두 식을 간단히 하면

$\begin{cases} x=y+15 \\ 5x=8y \end{cases}$

$\therefore x=40,\ y=25$

따라서 도둑이 도망간 시간은 40분이다.

23

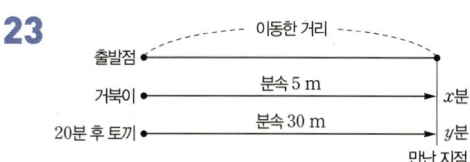

거북이가 이동한 시간을 x분, 토끼가 이동한 시간을 y분이라고 하면 $x=y+20$

거북이와 토끼가 이동한 거리는 같으므로

$5x=30y$

두 식을 간단히 하면 $\begin{cases} x=y+20 \\ x=6y \end{cases}$

$\therefore x=24,\ y=4$

따라서 토끼는 출발한 지 4분 후에 거북이를 따라잡는다.

24

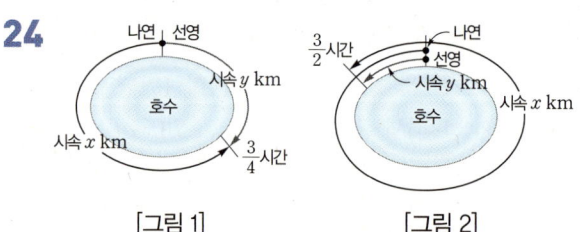

[그림 1]   [그림 2]

나연이와 선영이의 속력을 각각 시속 x km, 시속 y km라고 하면 [그림 1]에서 45분, 즉 $\dfrac{3}{4}$ 시간 동안 두 사람이 각각 움직인 거리의 합이 호수의 둘레의 길이인 6 km이므로

$\dfrac{3}{4}x+\dfrac{3}{4}y=6$

또, [그림 2]에서 1시간 30분, 즉 $\dfrac{3}{2}$ 시간 동안 나연이가 움직인 거리에서 선영이가 움직인 거리를 빼면 호수의 둘레의 길이인 6 km이므로

$\dfrac{3}{2}x-\dfrac{3}{2}y=6$

두 식을 간단히 하면 $\begin{cases} x+y=8 \\ x-y=4 \end{cases}$

$\therefore x=6, y=2$

따라서 나연이의 속력은 시속 6 km이고, 선영이의 속력은 시속 2 km이다.

25 현정이와 동진이의 속력을 각각 시속 x km, 시속 y km라고 하면 같은 방향으로 돌아서 1시간 후에 만났으므로 두 사람의 움직인 거리는 각각 x km, y km이고, 동진이보다 현정이가 더 빠르므로 현정이가 움직인 거리가 더 많다.

즉, $x-y=3$

또, 반대 방향으로 돌아서 $\frac{1}{3}$시간 후에 만났으므로 두 사람이 움직인 거리는 각각 $\frac{x}{3}$ km, $\frac{y}{3}$ km이다.

즉, $\frac{x}{3}+\frac{y}{3}=3$

두 식을 간단히 하면 $\begin{cases} x-y=3 \\ x+y=9 \end{cases}$

$\therefore x=6, y=3$

따라서 현정이의 속력은 시속 6 km이다.

26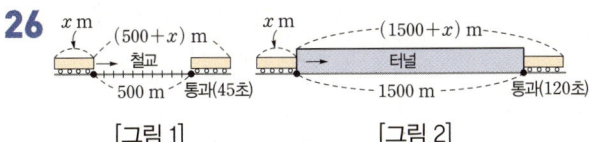

[그림 1]   [그림 2]

기차의 길이를 x m, 기차의 속력을 초속 y m라고 하면 [그림 1]에서 기차가 철교에 들어서서 완전히 통과할 때까지 움직인 거리는 $(500+x)$ m이고 45초가 걸리므로

$500+x=45y$ ⋯⋯ ㉠

또, [그림 2]에서 기차가 터널을 완전히 통과할 때까지 움직인 거리는 $(1500+x)$ m이고 2분, 즉 120초가 걸리므로

$1500+x=120y$ ⋯⋯ ㉡

㉠, ㉡을 연립하여 풀면

$x=100, y=\frac{40}{3}$

따라서 기차의 길이는 100 m이다.

27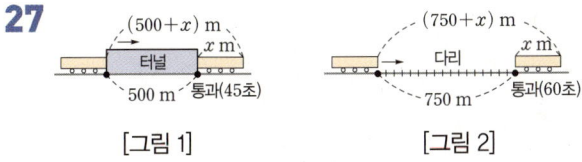

[그림 1]   [그림 2]

기차의 길이를 x m, 기차의 속력을 초속 y m라고 하면 [그림 1]에서 기차가 터널을 완전히 통과할 때까지 움직인 거리는 $(500+x)$ m이고 45초가 걸리므로

$500+x=45y$ ⋯⋯ ㉠

[그림 2]에서 기차가 다리를 완전히 통과할 때까지 움직인 거리는 $(750+x)$ m이고 1분, 즉 60초가 걸리므로

$750+x=60y$ ⋯⋯ ㉡

㉠, ㉡을 연립하여 풀면

$x=250, y=\frac{50}{3}$

따라서 기차의 길이는 250 m이다.

28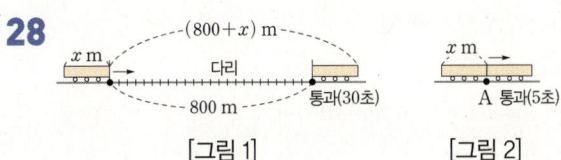

[그림 1]   [그림 2]

열차의 길이를 x m, 열차의 속력을 초속 y m라고 하면 [그림 1]에서 열차가 다리를 완전히 통과할 때까지 움직인 거리가 $(800+x)$ m이고 30초가 걸리므로

$800+x=30y$ ⋯⋯ ㉠

또, [그림 2]에서 열차가 한 지점 A를 통과할 때까지 움직인 거리는 열차의 길이 x m이고 5초가 걸리므로

$x=5y$ ⋯⋯ ㉡

㉠, ㉡을 연립하여 풀면

$x=160, y=32$

따라서 열차의 속력은 초속 32 m이다.

29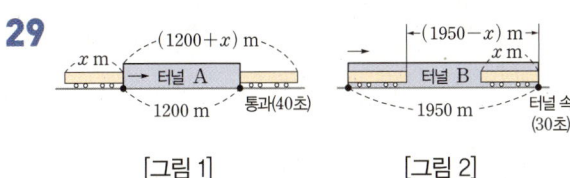

[그림 1]   [그림 2]

기차의 길이를 x m, 기차의 속력을 초속 y m라고 하면 [그림 1]에서 기차가 터널 A를 완전히 통과할 때까지 움직인 거리는 $(1200+x)$ m이고 40초가 걸리므로

$1200+x=40y$ ⋯⋯ ㉠

또, [그림 2]에서 기차 전체가 터널 B 속에 있을 때 움직인 거리는 $(1950-x)$ m이고 30초 동안이므로

$1950-x=30y$ ⋯⋯ ㉡

㉠, ㉡을 연립하여 풀면

$x=600, y=45$

따라서 기차의 속력은 초속 45 m이다.

30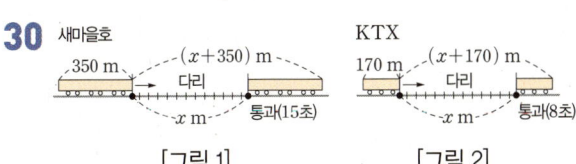

[그림 1]   [그림 2]

다리의 길이를 x m, 새마을호의 속력을 초속 y m라고 하면 KTX의 속력은 새마을호의 1.5배이므로 초속 $\frac{3}{2}y$ m이다.

[그림 1]에서 새마을호가 다리를 완전히 통과할 때까지 움직인 거리는 $(x+350)$ m이고 15초가 걸리므로

$x+350=15y$ ⋯⋯ ㉠

또, [그림 2]에서 KTX가 다리를 완전히 통과할 때까지 움직인 거리는 $(x+170)$ m이고 8초가 걸리므로

$$x+170=8\times\frac{3}{2}y$$

$$\therefore x+170=12y \quad \cdots\cdots \ ㉡$$

㉠, ㉡을 연립하여 풀면

$$x=550, \ y=60$$

따라서 다리의 길이는 550 m이다.

31

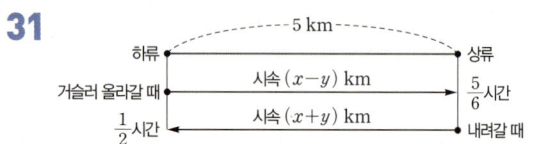

정지한 물에서의 배의 속력을 시속 x km, 강물의 속력을 시속 y km라고 하면 배가 강을 거슬러 올라갈 때의 속력은 시속 $(x-y)$ km이고, 배가 강을 따라 내려올 때의 속력은 시속 $(x+y)$ km이다.

거슬러 올라간 거리와 내려온 거리는 모두 5 km이므로

$$\begin{cases} \frac{5}{6}(x-y)=5 \\ \frac{1}{2}(x+y)=5 \end{cases} \text{에서} \begin{cases} x-y=6 \\ x+y=10 \end{cases}$$

$$\therefore x=8, \ y=2$$

따라서 정지한 물에서의 배의 속력은 시속 8 km이다.

32

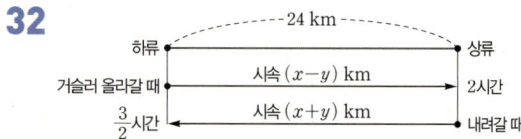

정지한 물에서의 배의 속력을 시속 x km, 강물의 속력을 시속 y km라고 하면

강을 거슬러 올라갈 때의 배의 속력은 시속 $(x-y)$km이고 총 2시간이 걸렸으므로 $2(x-y)=24$

또, 강을 내려올 때의 배의 속력은 시속 $(x+y)$ km이고 총 $\frac{3}{2}$시간이 걸렸으므로 $\frac{3}{2}(x+y)=24$

두 식을 간단히 정리하면

$$\begin{cases} x-y=12 \\ x+y=16 \end{cases}$$

$$\therefore x=14, \ y=2$$

따라서 강물의 속력은 시속 2 km이다.

33

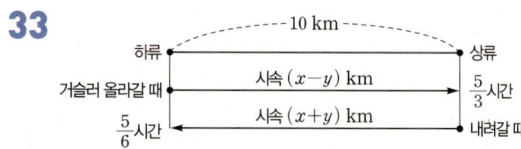

정지한 물에서의 유람선의 속력을 시속 x km, 강물의 속력을 시속 y km라고 하면 유람선이 강을 거슬러 올라갈 때의

속력은 시속 $(x-y)$ km이고, 강을 따라 내려올 때의 속력은 시속 $(x+y)$ km이다.

거슬러 올라간 거리와 내려온 거리는 모두 10 km이므로

$$\begin{cases} \frac{5}{3}(x-y)=10 \\ \frac{5}{6}(x+y)=10 \end{cases} \text{에서} \begin{cases} x-y=6 \\ x+y=12 \end{cases}$$

$$\therefore x=9, \ y=3$$

따라서 정지한 물에서의 유람선의 속력은 시속 9 km, 강물의 속력은 시속 3 km이다.

34

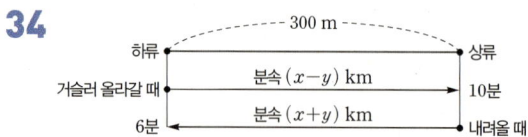

정지한 물에서의 은정이의 수영 속력을 분속 x m, 강물의 속력을 분속 y 라고 하면 은정이가 강을 거슬러 올라갈 때의 속력은 분속 $(x-y)$ m, 강을 내려올 때의 속력은 분속 $(x+y)$ m이다.

거슬러 올라간 거리와 내려온 거리는 모두 300 m이므로

$$\begin{cases} 10(x-y)=300 \\ 6(x+y)=300 \end{cases} \text{에서} \begin{cases} x-y=30 \\ x+y=50 \end{cases}$$

$$\therefore x=40, \ y=10$$

따라서 정지한 물에서의 은정이의 수영 속력은 분속 40 m이다.

35

현정이의 수영 속력과 강물의 속력을 각각 시속 x km, 시속 y km라 하고, 상류에서 A 지점까지의 거리를 z km라고 하면

튜브에 누워 내려온 속력은 강물의 속력 시속 y km와 같고 총 2시간이 걸렸으므로 $2y=z$ $\quad \cdots\cdots \ ㉠$

또, 수영으로 강을 거슬러 올라갈 때의 속력은 시속 $(x-y)$ km이고, 총 3시간이 걸렸으므로

$$3(x-y)=z \quad \cdots\cdots \ ㉡$$

다시 수영을 하여 강을 내려올 때의 속력은 시속 $(x+y)$ km이고, 총 $\frac{1}{3}$시간 동안 $(z-1)$ km를 갔으므로

$$\frac{1}{3}(x+y)=z-1 \quad \cdots\cdots \ ㉢$$

㉠, ㉡, ㉢에 의해

$$2y=3(x-y)=\frac{1}{3}(x+y)+1 \text{이고}$$

연립방정식 $\begin{cases} 2y=3(x-y) \\ 2y=\frac{1}{3}(x+y)+1 \end{cases}$ 에서 $\begin{cases} 3x-5y=0 \\ x-5y=-3 \end{cases}$

$$\therefore x=\frac{3}{2}, \ y=\frac{9}{10}$$

따라서 상류에서 A 지점까지의 거리는

$$z=2y=2\times\frac{9}{10}=1.8(\text{km})$$

36 8 %, 14 %의 설탕물의 양을 각각 x g, y g이라고 하면 8 %, 14 %의 설탕물에 들어 있는 설탕의 양은 각각 $\dfrac{8}{100}x$ g, $\dfrac{14}{100}y$ g이고, 그 합은 12 %의 설탕물 600 g에 들어 있는 설탕의 양과 같으므로

$$\begin{cases} x+y=600 \\ \dfrac{8}{100}x+\dfrac{14}{100}y=\dfrac{12}{100}\times 600 \end{cases} \text{에서}$$

$$\begin{cases} x+y=600 \\ 4x+7y=3600 \end{cases}$$

$$\therefore x=200,\ y=400$$

따라서 섞어야 하는 14 %의 설탕물의 양은 400 g이다.

37 5 %, 10 %의 레모네이드의 양을 각각 x g, y g이라고 하면 5 %, 10 %의 레모네이드에 녹아 있는 레몬즙의 양은 각각 $\dfrac{5}{100}x$ g, $\dfrac{10}{100}y$ g이고, 그 합은 8 %의 레모네이드 500 g에 녹아 있는 레몬즙의 양과 같으므로

$$\begin{cases} x+y=500 \\ \dfrac{5}{100}x+\dfrac{10}{100}y=\dfrac{8}{100}\times 500 \end{cases} \text{에서}$$

$$\begin{cases} x+y=500 \\ x+2y=800 \end{cases}$$

$$\therefore x=200,\ y=300$$

따라서 5 %의 레모네이드의 양은 200 g이다.

38 3 %, 7 %의 가글액의 양을 각각 x g, y g이라고 하면 3 %의 가글액에 들어 있는 가글 원액의 양은 $\dfrac{3}{100}x$ g, 7 %의 가글액에 들어 있는 가글 원액의 양은 $\dfrac{7}{100}y$ g이고, 그 합은 5 %의 가글액 500 g에 들어 있는 가글 원액의 양과 같으므로

$$\begin{cases} x+y=500 \\ \dfrac{3}{100}x+\dfrac{7}{100}y=\dfrac{5}{100}\times 500 \end{cases} \text{에서}$$

$$\begin{cases} x+y=500 \\ 3x+7y=2500 \end{cases}$$

$$\therefore x=250,\ y=250$$

따라서 3 %의 가글액은 250 g을 섞어야 한다.

39 6 %, 11 %의 꿀물의 양을 각각 x g, y g이라고 하면 6 %, 11 %의 꿀물에 녹아 있는 꿀의 양은 각각 $\dfrac{6}{100}x$ g, $\dfrac{11}{100}y$ g이고, 그 합은 9 %의 꿀물 600 g에 녹아 있는 꿀의 양과 같으므로

$$\begin{cases} x+y+100=600 \\ \dfrac{6}{100}x+\dfrac{11}{100}y=\dfrac{9}{100}\times 600 \end{cases} \text{에서}$$

$$\begin{cases} x+y=500 \\ 6x+11y=5400 \end{cases}$$

$$\therefore x=20,\ y=480$$

따라서 6 %의 꿀물의 양은 20 g이다.

40 3 %, 8 %의 소금물의 양을 각각 x g, y g이라고 하면 더 넣은 소금의 양은 3 %의 소금물의 양의 $\dfrac{1}{4}$이므로 $\dfrac{1}{4}x$ g이다.

따라서 3 %, 8 %의 소금물에 녹아 있는 소금의 양 $\dfrac{3}{100}x$ g, $\dfrac{8}{100}y$ g과 더 넣은 소금의 양 $\dfrac{1}{4}x$ g의 합이 10 %의 소금물 630 g에 녹아 있는 소금의 양과 같으므로

$$\begin{cases} x+y+\dfrac{1}{4}x=630 \\ \dfrac{3}{100}x+\dfrac{8}{100}y+\dfrac{1}{4}x=\dfrac{10}{100}\times 630 \end{cases} \text{에서}$$

$$\begin{cases} 5x+4y=2520 \\ 14x+4y=3150 \end{cases}$$

$$\therefore x=70,\ y=\dfrac{1085}{2}$$

따라서 3 %의 소금물의 양은 70 g이다.

41 두 밀크티 A, B의 농도를 각각 x %, y %라고 하면 밀크티 A 80 g, 밀크티 B 60 g에 녹아 있는 밀크의 양은 각각 $\left(\dfrac{x}{100}\times 80\right)$ g, $\left(\dfrac{y}{100}\times 60\right)$ g이고 그 합은 10 %의 밀크티 140 g에 녹아 있는 밀크의 양과 같으므로

$$\dfrac{x}{100}\times 80+\dfrac{y}{100}\times 60=\dfrac{10}{100}\times 140$$

또, 밀크티 A 60 g, 밀크티 B 80 g에 녹아 있는 밀크의 양은 각각 $\left(\dfrac{x}{100}\times 60\right)$ g, $\left(\dfrac{y}{100}\times 80\right)$ g이고 그 합은 8 %의 밀크티 140 g에 녹아 있는 밀크의 양과 같으므로

$$\dfrac{x}{100}\times 60+\dfrac{y}{100}\times 80=\dfrac{8}{100}\times 140$$

두 식을 간단히 하면 $\begin{cases} 4x+3y=70 \\ 3x+4y=56 \end{cases}$

$$\therefore x=16,\ y=2$$

따라서 밀크티 A의 농도는 16 %, 밀크티 B의 농도는 2 %이다.

42 설탕물 A, B의 농도를 각각 x %, y %라고 하면

$$\begin{cases} \dfrac{x}{100}\times 40+\dfrac{y}{100}\times 60=\dfrac{7}{100}\times 100 \\ \dfrac{x}{100}\times 60+\dfrac{y}{100}\times 40=\dfrac{8}{100}\times 100 \end{cases} \text{에서}$$

$$\begin{cases} 2x+3y=35 \\ 3x+2y=40 \end{cases}$$

$$\therefore x=10,\ y=5$$

따라서 설탕물 A의 농도는 10 %이다.

43 두 시럽 A, B의 농도를 각각 x %, y %라고 하면 시럽 A 500 mL, 시럽 B 300 mL에 섞여 있는 타미플루의 양은 각각 $\left(\dfrac{x}{100}\times 500\right)$ mL, $\left(\dfrac{y}{100}\times 300\right)$ mL이고 그 합은 10 %의 시럽 800 mL에 섞여 있는 타미플루의 양과 같으므로

$$\frac{x}{100}\times 500+\frac{y}{100}\times 300=\frac{10}{100}\times 800$$

나머지 시럽 A 300 mL, 시럽 B 500 mL에 섞여 있는 타미플루의 양은 각각 $\left(\dfrac{x}{100}\times 300\right)$ mL, $\left(\dfrac{y}{100}\times 500\right)$ mL이고 그 합은 12 %의 시럽 800 mL에 섞여 있는 타미플루의 양과 같으므로

$$\frac{x}{100}\times 300+\frac{y}{100}\times 500=\frac{12}{100}\times 800$$

두 식을 간단히 하면

$$\begin{cases} 5x+3y=80 \\ 3x+5y=96 \end{cases}$$

$\therefore x=7,\ y=15$

따라서 시럽 B의 농도는 15 %이다.

44 농도가 다른 처음의 두 소금물의 농도를 각각 x %, y %라 하면 서로 바꾸어 넣은 후 15 %의 소금물에 녹아 있는 소금의 양은

$$\frac{x}{100}\times 150+\frac{y}{100}\times 50=\frac{15}{100}\times 200$$

서로 바꾸어 넣은 후 25 %의 소금물에 녹아 있는 소금의 양은

$$\frac{y}{100}\times 150+\frac{x}{100}\times 50=\frac{25}{100}\times 200$$

두 식을 간단히 하면 $\begin{cases} 3x+y=60 \\ x+3y=100 \end{cases}$

$\therefore x=10,\ y=30$

따라서 처음 두 소금물의 농도는 각각 10 %, 30 %이다.

45 두 합금 X, Y의 양을 각각 x kg, y kg이라고 하면 합금 X 안에 들어 있는 구리의 양은 $\dfrac{30}{100}x$ kg이고, 합금 Y 안에 들어 있는 구리의 양은 $\dfrac{80}{100}y$ kg이므로

$$\begin{cases} x+y=30 \\ \dfrac{30}{100}x+\dfrac{80}{100}y=\dfrac{50}{100}\times 30 \end{cases} \text{에서} \begin{cases} x+y=30 \\ 3x+8y=150 \end{cases}$$

$\therefore x=18,\ y=12$

따라서 합금 Y는 12 kg이 필요하다.

46 14K와 24K의 양을 각각 x g, y g이라고 하면 각각에 포함된 금의 양은 $\dfrac{60}{100}x$ g, y g이므로

$$\begin{cases} x+y=8 \\ \dfrac{60}{100}x+y=\dfrac{75}{100}\times 8 \end{cases} \text{에서} \begin{cases} x+y=8 \\ 3x+5y=30 \end{cases}$$

$\therefore x=5,\ y=3$

따라서 14K는 5 g이 필요하다.

47 필요한 합금 A, B의 양을 각각 x kg, y kg이라 하면

$$\begin{cases} \dfrac{70}{100}x+\dfrac{40}{100}y=5 \\ \dfrac{30}{100}x+\dfrac{60}{100}y=6 \end{cases} \text{에서} \begin{cases} 7x+4y=50 \\ x+2y=20 \end{cases}$$

$\therefore x=2,\ y=9$

따라서 합금 B는 9 kg이 필요하다.

48 합금 A, B의 양을 각각 x g, y g이라고 하면 합금 A에 들어 있는 구리와 니켈의 양은 각각 $\dfrac{2}{3}x$ g, $\dfrac{1}{3}x$ g이고, 합금 B에 들어 있는 구리와 니켈의 양은 각각 $\dfrac{1}{4}y$ g, $\dfrac{3}{4}y$ g이므로

$$\begin{cases} x+y=200 \\ \left(\dfrac{2}{3}x+\dfrac{1}{4}y\right):\left(\dfrac{1}{3}x+\dfrac{3}{4}y\right)=3:2 \end{cases} \text{에서}$$

$$\begin{cases} x+y=200 \\ 4x-21y=0 \end{cases}$$

$\therefore x=168,\ y=32$

따라서 합금 A는 168 g, 합금 B는 32 g이 필요하다.

49 나연이와 현정이가 받는 한 달 용돈의 비가 3 : 5이므로 나연이와 현정이의 한 달 용돈을 각각 $3k$원, $5k$원(k는 자연수)이라 하고, 지출하는 돈의 비가 1 : 2이므로 나연이와 현정이의 지출액을 각각 m원, $2m$원(m은 자연수)이라 하자.

두 사람 모두 용돈을 지출하고 남은 돈이 5000원이므로

$$\begin{cases} 3k-m=5000 \\ 5k-2m=5000 \end{cases}$$

$\therefore k=5000,\ m=10000$

즉, 나연이의 용돈은

$3k=3\times 5000=15000$(원)

현정이의 용돈은

$5k=5\times 5000=25000$(원)

따라서 두 사람의 용돈의 차는

$25000-15000=10000$(원)

50 작년의 남녀 학생 수를 각각 x명, y명이라고 하면 올해 증가한 남학생 수는 $\dfrac{8}{100}x$명이고, 올해 감소한 여학생 수는 $\dfrac{5}{100}y$명이므로

$$\begin{cases} x+y=600 \\ \dfrac{8}{100}x-\dfrac{5}{100}y=-4 \end{cases} \text{에서} \begin{cases} x+y=600 \\ 8x-5y=-400 \end{cases}$$

$$\therefore x=200, \ y=400$$

따라서 올해의 여학생 수는

$$\left(1-\dfrac{5}{100}\right)y=\dfrac{95}{100}\times400=380(\text{명})$$

51 A, B 두 마을의 작년 인구를 각각 x명, y명이라고 하자. 올해 A 마을의 인구는 4 % 증가했으므로 $\dfrac{4}{100}x$명이 늘었고, B 마을의 인구는 6 % 감소했으므로 $\dfrac{6}{100}y$명이 줄어들어 결국 작년보다 총 인구가 82명 증가했다.

$$\therefore \begin{cases} x+y=3800 \\ \dfrac{4}{100}x-\dfrac{6}{100}y=82 \end{cases}$$

이 식을 간단히 하면

$$\begin{cases} x+y=3800 \\ 2x-3y=4100 \end{cases}$$

$$\therefore x=3100, \ y=700$$

따라서 A 마을의 올해 인구는

$$\left(1+\dfrac{4}{100}\right)x=\dfrac{104}{100}\times3100=3224(\text{명})$$

52 작년의 남녀 학생 수를 각각 x명, y명이라고 하면 올해 증가한 남학생 수는 $\dfrac{5}{100}x$명이고, 올해 증가한 여학생 수는 $\dfrac{8}{100}y$명이므로

$$\begin{cases} x+y=1200 \\ \dfrac{5}{100}x+\dfrac{8}{100}y=\dfrac{7}{100}\times1200 \end{cases} \text{에서}$$

$$\begin{cases} x+y=1200 \\ 5x+8y=8400 \end{cases}$$

$$\therefore x=400, \ y=800$$

따라서 올해의 남학생 수는

$$\left(1+\dfrac{5}{100}\right)x=\dfrac{105}{100}\times400=420(\text{명})$$

53 판매한 지우개 A, B의 개수를 각각 x, y라고 하면

$$x+y=50 \qquad \cdots\cdots \ \text{㉠}$$

A 지우개 한 개의 이익금은

$$500\times0.3=150(\text{원})$$

B 지우개 한 개의 이익금은

$$400\times0.2=80(\text{원})$$

총 5400원의 이익이 남았으므로

$$150x+80y=5400 \qquad \cdots\cdots \ \text{㉡}$$

㉠, ㉡을 간단히 하면

$$\begin{cases} x+y=50 \\ 15x+8y=540 \end{cases}$$

$$\therefore x=20, \ y=30$$

따라서 A 지우개는 20개 팔았다.

54 두 상품 A, B의 원가를 각각 x원, y원이라고 하면

$$x+y=20000$$

A 상품의 이익금은 $0.2x$원, B 상품의 할인액은 $0.3y$원이고 3000원의 이익이 생겼으므로

$$0.2x-0.3y=3000$$

두 식을 간단히 하면

$$\begin{cases} x+y=20000 \\ 2x-3y=30000 \end{cases}$$

$$\therefore x=18000, \ y=2000$$

따라서 A 상품의 원가는 18000원이다.

55 두 상품 A, B의 원가를 각각 x원, y원이라고 하면

$$\begin{cases} x+y=7000 \\ \left(1+\dfrac{20}{100}\right)x=\left(1-\dfrac{10}{100}\right)y \end{cases} \text{에서}$$

$$\begin{cases} x+y=7000 \\ 4x=3y \end{cases}$$

$$\therefore x=3000, \ y=4000$$

따라서 A 상품의 원가는 3000원, B 상품의 원가는 4000원이다.

56 A 상품의 원가를 x원, B 상품의 원가를 y원이라고 하면

$$\begin{cases} x+y=5000 \\ 0.2x+0.3y=1300 \end{cases} \text{에서}$$

$$\begin{cases} x+y=5000 \\ 2x+3y=13000 \end{cases}$$

$$\therefore x=2000, \ y=3000$$

따라서 B 상품의 정가는

$$(1+0.3)y=1.3\times3000=3900(\text{원})$$

57 두 샤프펜슬 중 더 비싼 샤프펜슬을 A, 더 싼 샤프펜슬을 B라 하고 각각의 원가를 x원, y원이라고 하면

$$x-y=2000$$

A, B 두 샤프펜슬에 20 %의 이익을 붙였으므로 정가는 각각 $\left(1+\dfrac{20}{100}\right)x$, $\left(1+\dfrac{20}{100}\right)y$이다.

$$\therefore \dfrac{120}{100}x+\dfrac{120}{100}y=4800$$

두 식을 간단히 하면

$$\begin{cases} x-y=2000 \\ x+y=4000 \end{cases}$$

$\therefore x=3000,\ y=1000$

따라서 더 비싼 샤프펜슬의 정가는

$$\left(1+\frac{20}{100}\right)x=\frac{120}{100}\times 3000=3600(원)$$

58 전체 일의 양을 1이라 하고, A, B가 1분 동안 할 수 있는 일의 양을 각각 $x,\ y$라 하면

$$\begin{cases}5x+5y=1\\4x+6y=1\end{cases}$$

$$\therefore x=\frac{1}{10},\ y=\frac{1}{10}$$

따라서 B가 1분 동안 할 수 있는 일의 양은 $\frac{1}{10}$이므로 B 혼자 교실 정리를 한다면 10분이 걸린다.

59 전체 일의 양을 1이라 하고, 동현이와 재석이가 1시간 동안 할 수 있는 일의 양을 각각 $x,\ y$라 하면

$$\begin{cases}4x+4y=1\\2x+5y=1\end{cases}$$

$$\therefore x=\frac{1}{12},\ y=\frac{1}{6}$$

동현이와 재석이가 1시간 동안 할 수 있는 일의 양이 각각 $\frac{1}{12},\ \frac{1}{6}$이므로 두 사람이 혼자서 일을 끝낼 때 걸리는 시간은 각각 12시간, 6시간이다.

따라서 동현이와 재석이가 혼자서 일을 끝낼 때 걸리는 시간의 차는

$12-6=6(시간)$

60 전체 일의 양을 1이라 하고, 지훈이와 유진이가 하루에 할 수 있는 일의 양을 각각 $x,\ y$라 하면

$$\begin{cases}4x+6y=1\\8x+3y=1\end{cases}$$

$$\therefore x=\frac{1}{12},\ y=\frac{1}{9}$$

따라서 지훈이가 하루에 할 수 있는 일의 양은 $\frac{1}{12}$이므로 지훈이가 혼자서 이 일을 하면 12일이 걸린다.

61 물통에 물을 가득 채웠을 때 물의 양을 1이라 하고, A, B 호스로 1분 동안 채울 수 있는 물의 양을 각각 $x,\ y$라 하면

$$\begin{cases}2x+2y=1\\x+4y=1\end{cases}$$

$$\therefore x=\frac{1}{3},\ y=\frac{1}{6}$$

따라서 B 호스로 1분 동안 채울 수 있는 물의 양이 $\frac{1}{6}$이므로 B 호스로만 물통을 가득 채우려면 6분이 걸린다.

62 물탱크에 가득 채워진 물의 양을 1이라 하고, A, B 호스로 1시간 동안 채울 수 있는 물의 양을 각각 $x,\ y$라 하면

$$\begin{cases}x+6y=1\\2x+3y=1\end{cases}$$

$$\therefore x=\frac{1}{3},\ y=\frac{1}{9}$$

따라서 A 호스로 1시간 동안 채울 수 있는 물의 양은 $\frac{1}{3}$이므로 A 호스로만 물을 가득 채우려면 3시간이 걸린다.

63 주어진 원료로 제품 P를 x톤, 제품 Q를 y톤 만들었다고 하면

$$\begin{cases}2x+5y=14\\2x+3y=10\end{cases}\qquad \therefore x=2,\ y=2$$

따라서 제품 P를 2톤, 제품 Q를 2톤 생산하였으므로 이익은

$2\times 20+2\times 30=40+60=100(만\ 원)$

64 2번 주문에서 카페라테 2잔에 10000원이므로 카페라테의 가격은 5000원

아메리카노의 가격을 x원, 카푸치노의 가격을 y원이라고 하면 1번 주문에서 $3x+5000+y=23500$

$\therefore 3x+y=18500$ ...... ㉠

3번 주문에서 $2x+2y=19000$

$\therefore x+y=9500$ ...... ㉡

㉠, ㉡을 연립하여 풀면 $x=4500,\ y=5000$

따라서 아메리카노의 가격은 4500원, 카푸치노의 가격은 5000원이므로 현정이가 지불해야 할 금액은

$4500+5000+5000=14500(원)$

65 구입한 스팸과 오이의 개수를 각각 $x,\ y$라 하면 합해서 10개 구입했으므로

$x+y=10$ ...... ㉠

스팸은 10 % 할인했으므로 개당 $4500\times\frac{10}{100}=450(원)$을 덜 내도 되고, 오이는 30 % 올랐으므로 개당 $1200\times\frac{30}{100}=360(원)$을 더 내야 한다.

따라서 덜 낸 것과 더 낸 것의 합계가 360원이므로

$-450x+360y=360$ ...... ㉡

㉠, ㉡을 연립하여 풀면 $x=4,\ y=6$이므로 해피는 스팸을 4개, 오이를 6개 구입했다.

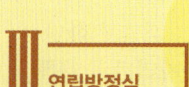
단원 종합 문제

114~118쪽

01 ②	**02** $\dfrac{1}{2}$	**03** $x=-2, y=3$
04 $x=-8, y=-7$	**05** ④	**06** ④
07 ①	**08** ⑤	**09** -12	**10** -1
11 ②	**12** ①	**13** 4
14 $x=3, y=1$	**15** ⑤	**16** 96	**17** 5개
18 ⑤	**19** ⑤	**20** 24분
21 100 m	**22** 영서 : 분속 40 m, 선정 : 분속 30 m
23 ②	**24** 안경 : 76개, 콘택트렌즈 : 25개
25 4000원	**26** 24일	**27** $x=2, y=0$ **28** $\dfrac{5}{2}$
29 $x=\dfrac{4}{3}, y=-4$		**30** 10

01 ① $7x-y=2$에서 $y=7x-2$
$x=1, 2, 3, \cdots$ 일 때 $y=5, 12, 19, \cdots$이므로 해가 무수히 많다.

② $4x+5y=10$에서 $y=2-\dfrac{4}{5}x$
$x=5, 10, 15, \cdots$ 일 때 $y=-2, -6, -10, \cdots$이므로 x와 y가 모두 자연수인 해는 없다.

③ $3x+4y=20$에서 $y=5-\dfrac{3}{4}x$
$x=4, 8, 12, \cdots$ 일 때 $y=2, -1, -4, \cdots$이므로 x, y가 자연수인 해는 $(4, 2)$이다.

④ $x+y=5$에서 $y=5-x$
$x=1, 2, 3, 4, 5, \cdots$일 때 $y=4, 3, 2, 1, 0, \cdots$이므로 x, y가 자연수인 해는 $(1, 4), (2, 3), (3, 2), (4, 1)$이다.

⑤ $x+2y=6$에서 $y=3-\dfrac{x}{2}$
$x=2, 4, 6, \cdots$ 일 때 $y=2, 1, 0, \cdots$이므로 x, y가 자연수인 해는 $(2, 2), (4, 1)$이다.

02 $\begin{cases} 3x-y=5 & \cdots\cdots\ \text{㉠} \\ 2x+2y=1 & \cdots\cdots\ \text{㉡} \end{cases}$
㉠$\times 2+$㉡을 하면

$8x=11$ $\therefore x=\dfrac{11}{8}$
$x=\dfrac{11}{8}$을 ㉠에 대입하면
$\dfrac{33}{8}-y=5$ $\therefore y=-\dfrac{7}{8}$
따라서 $a=\dfrac{11}{8}, b=-\dfrac{7}{8}$이므로
$a+b=\dfrac{11}{8}+\left(-\dfrac{7}{8}\right)=\dfrac{1}{2}$

03 $y=-2x-1$을 $4x+7y=13$에 대입하면
$4x+7(-2x-1)=13$
$10x=-20$ $\therefore x=-2$
$x=-2$를 $y=-2x-1$에 대입하면 $y=3$

04 주어진 연립방정식의 두 식의 양변에 각각 10을 곱하면
$\begin{cases} 3x-2y=-10 \\ 4x-5y=3 \end{cases}$
이 연립방정식을 풀면 $x=-8, y=-7$

05 연립방정식 $\begin{cases} 3x+2(y-1)=-4 \\ -2(x-y)+5y=-7 \end{cases}$의 해가 (a, b)
이므로 괄호를 풀어 정리하면
$\begin{cases} 3x+2y=-2 \\ -2x+7y=-7 \end{cases}$
이 연립방정식을 풀면 $x=0, y=-1$
따라서 $a=0, b=-1$이므로 $a-4b=0+4=4$

06 x의 값이 y의 값의 5배이므로 $x=5y$
연립방정식 $\begin{cases} 0.4x-0.5y=9 & \cdots\cdots\ \text{㉠} \\ x=5y & \cdots\cdots\ \text{㉡} \end{cases}$에서
㉠$\times 10$을 하면 $\begin{cases} 4x-5y=90 \\ x=5y \end{cases}$
이 연립방정식을 풀면 $x=30, y=6$
$2(x-3y)+5y=9m$을 정리하면 $2x-y=9m$이므로
$x=30, y=6$을 대입하면
$60-6=9m$ $\therefore m=6$

07 $\begin{cases} 4x-y+7=5y-9 \\ 3(x+y)+13=5y-9 \end{cases}$에서 $\begin{cases} 2x-3y=-8 \\ 3x-2y=-22 \end{cases}$
이 연립방정식을 풀면 $x=-10, y=-4$
따라서 $a=-10, b=-4$이므로
$a+b=-10+(-4)=-14$

08 $\dfrac{1}{x}=A, \dfrac{1}{y}=B$라 하면 주어진 연립방정식은
$\begin{cases} A-2B=-7 \\ 3A-B=4 \end{cases}$

이 연립방정식을 풀면 $A=3$, $B=5$

따라서 $\frac{1}{x}=3$, $\frac{1}{y}=5$이므로 $x=\frac{1}{3}$, $y=\frac{1}{5}$

$\therefore 6x-5y=6\times\frac{1}{3}-5\times\frac{1}{5}=1$

09 $x:y=2:5$이므로 $2y=5x$

연립방정식 $\begin{cases}5x+2y=30\\2y=5x\end{cases}$ 를 풀면

$x=3$, $y=\frac{15}{2}$

$\therefore x-2y=3-2\times\frac{15}{2}=-12$

10 해가 무수히 많으려면 $\frac{4a}{8}=\frac{-2b}{4}=\frac{7}{1}$이어야 하므로

$\frac{a}{2}=7$에서 $a=14$, $\frac{-b}{2}=7$에서 $b=-14$

$\therefore \frac{a}{b}=\frac{14}{-14}=-1$

11 주어진 연립방정식을 정리하면

$\begin{cases}2x+y=a\\2x+y=-1\end{cases}$

해가 없으려면 $\frac{2}{2}=\frac{1}{1}\neq\frac{a}{-1}$이어야 하므로

$a\neq-1$

12 연립방정식 $\begin{cases}(a+3)x+2y-5=0\\-3x+3y-1=0\end{cases}$ 의 해가 없으므로

$\frac{a+3}{-3}=\frac{2}{3}\neq\frac{-5}{-1}$이어야 한다.

$\frac{a+3}{-3}=\frac{2}{3}$에서 $a+3=-2$

$\therefore a=-5$

13 연립방정식 $\begin{cases}x+2y=6\\x-3y=1\end{cases}$ 을 풀면

$x=4$, $y=1$

$x=4$, $y=1$을 $2x-by=5$에 대입하면

$2\times4-b\times1=5$ $\quad\therefore b=3$

$x=4$, $y=1$을 $ax-y=-5$에 대입하면

$a\times4-1=-5$ $\quad\therefore a=-1$

$\therefore b-a=3-(-1)=4$

14 상수항 a, b를 바꾼 식 $\begin{cases}2x-y=b\\3x+y=a\end{cases}$ 에 $x=3$, $y=-4$

를 대입하면 $a=5$, $b=10$이므로

연립방정식 $\begin{cases}2x-y=5\\3x+y=10\end{cases}$ 을 풀면

$x=3$, $y=1$

15 처음 수의 십의 자리의 숫자를 x, 일의 자리의 숫자를 y라고 하면

$\begin{cases}x+y=13\\10y+x=(10x+y)-45\end{cases}$ 에서

$\begin{cases}x+y=13\\x-y=5\end{cases}$ $\quad\therefore x=9$, $y=4$

따라서 처음 수는 94이다.

16 처음 수의 십의 자리의 숫자를 x, 일의 자리의 숫자를 y라고 하면

$\begin{cases}6(x+y)+6=10x+y\\10y+x=(10x+y)-27\end{cases}$ 에서 $\begin{cases}4x-5y=6\\x-y=3\end{cases}$

$\therefore x=9$, $y=6$

따라서 처음 수는 96이다.

17 오렌지의 개수를 x, 사과의 개수를 y라고 하면

$\begin{cases}x+y=12\\700x+800y=9100\end{cases}$ 에서 $\begin{cases}x+y=12\\7x+8y=91\end{cases}$

$\therefore x=5$, $y=7$

따라서 오렌지는 5개를 샀다.

18 지석이가 이긴 횟수를 x회, 민영이가 이긴 횟수를 y회라고 하면

$\begin{cases}3x-2y=15\\-2x+3y=5\end{cases}$ $\quad\therefore x=11$, $y=9$

따라서 지석이가 이긴 횟수는 11회이다.

19 규리와 현지가 맞힌 문제의 개수를 각각 x, y라고 하면 규리와 현지가 맞히지 못한 문제의 개수는 각각 y, x이다.

두 사람의 최종 점수로부터 $\begin{cases}2x-y=8\\-x+2y=2\end{cases}$

$\therefore x=6$, $y=4$

따라서 규리는 6문제를 맞혔다.

20

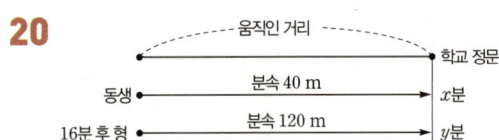

동생이 걸은 시간을 x분, 형이 자전거를 타고 간 시간을 y분이라고 하면 동생이 출발한 지 16분 후에 형이 출발했고, 동생과 형이 움직인 거리는 같으므로

$\begin{cases}x=y+16\\40x=120y\end{cases}$ 에서 $\begin{cases}x=y+16\\x=3y\end{cases}$

$\therefore x=24, y=8$

따라서 동생이 학교까지 가는 데 걸린 시간은 24분이다.

21

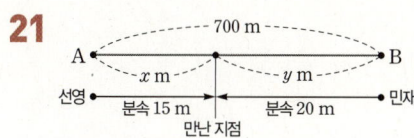

선영이와 민재가 걸은 거리를 각각 x m, y m라고 하면

$x+y=700$

두 사람이 만날 때까지 걸은 시간은 같으므로

$\dfrac{x}{15}=\dfrac{y}{20}$

두 식을 간단히 하면

$\begin{cases} x+y=700 \\ 4x=3y \end{cases}$　$\therefore x=300, y=400$

따라서 두 사람이 걸은 거리의 차는

$400-300=100(\text{m})$

22

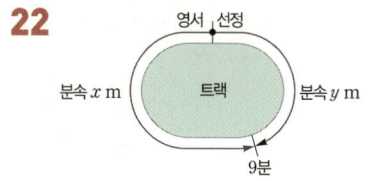

영서와 선정이의 속력을 각각 분속 x m, 분속 y m라고 하면
영서가 160 m를 걷는 동안 선정이는 120 m를 걸으므로

$x:y=160:120$

두 사람이 9분 동안 걸은 거리의 합은 트랙의 둘레의 길이인
630 m이므로

$9x+9y=630$

두 식을 간단히 하면 $\begin{cases} 3x=4y \\ x+y=70 \end{cases}$

$\therefore x=40, y=30$

따라서 영서의 속력은 분속 40 m, 선정이의 속력은 분속
30 m이다.

23 5 %, 9 %의 소금물에 녹아 있는 소금의 양은 각각

$\dfrac{5}{100}x$ g, $\dfrac{9}{100}y$ g이고, 그 합은 8 %의 소금물 600 g에 녹

아 있는 소금의 양과 같으므로

$\begin{cases} x+y=600 \\ \dfrac{5}{100}x+\dfrac{9}{100}y=\dfrac{8}{100}\times600 \end{cases}$ 에서

$\begin{cases} x+y=600 \\ 5x+9y=4800 \end{cases}$　$\therefore x=150, y=450$

$\therefore y-x=450-150=300$

24 어제 판매한 안경과 콘택트렌즈의 개수를 각각 x, y라
고 하면 합하여 100개를 팔았으므로

$x+y=100$　$\cdots\cdots$ ㉠

오늘 덜 팔린 안경의 개수는 $\dfrac{5}{100}x$, 더 팔린 콘택트렌즈의 개

수는 5이고 전체적으로는 1개 더 팔렸으므로

$-\dfrac{5}{100}x+5=1$에서 $x=80$이고, ㉠에서 $y=20$

따라서 오늘 판매한 안경은

$\dfrac{95}{100}x=\dfrac{95}{100}\times80=76(\text{개})$이고,

콘택트렌즈는 $y+5=20+5=25(\text{개})$이다.

25 두 상품 A, B의 원가를 각각 x원, y원이라고 하면 A,
B 두 상품의 이익금은 각각 $0.25x$원, $0.3y$원이므로

$\begin{cases} x+y=5800 \\ 0.25x+0.3y=1580 \end{cases}$ 에서 $\begin{cases} x+y=5800 \\ 5x+6y=31600 \end{cases}$

$\therefore x=3200, y=2600$

따라서 A 상품의 판매 가격은

$(1+0.25)x=1.25\times3200=4000(\text{원})$

26 전체 일의 양을 1이라 하고, 민선, 상범이가 하루에 할
수 있는 일의 양을 각각 x, y라 하면

$\begin{cases} 8x+8y=1 \\ 5x+14y=1 \end{cases}$　$\therefore x=\dfrac{1}{12}, y=\dfrac{1}{24}$

따라서 상범이가 하루에 할 수 있는 일의 양은 $\dfrac{1}{24}$이므로 전

체 1만큼의 일을 혼자서 마치려면 24일이 걸린다.

27 $2^{3x}\div2^{x+y}=2^4$, $3x-(x+y)=4$, $2x-y=4$

$3^{2x+2y}\div3^{4y}=3^4$, $2x+2y-4y=4$, $2x-2y=4$, $x-y=2$

x, y에 관한 연립일차방정식 $\begin{cases} 2x-y=4 \\ x-y=2 \end{cases}$ 를 풀면

$x=2, y=0$

28 $\begin{cases} 2a+ab+2b=12 \\ a-3ab+b=-1 \end{cases}$ 에서 $\begin{cases} 2(a+b)+ab=12 \\ (a+b)-3ab=-1 \end{cases}$

$a+b=A$, $ab=B$라 하면

$\begin{cases} 2A+B=12 \\ A-3B=-1 \end{cases}$

이 연립방정식을 풀면 $A=5$, $B=2$

따라서 $a+b=5$, $ab=2$이므로

$\dfrac{1}{a}+\dfrac{1}{b}=\dfrac{a+b}{ab}=\dfrac{5}{2}$

29 $\dfrac{xy}{x+y}=m$, $\dfrac{xy}{x-y}=n$이라고 하면

$\begin{cases} 2m+3n=1 \\ 2m+n=3 \end{cases}$ ∴ $m=2$, $n=-1$

$\begin{cases} \dfrac{xy}{x+y}=2 \\ \dfrac{xy}{x-y}=-1 \end{cases}$ 에서 양변에 역수를 취하면

$\begin{cases} \dfrac{x+y}{xy}=\dfrac{1}{2} \\ \dfrac{x-y}{xy}=-1 \end{cases}$ 이므로 $\begin{cases} \dfrac{1}{y}+\dfrac{1}{x}=\dfrac{1}{2} \\ \dfrac{1}{y}-\dfrac{1}{x}=-1 \end{cases}$

연립하여 풀면 $\dfrac{1}{x}=\dfrac{3}{4}$, $\dfrac{1}{y}=-\dfrac{1}{4}$ ∴ $x=\dfrac{4}{3}$, $y=-4$

30 처음에 부르려고 했던 6분짜리 곡의 개수를 x, 8분짜리 곡의 개수를 y라고 하자. 2곡을 부를 때 쉬는 시간은 1분, 3곡을 부를 때 쉬는 시간은 2분이므로 $(x+y)$곡을 부를 때 쉬는 시간은 $x+y-1$(분)

원래의 계획된 공연 시간은

$6x+8y+(x+y-1)=105$ ······ ㉠

주최측의 실수로 바뀐 공연 시간은

$8x+6y+(x+y-1)=117$ ······ ㉡

연립방정식 $\begin{cases} 7x+9y=106 \\ 9x+7y=118 \end{cases}$ 을 풀면 $x=10$, $y=4$

따라서 처음에 부르려고 했던 6분짜리 곡의 개수는 10이다.

1 함수

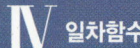
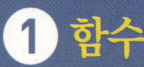

주제별 실력다지기

121~126쪽

01 (a, c), (a, d), (a, e), (b, c), (b, d), (b, e)		**02** ③	
03 ④	**04** ㄱ, ㄷ, ㄹ	**05** 2	**06** ④
07 ②, ④	**08** ④	**09** ③	**10** 5
11 ④	**12** ③	**13** ③	**14** ①
15 ②	**16** 14	**17** ⑤	**18** ④
19 ①	**20** 0	**21** ⑤	**22** ④
23 5	**24** -3	**25** 2	**26** -2
27 22	**28** ④	**29** 15	**30** 28

01 x의 문자 a, b를 순서쌍의 앞자리에 넣은 후 그 각각에 대하여 y의 문자 c, d, e를 하나하나 짝지어 순서쌍의 뒷자리에 넣으면 되므로 구하는 순서쌍은 (a, c), (a, d), (a, e), (b, c), (b, d), (b, e)이다.

02 ③ x가 6일 때, y의 값은 2, 3, 5로 하나로 정해지지 않으므로 함수가 아니다.

03 ① $y=8x$ ② $y=2\times\pi\times x=2\pi x$ ③ $y=\dfrac{8}{100}x$

④ x가 8일 때, y의 값은 1, 3, 5, 7, 9, ⋯로 하나로 정해지지 않으므로 함수가 아니다.

⑤ 자연수 x보다 작은 홀수의 개수 y는 하나씩 정해지므로 함수이다.

04 ㄱ. $y=700x$ ㄷ. $y=\dfrac{7}{100}x$ ㄹ. $y=\dfrac{200}{x}$

ㄴ. x가 4일 때, y의 값은 1, 2, 3으로 하나로 정해지지 않으므로 함수가 아니다.

ㅁ. 둘레의 길이가 같은 두 삼각형이라도 밑변의 길이와 높이에 따라 넓이가 달라질 수 있다. 즉, 둘레의 길이가 x cm 인 삼각형의 넓이 y cm²는 하나로 정해지지 않으므로 함수가 아니다.

05 ㄱ. 약수의 개수가 2개인 자연수는 $y=2, 3, 5, \cdots$로 하나로 정해지지 않으므로 함수가 아니다.

ㄴ. $y=1000x$이므로 함수이다.

ㄷ. x와 y는 관계가 없으므로 함수가 아니다.

ㄹ. 자연수 x보다 큰 수 y는 무수히 많으므로 함수가 아니다.

ㅁ. $y=5x$이므로 함수이다.

따라서 함수는 ㄴ, ㅁ으로 개수는 2이다.

06 ④ x가 0.5일 때, y의 값은 0, 1로 하나로 정해지지 않으므로 함수가 아니다.

07 ① $x=3$일 때, $y=3$이 되어 주어진 y의 값 중 대응되는 값이 없으므로 함수가 아니다.

② $x=1$일 때, $y=1-2=-1$이므로 주어진 y의 값에 대응된다.

$x=2$일 때, $y=2-2=0$이므로 주어진 y의 값에 대응된다.

$x=3$일 때, $y=3-2=1$이므로 주어진 y의 값에 대응된다.

③ $x=2$일 때, $y=-4+1=-3$이 되어 주어진 y의 값 중 대응되는 값이 없으므로 함수가 아니다.

④ $x=1$일 때, $y=-1+3=2$이므로 주어진 y의 값에 대응된다.

$x=2$일 때, $y=-2+3=1$이므로 주어진 y의 값에 대응된다.

$x=3$일 때, $y=-3+3=0$이므로 주어진 y의 값에 대응된다.

⑤ $x=1$일 때, $y=\dfrac{6}{1}=6$이 되어 주어진 y의 값 중 대응되는 값이 없으므로 함수가 아니다.

08 $f(3)=-\dfrac{1}{3}\times 3+5=4$

09 $f(-8)=-\dfrac{-8}{4}=2$, $g(3)=\dfrac{6}{3}-3=-1$

$\therefore f(-8)+g(3)=2+(-1)=1$

10 $f(a)=3$이므로 $2a-7=3$, $2a=10$ $\quad \therefore a=5$

11 $3x-4=11$, $3x=15$ $\quad \therefore x=5$

12 $-2a+1=-5$, $-2a=-6$ $\quad \therefore a=3$

$f(1)=-2\times 1+1=-2+1=-1$ $\quad \therefore b=-1$

$\therefore ab=3\times(-1)=-3$

13 $g(8)=\dfrac{6}{8}=\dfrac{3}{4}$이므로 $a=\dfrac{3}{4}$

$\therefore f(a)=f\left(\dfrac{3}{4}\right)=-\dfrac{4}{3}\times\dfrac{3}{4}=-1$

14 $f(5)+f(12)=1+0=1$

15 x가 1, 2, 3, 4, 5, 6, 7, 8, 9, 10이고,

$f(1)=0$, $f(2)=0$, $f(3)=1$, $f(4)=2$, $f(5)=2$,

$f(6)=3$, $f(7)=3$, $f(8)=4$, $f(9)=4$, $f(10)=4$

이므로 $f(x)=3$을 만족하는 x는 6, 7로 개수는 2이다.

16 $f(x)\leq 3$에서 $f(x)=1, 2, 3$이므로

(ⅰ) $f(x)=1$, 즉 약수의 개수가 1개인 수는 1뿐이다.

(ⅱ) $f(x)=2$, 즉 약수의 개수가 2개인 수는 소수이므로 2, 3, 5, 7, 11, 13, 17, 19, 23, 29의 10개이다.

(ⅲ) $f(x)=3$, 즉 약수의 개수가 3개인 수는 소수의 제곱인 수이므로 4, 9, 25의 3개이다.

따라서 (ⅰ), (ⅱ), (ⅲ)에서 x의 개수는 14이다.

17 $f(1)=2$이므로 $5\times 1+k=2$ $\quad \therefore k=-3$

따라서 $f(x)=5x-3$이므로 $f(a)=-18$에서

$5a-3=-18$, $5a=-15$ $\quad \therefore a=-3$

18 $f(5)=-1$이므로 $5a+4=-1$ $\quad \therefore a=-1$

따라서 $f(x)=-x+4$이므로

$f(-2)=-(-2)+4=6$

19 $f(x)=ax+3$에 대하여 $f(1)=-1$이므로

$a+3=-1$ $\quad \therefore a=-4$

$f(x)=-4x+3$에서 $f\left(-\dfrac{1}{2}\right)=2+3=5$

$\therefore b=5$

$\therefore a-b=-4-5=-9$

20 $f(2)=1$이므로 $2\times 2+k=1$에서 $k=-3$

$\therefore f(x)=2x-3$

$f(2a)-f(a-1)=(2\times 2a-3)-\{2(a-1)-3\}=2$

$(4a-3)-(2a-5)=2$, $2a+2=2$ $\quad \therefore a=0$

21 $f(-2)=6$이므로 $\dfrac{k}{-2}=6$ $\quad \therefore k=-12$

따라서 $f(x)=-\dfrac{12}{x}$이므로

$2f(3)-2f(8)=2\times\left(-\dfrac{12}{3}\right)-2\times\left(-\dfrac{12}{8}\right)$

$\qquad\qquad\qquad =-8+3=-5$

22 $f(4)-f(-7)=\dfrac{a}{4}-\left(-\dfrac{a}{7}\right)=\dfrac{11}{28}a=11$에서

$\dfrac{11}{28}a=11$이므로 $a=28$

따라서 $f(x)=\dfrac{28}{x}$이므로

$f(2)=\dfrac{28}{2}=14$

23 $f(x)=ax-2$에 대하여 $f(2)=4$이므로

$f(2)=2a-2=4$에서 $2a-2=4$ $\therefore a=3$

따라서 $f(n)=3n-2$, $g(n)=n+8$에 대하여

$f(n)=g(n)$이므로

$3n-2=n+8$, $2n=10$ $\therefore n=5$

24 $\dfrac{1-x}{3}=1$일 때 $1-x=3$ $\therefore x=-2$

따라서 등호의 양쪽의 x에 각각 -2를 대입하면

$f\left(\dfrac{1-(-2)}{3}\right)=f(1)=2\times(-2)+1=-3$

25 $\dfrac{-2x+3}{2}=a$일 때 $x-2=-\dfrac{5}{2}$이므로

$x=-\dfrac{5}{2}+2=-\dfrac{1}{2}$

따라서 $\dfrac{-2x+3}{2}=a$에 $x=-\dfrac{1}{2}$을 대입하면

$a=\dfrac{-2\times\left(-\dfrac{1}{2}\right)+3}{2}=\dfrac{4}{2}=2$

26 $f(3)=-3+2=-1$, $g(2)=\dfrac{2}{2}+1=2$이므로

$f(g(2)-2f(3))=f(2-2\times(-1))=f(4)$
$\qquad\qquad\qquad\qquad\qquad\quad =-4+2=-2$

27 $f(-2)=-5\times(-2)+3=13$,

$f(-1)=-5\times(-1)+3=8$,

$f(0)=-5\times0+3=3$, $f(1)=-5\times1+3=-2$

따라서 구하는 함숫값의 합은 $13+8+3+(-2)=22$

28 $f(-1)=2\times(-1)-3=-5$,

$f(2)=2\times2-3=1$, $f(5)=2\times5-3=7$

따라서 함숫값은 -5, 1, 7이므로 $4-a=-5$에서 $a=9$

29 $y=2$일 때, $2=\dfrac{12}{x}$에서 $x=\dfrac{12}{2}=6$

$y=3$일 때, $3=\dfrac{12}{x}$에서 $x=\dfrac{12}{3}=4$

$y=4$일 때, $4=\dfrac{12}{x}$에서 $x=\dfrac{12}{4}=3$

$y=6$일 때, $6=\dfrac{12}{x}$에서 $x=\dfrac{12}{6}=2$

따라서 구하는 x의 값들의 합은 $2+3+4+6=15$

30 $y=2$일 때, $2=\dfrac{x}{4}+1$에서 $1=\dfrac{x}{4}$, $x=4$

$y=3$일 때, $3=\dfrac{x}{4}+1$에서 $2=\dfrac{x}{4}$, $x=8$

$y=5$일 때, $5=\dfrac{x}{4}+1$에서 $4=\dfrac{x}{4}$, $x=16$

따라서 구하는 x의 값들의 합은 $4+8+16=28$

② 일차함수와 그 그래프

주제별 실력다지기

130~145쪽

01 ②	**02** -5	**03** -5	**04** ②
05 ⑤	**06** ①	**07** 0	
08 -18	**09** $a=-2, b=\dfrac{1}{2}$		**10** ③
11 ①	**12** A$(0, -4)$	**13** ⑤	**14** ④
15 $(3, 0)$	**16** 15	**17** $-24, 4$	**18** 9
19 $-6, 6$	**20** 2	**21** $a=1, b=4$	**22** ⑤
23 ⑤	**24** -22	**25** 1	**26** $-\dfrac{1}{2}$
27 -11	**28** ①	**29** ④	**30** 6
31 $-\dfrac{1}{3}$	**32** ④	**33** ②	**34** -6
35 -5	**36** 8	**37** -5	**38** ⑤
39 $n=3m-9$	**40** $\dfrac{1}{5}$	**41** 1	
42 $a=\dfrac{4}{3}, b\neq-3$		**43** 3	**44** 0
45 P$\left(\dfrac{6}{5}, \dfrac{6}{5}\right)$	**46** ④	**47** $a=-\dfrac{2}{3}, b=18$	
48 -7	**49** ③	**50** $a=2, b=5$	

51 $a=-1$, $b=1$　　　　**52** ②

53 ①, ④　　**54** ③　　**55** ④

56 $a>0$, $b>0$　**57** $ac<0$　**58** ④

59 제2사분면　**60** 제1사분면　**61** $-1\leq y\leq 5$　**62** ④

63 -2　　**64** (1) $y=9x(0<x\leq 4)$　(2) 27 cm²

65 (1) $y=0.4x(0<x\leq 50)$　(2) 25초

66 (1) $y=-4x+48(0\leq x<12)$　(2) 40 cm²　**67** ⑤

68 (1) 풀이 참조　(2) 168 cm²　**69** 5분

70 초속 329 m　**71** $y=40-3x\left(0\leq x\leq\dfrac{40}{3}\right)$　**72** ④

73 128분

01 x와 y 사이의 관계식을 구하고 $y=ax+b(a\neq 0,\ a,\ b$ 는 상수)의 꼴로 나타내어진 것을 찾는다.

ㄱ. $y=5x$ ➡ 일차함수이다.

ㄴ. $y=\dfrac{3}{x}$ ➡ 분모에 x가 있으므로 일차함수가 아니다.

ㄷ. $y=x^2$ ➡ 이차함수이다.

ㄹ. $x+y=24$　∴ $y=-x+24$ ➡ 일차함수이다.

ㅁ. $y=\pi x^2$ ➡ 이차함수이다.

따라서 보기 중 일차함수인 것은 ㄱ, ㄹ이다.

02 $f(4)=3\times 4-1=11$

$f(-1)=3\times(-1)-1=-4$

$f(3)=3\times 3-1=8$

∴ $\dfrac{f(4)-f(-1)}{5-f(3)}=\dfrac{11-(-4)}{5-8}=\dfrac{15}{-3}=-5$

03 $f(x)=\dfrac{2}{3}x+a$에서 $f(3)=0$이므로

$f(3)=\dfrac{2}{3}\times 3+a=0$에서 $2+a=0$

∴ $a=-2$

$g(x)=bx-7$에서 $g(2)=5$이므로

$g(2)=2b-7=5$에서 $2b=12$

∴ $b=6$

따라서 $f(x)=\dfrac{2}{3}x-2$, $g(x)=6x-7$이므로

$f(-3)+g(1)=\left\{\dfrac{2}{3}\times(-3)-2\right\}+(6\times 1-7)$

$=-4+(-1)=-5$

04 일차함수 $f(x)=ax+b$라 하면

$f(-1)=2$이므로 $-a+b=2$

$f(2)=-7$이므로 $2a+b=-7$

위의 두 식을 연립하여 풀면

$a=-3$, $b=-1$

따라서 $f(x)=-3x-1$이므로

$f(5)=-3\times 5-1=-16$

05 x의 값이 -2, -1, 0, 1, 2이므로

$x=-2$일 때, $y=2\times(-2)-1=-5$

$x=-1$일 때, $y=2\times(-1)-1=-3$

$x=0$일 때, $y=2\times 0-1=-1$

$x=1$일 때, $y=2\times 1-1=1$

$x=2$일 때, $y=2\times 2-1=3$

따라서 y의 값은 -5, -3, -1, 1, 3이다.

06 $y=-5x+k$에 $x=k$, $y=8$을 대입하면

$8=-5k+k$, $4k=-8$

∴ $k=-2$

07 $y=3x+1$에 $x=-2$, $y=a$를 대입하면

$a=3\times(-2)+1=-5$

또, $x=-2b$, $y=7$을 대입하면

$7=3\times(-2b)+1$, $6b=-6$

∴ $b=-1$

∴ $a-5b=-5-5\times(-1)=0$

08 점 $(-3,\ 2)$가 $y=-2x+b$의 그래프 위에 있으므로

$x=-3$, $y=2$를 대입하면

$2=-2\times(-3)+b$, $2=6+b$

∴ $b=-4$

따라서 주어진 일차함수의 식은 $y=-2x-4$이다.

또, 점 $(5,\ a)$가 이 그래프 위에 있으므로

$a=-2\times 5-4=-14$

∴ $a+b=-14+(-4)=-18$

09 $y=2x+4$에 $x=b$, $y=5$를 대입하면

$5=2b+4$, $2b=1$　　∴ $b=\dfrac{1}{2}$

$y=ax+6$에 $x=\dfrac{1}{2}$, $y=5$를 대입하면

$5=\dfrac{1}{2}a+6$, $\dfrac{1}{2}a=-1$

∴ $a=-2$

10 $y=-x+m$에 $x=3$, $y=n$을 대입하면

$n=-3+m$ $\therefore m-n=3$ ……⊙

또, $x=2m$, $y=2n$을 대입하면

$2n=-2m+m$ $\therefore m+2n=0$ ……ⓒ

⊙, ⓒ을 연립하여 풀면

$m=2$, $n=-1$

$\therefore mn=2\times(-1)=-2$

11 $y=-5x+1$에서 $y=0$일 때

$0=-5x+1$, $5x=1$

$\therefore x=\dfrac{1}{5}$

따라서 x절편은 $\dfrac{1}{5}$, y절편은 1이므로

$a=\dfrac{1}{5}$, $b=1$

기울기는 x의 계수이므로 $c=-5$

$\therefore abc=\dfrac{1}{5}\times1\times(-5)=-1$

12 x절편이 -5이므로 주어진 일차함수 $y=-\dfrac{4}{5}x+a$에

$(-5,\,0)$을 대입하면

$0=-\dfrac{4}{5}\times(-5)+a$ $\therefore a=-4$

따라서 $y=-\dfrac{4}{5}x-4$의 y절편은 -4이므로 구하는 좌표는

$A(0,\,-4)$

13 $y=ax+b$에서 y절편이 b이므로 $b=12$

$y=ax+12$의 그래프의 x절편이 -8이므로

$x=-8$, $y=0$을 대입하면

$0=-8a+12$ $\therefore a=\dfrac{3}{2}$

$\therefore ab=\dfrac{3}{2}\times12=18$

14 y절편이 -1이므로 구하는 직선은 $y=ax-1$

x절편이 5이므로 점 $(5,\,0)$을 이 직선에 대입하면 $a=\dfrac{1}{5}$

따라서 직선 $y=\dfrac{1}{5}x-1$의 그래프가 점 $(2k,\,k)$를 지나므로

점 $(2k,\,k)$를 이 직선에 대입하면

$k=\dfrac{2k}{5}-1$, $5k=2k-5$, $3k=-5$ $\therefore k=-\dfrac{5}{3}$

15 $y=-4x+k$에 $x=2$, $y=4$를 대입하면

$4=-4\times2+k$ $\therefore k=12$

$y=-4x+12$에 $y=0$을 대입하면

$0=-4x+12$ $\therefore x=3$

따라서 x축과 만나는 점의 좌표는 $(3,\,0)$이다.

16 일차함수 $y=ax+5$의 그래프가 점 $(-3,\,-1)$을 지나

므로 $x=-3$, $y=-1$을 대입하면

$-1=-3a+5$, $3a=6$ $\therefore a=2$

$y=3x+b$의 그래프와 x축에서 만나므로 두 직선의 x절편이

같다.

$y=2x+5$에 $y=0$을 대입하면

$0=2x+5$, $2x=-5$ $\therefore x=-\dfrac{5}{2}$

$y=3x+b$에 $y=0$을 대입하면

$0=3x+b$, $3x=-b$ $\therefore x=-\dfrac{b}{3}$

$-\dfrac{b}{3}=-\dfrac{5}{2}$이므로 $b=\dfrac{15}{2}$

$\therefore ab=2\times\dfrac{15}{2}=15$

17 $y=2x+k$에서 $y=0$일 때

$0=2x+k$ $\therefore x=-\dfrac{k}{2}$

따라서 점 B의 좌표는 $\left(-\dfrac{k}{2},\,0\right)$이다.

$y=-x+5$의 그래프는 오른쪽 그림과

같고, $\overline{AB}=7$이 되기 위한 점 B는 오

른쪽 그림과 같이 점 B_1과 B_2의 2가지

가 있다.

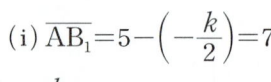

(ⅰ) $\overline{AB_1}=5-\left(-\dfrac{k}{2}\right)=7$

$\dfrac{k}{2}=2$ $\therefore k=4$

(ⅱ) $\overline{AB_2}=\left(-\dfrac{k}{2}\right)-5=7$, $\dfrac{k}{2}=-12$

$\therefore k=-24$

(ⅰ), (ⅱ)에 의하여 k의 값은 -24, 4이다.

18 $y=-2x+6$의 그래프의 x절편은

$0=-2x+6$에서 $2x=6$

$\therefore x=3$

따라서 x절편은 3이고, y절편은 6이므

로 그래프는 오른쪽 그림과 같다.

일차함수 $y=-2x+6$의 그래프와 x

축, y축으로 둘러싸인 도형은 오른쪽 그

림의 어두운 삼각형이므로 구하는 도형

의 넓이는 $\dfrac{1}{2}\times3\times6=9$

19 $y=-x+a$에서 $y=0$일 때

$0=-x+a$ $\therefore x=a$

즉, x절편은 a, y절편도 a이므로 그래프는 두 점
$(a, 0)$, $(0, a)$를 지난다.

(i) $a>0$일 때

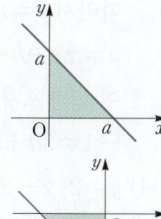

$$\frac{1}{2}\times a\times a=18,\ a^2=36$$

$a>0$이므로 $a=6$

(ii) $a<0$일 때

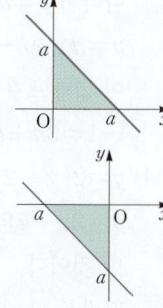

$$\frac{1}{2}\times|a|\times|a|=18,\ a^2=36$$

$a<0$이므로 $a=-6$

(i), (ii)에 의하여 a의 값은 -6, 6이다.

20 $y=ax+8\ (a>0)$의 그래프가 x축과 만나는 점을 A,
y축과 만나는 점을 B라 하자.
y절편이 8이므로 B$(0, 8)$이다.
오른쪽 그림에서 $\triangle\text{AOB}$의 넓이가 16
이므로

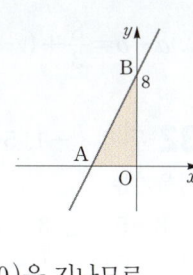

$$\triangle\text{AOB}=\frac{1}{2}\times\overline{\text{OA}}\times 8=16$$

$\overline{\text{OA}}=4$

$\therefore \text{A}(-4, 0)$

따라서 $y=ax+8$의 그래프는 점 $(-4, 0)$을 지나므로
$x=-4$, $y=0$을 대입하면
$0=-4a+8,\ 4a=8$

$\therefore a=2$

21 $y=ax+b$의 그래프의 x절편은 $-\dfrac{b}{a}$이고, y절편은 b
이다. 이때 a, b는 6 이하의 자연수이므로
$-\dfrac{b}{a}<0$, $b>0$이다.
$y=ax+b$의 그래프와 x축, y축으로
둘러싸인 도형은 오른쪽 그림과 같은
삼각형이므로 넓이는

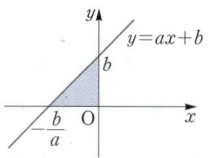

$$\frac{1}{2}\times\frac{b}{a}\times b=\frac{b^2}{2a}$$

따라서 $\dfrac{b^2}{2a}=8$이므로 $\dfrac{b^2}{a}=16$

이때 a, b는 주사위의 눈의 수이므로
$a=1$, $b=4$

22 $y=ax+1$의 그래프를 y축의 방향으로 5만큼 평행이동
하면 $y=ax+1+5$

$\therefore y=ax+6$

따라서 $a=2$, $b=6$이므로
$a+b=8$

23 $y=4x-3$의 그래프를 y축의 방향으로 m만큼 평행이
동하면 $y=4x-3+m$
따라서 $a=4$, $-3+m=7$이므로 $m=10$

$\therefore a+m=4+10=14$

24 $y=\dfrac{3}{4}x-\dfrac{3}{2}$의 그래프를 y축의 음의 방향으로 4만큼
평행이동하면

$$y=\frac{3}{4}x-\frac{3}{2}-4$$

$$\therefore y=\frac{3}{4}x-\frac{11}{2}$$

이 그래프가 점 (a, a)를 지나므로 $x=a$, $y=a$를 대입하면

$$a=\frac{3}{4}a-\frac{11}{2},\ 4a=3a-22$$

$\therefore a=-22$

25 $y=ax$의 그래프를 y축의 방향으로 b만큼 평행이동하면
$y=ax+b$
이 그래프가 두 점 $(1, -2)$, $(3, -4)$를 지나므로
$-2=a+b$, $-4=3a+b$
위의 두 식을 연립하여 풀면
$a=-1$, $b=-1$

$\therefore ab=(-1)\times(-1)=1$

26 주어진 그래프의 식은 $y=-\dfrac{1}{2}x+2$이고
$y=(a-4)x+6$의 그래프를 y축의 방향으로 m만큼 평행이
동한 그래프의 식은 $y=(a-4)x+6+m$
따라서 $a-4=-\dfrac{1}{2}$, $6+m=2$이므로 $a=\dfrac{7}{2}$, $m=-4$

$$\therefore a+m=\frac{7}{2}+(-4)=-\frac{1}{2}$$

27 $y=3x-a$의 그래프를 y축의 방향으로 -3만큼 평행이
동하면
$y=3x-a-3$
이 그래프의 y절편이 6이므로
$-a-3=6$, $-a=9$　$\therefore a=-9$
$y=3x+6$에 $y=0$을 대입하면
$0=3x+6$, $-3x=6$　$\therefore x=-2$
따라서 $b=-2$이므로
$a+b=-9+(-2)=-11$

28 $y=-x+6$과 $y=\dfrac{1}{2}x+3$의 그래프를 y축의 방향으로
각각 m만큼 평행이동하면

$y=-x+6+m$, $y=\dfrac{1}{2}x+3+m$

이때 두 그래프가 x축에서 만나므로 x절편이 같다.

$y=-x+6+m$에서 $y=0$일 때

$0=-x+6+m$

$\therefore x=m+6$

$y=\dfrac{1}{2}x+3+m$에서 $y=0$일 때

$0=\dfrac{1}{2}x+3+m$, $\dfrac{1}{2}x=-m-3$

$\therefore x=-2m-6$

따라서 $m+6=-2m-6$이므로

$3m=-12$

$\therefore m=-4$

29 $y=ax-5$의 그래프가 점 $(3, 7)$을 지나므로

$7=3a-5$, $3a=12$

$\therefore a=4$

$y=4x-5$의 그래프를 y축의 방향으로 2만큼 평행이동하면

$y=4x-5+2$

$\therefore y=4x-3$

이 그래프가 점 $(2m, m+4)$를 지나므로

$m+4=4\times2m-3$, $m+4=8m-3$

$-7m=-7$

$\therefore m=1$

30 $y=2x$의 그래프를 y축의 방향으로 -1, -5만큼 각각 평행이동하면 $y=2x-1$, $y=2x-5$이다.

$y=2x-1$에서 $y=0$일 때

$0=2x-1$ $\therefore x=\dfrac{1}{2}$

즉, x절편은 $\dfrac{1}{2}$이고 y절편은 -1이다.

또, $y=2x-5$에서 $y=0$일 때

$0=2x-5$ $\therefore x=\dfrac{5}{2}$

즉, x절편은 $\dfrac{5}{2}$이고 y절편은 -5이다.

두 그래프를 그리면 오른쪽 그림과 같다.

따라서 두 그래프와 x축, y축으로 둘러싸인 부분의 넓이는

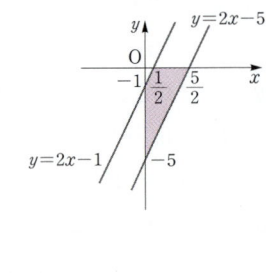

$\left(\dfrac{1}{2}\times\dfrac{5}{2}\times5\right)-\left(\dfrac{1}{2}\times\dfrac{1}{2}\times1\right)$

$=\dfrac{25}{4}-\dfrac{1}{4}=\dfrac{24}{4}=6$

31 (가) $y=-3x-5=(-3x+1)-6$이므로

$y=-3x+1$의 그래프를 y축의 방향으로 -6만큼 평행이동한 것이다.

따라서 $y=ax+b$의 그래프를 (가)와 같이 평행이동하면

$y=ax+b-6$

이 그래프가 점 $(3, -1)$을 지나므로

$-1=3a+b-6$ $\therefore 3a+b=5$ ...... ㉠

(나) $y=2(x-2)=2x-4=(2x-7)+3$이므로

$y=2x-7$의 그래프를 y축의 방향으로 3만큼 평행이동한 것이다.

따라서 $y=ax+b$의 그래프를 (나)와 같이 평행이동하면

$y=ax+b+3$

이 그래프가 점 $(0, 0)$을 지나므로

$0=b+3$ $\therefore b=-3$ ...... ㉡

㉡을 ㉠에 대입하면 $3a-3=5$ $\therefore a=\dfrac{8}{3}$

$\therefore a+b=\dfrac{8}{3}+(-3)=-\dfrac{1}{3}$

32 두 점 $(-1, 5)$, $(6, 8)$을 지나는 일차함수의 그래프의 기울기는

$\dfrac{8-5}{6-(-1)}=\dfrac{3}{7}$

$\dfrac{(y의\ 값의\ 증가량)}{-1-(-4)}=\dfrac{3}{7}$이므로

$(y의\ 값의\ 증가량)=\dfrac{3}{7}\times3=\dfrac{9}{7}$

33 $-5=\dfrac{(a+10)-a}{(x의\ 값의\ 증가량)}$이므로

$(x의\ 값의\ 증가량)\times(-5)=10$

$\therefore (x의\ 값의\ 증가량)=-2$

34 주어진 일차함수의 기울기는 $\dfrac{8}{4}=2$이므로

$-a=2$ $\therefore a=-2$

또, 일차함수 $y=2x+1$이 점 $(b, 7)$을 지나므로

$7=2b+1$ $\therefore b=3$

$\therefore ab=(-2)\times3=-6$

35 $a=(기울기)=\dfrac{(y의\ 값의\ 증가량)}{(x의\ 값의\ 증가량)}=\dfrac{-5}{3}=-\dfrac{5}{3}$

$y=-\dfrac{5}{3}x+b$의 그래프가 점 $(3, -2)$를 지나므로

$-2=-\dfrac{5}{3}\times3+b$, $-2=-5+b$ $\therefore b=3$

$\therefore ab=-\dfrac{5}{3}\times3=-5$

36 $\dfrac{f(n)-f(m)}{n-m}=\dfrac{(y의\ 값의\ 증가량)}{(x의\ 값의\ 증가량)}=(기울기)$

이므로 $a=-2$이다.

$f(x)=-2x+b$에서 $f(2)=6$이므로

$f(2)=-2\times2+b=6$에서 $-4+b=6$ $\therefore b=10$

따라서 $f(x)=-2x+10$이므로

$f(1)=-2+10=8$

37 $2f(m)-2f(n)=-5m+5n$에서

$2\{f(m)-f(n)\}=-5(m-n)$

$\dfrac{f(m)-f(n)}{m-n}=-\dfrac{5}{2}$

$\dfrac{f(m)-f(n)}{m-n}$은 일차함수 $y=f(x)$의 그래프의 기울기이므로

$\dfrac{a}{2}=-\dfrac{5}{2}$ $\therefore a=-5$

38 두 점 $A(5, -3)$, $B(2, 6)$을 지나는 직선의 기울기는

$\dfrac{6-(-3)}{2-5}=\dfrac{9}{-3}=-3$

세 점 A, B, C가 한 직선 위에 있으므로 두 점
$B(2, 6)$, $C(p, p-4)$를 지나는 직선의 기울기도 -3이다.

$\dfrac{(p-4)-6}{p-2}=-3$에서 $-3(p-2)=p-10$

$-3p+6=p-10$, $-4p=-16$

$\therefore p=4$

39 두 점 $A(2, -3)$, $B(5, 6)$을 지나는 직선의 기울기는

$\dfrac{6-(-3)}{5-2}=\dfrac{9}{3}=3$

세 점이 한 직선 위에 있으므로 두 점 $B(5, 6)$, $C(m, n)$을 지나는 직선의 기울기도 3이다.

즉, $\dfrac{n-6}{m-5}=3$에서

$3(m-5)=n-6$, $3m-15=n-6$

$\therefore n=3m-9$

40 두 점 $(1, 3)$, $(k, -1)$을 지나는 직선의 기울기는

$\dfrac{-1-3}{k-1}=\dfrac{-4}{k-1}$

세 점 $(1, 3)$, $(k, -1)$, $(-k+1, 2)$가 한 직선 위에 있으므로 두 점 $(1, 3)$, $(-k+1, 2)$를 지나는 직선의 기울기도 $\dfrac{-4}{k-1}$이다.

즉, $\dfrac{2-3}{(-k+1)-1}=\dfrac{-4}{k-1}$에서

$\dfrac{-1}{-k}=\dfrac{-4}{k-1}$, $4k=-k+1$

$5k=1$ $\therefore k=\dfrac{1}{5}$

41 서로 다른 네 점 A, B, C, D가 한 직선 위에 있으므로
(직선 AC의 기울기)=(직선 BC의 기울기), 즉

$\dfrac{-1-1}{5-(-k-2)}=\dfrac{-1-3}{5-k}$에서

$\dfrac{-2}{k+7}=\dfrac{-4}{5-k}$, $-4k-28=2k-10$

$6k=-18$ $\therefore k=-3$

따라서 직선 BC의 기울기는

$\dfrac{-1-3}{5-(-3)}=\dfrac{-4}{8}=-\dfrac{1}{2}$

직선 CD의 기울기도 $-\dfrac{1}{2}$이므로

$\dfrac{m-\dfrac{1}{2}-(-1)}{-m-5}=-\dfrac{1}{2}$에서

$2\left(m+\dfrac{1}{2}\right)=m+5$

$2m+1=m+5$ $\therefore m=4$

$\therefore k+m=-3+4=1$

42 두 일차함수의 그래프가 평행하려면 기울기는 같고 y절편은 달라야 하므로

$\dfrac{a}{3}=\dfrac{4}{9}$ $\therefore a=\dfrac{4}{3}$

$-2b\neq6$ $\therefore b\neq-3$

43 교점이 없으므로 두 일차함수의 그래프는 평행하다.
이때 y절편은 다르므로 기울기가 같으면 평행하다.

$3a-7=a-1$, $2a=6$

$\therefore a=3$

44 일차함수 $y=ax-1$의 그래프는 주어진 그래프와 평행하므로 기울기가 같다.
주어진 그래프는 두 점 $(1, 1)$, $(0, -3)$을 지나므로

$(기울기)=\dfrac{-3-1}{0-1}=4$

$\therefore a=4$

또한, $y=4x-1$의 그래프는 $y=bx+1$의 그래프와 x축에서 만나므로 두 그래프의 x절편은 같다.

$y=4x-1$에 $y=0$을 대입하면

$0=4x-1$ $\therefore x=\dfrac{1}{4}$

$y=bx+1$에 $y=0$을 대입하면

$0=bx+1$ $\therefore x=-\dfrac{1}{b}$

따라서 $\dfrac{1}{4}=-\dfrac{1}{b}$이므로 $b=-4$

$\therefore a+b=4+(-4)=0$

45 일차함수 $y=-\dfrac{3}{2}x+3$의 그래프가 점 $P(a, b)$를 지나므로 $x=a$, $y=b$를 대입하면

$b=-\dfrac{3}{2}a+3$ ······ ㉠

또, 두 일차함수 $y=-\dfrac{3}{2}x+3$과 $y=-\dfrac{3a}{2b}x+\dfrac{3}{b}$의 그래프가 서로 평행하므로

$-\dfrac{3}{2}=-\dfrac{3a}{2b}$, $3\neq\dfrac{3}{b}$에서 $a=b\neq1$

$a=b$를 ㉠에 대입하면

$b=-\dfrac{3}{2}b+3$, $\dfrac{5}{2}b=3$ $\therefore b=\dfrac{6}{5}$

따라서 $a=b=\dfrac{6}{5}$이므로 $P\left(\dfrac{6}{5},\ \dfrac{6}{5}\right)$이다.

46 두 그래프가 일치하려면 기울기가 같고, y절편도 같아야 하므로

$a+b=2a+1$ $\therefore a-b=-1$ ······ ㉠
$a-3b=b+2$ $\therefore a-4b=2$ ······ ㉡
㉠, ㉡을 연립하여 풀면 $a=-2$, $b=-1$
$\therefore ab=-2\times(-1)=2$

47 그래프의 교점이 무수히 많으므로 두 일차함수의 그래프는 일치한다. 즉, 기울기가 같고, y절편도 같으므로

$-\dfrac{a}{2}=\dfrac{1}{3}$ $\therefore a=-\dfrac{2}{3}$ ······ ㉠

$\dfrac{2}{b}=-\dfrac{a}{6}$ $\therefore ab=-12$ ······ ㉡

㉠을 ㉡에 대입하면

$-\dfrac{2}{3}b=-12$ $\therefore b=12\times\dfrac{3}{2}=18$

48 $y=-x+3$의 그래프를 y축의 방향으로 a만큼 평행이동하면 $y=-x+3+a$

이 그래프와 $y=bx-3$의 그래프가 일치하므로
$b=-1$, $3+a=-3$
$\therefore a=-6$
$\therefore a+b=-6+(-1)=-7$

49 $y=2ax+1$의 그래프를 y축의 방향으로 -6만큼 평행이동하면 $y=2ax+1-6$
$\therefore y=2ax-5$
$y=2ax-5$와 $y=-8x+b$의 그래프가 일치하므로
$2a=-8$, $b=-5$
따라서 $a=-4$, $b=-5$이므로
$b-a=-5-(-4)=-1$

50 두 일차함수 $y=ax-b$와 $y=-\dfrac{1}{2}x$의 그래프가 서로 수직이므로 $a\times\left(-\dfrac{1}{2}\right)=-1$ $\therefore a=2$

따라서 $y=2x-b$가 점 $(2, -1)$을 지나므로 대입하면
$-1=2\times2-b$ $\therefore b=5$

51 두 일차함수 $y=ax-a+1$과 $y=(b-2)x$의 그래프가 평행하므로

$a=b-2$, $-a+1\neq0$
$\therefore b=a+2$, $a\neq1$ ······ ㉠
또, 두 일차함수 $y=ax-a+1$과 $y=-ax+3$의 그래프가 서로 수직이므로

$a\times(-a)=-1$에서 $a^2=1$
$\therefore a=-1$ 또는 $a=1$
그런데 ㉠에서 $a\neq1$이므로 $a=-1$, $b=-1+2=1$

52 그래프가 오른쪽 아래로 향하는 것은 기울기가 음수인 그래프이므로 ㄱ, ㄹ, ㅂ이고, y축과 양의 부분에서 만나는 것은 y절편이 양수인 그래프이므로 ㄷ, ㄹ이다.
따라서 $a=3$, $b=2$이므로
$a+b=3+2=5$

53 ① $x=2$, $y=0$을 대입하면 $0=3\times2-6$
따라서 점 $(2, 0)$을 지난다.
② 일차함수 $y=3x$의 그래프를 y축의 방향으로 -6만큼 평행이동한 것이다.
③ $y=-5x$의 그래프보다 기울기의 절댓값이 작으므로 $y=-5x$의 그래프가 y축에 더 가깝다.
④ 기울기가 양수이므로 오른쪽 위로 향하고, y절편이 음수이므로 y축과 음의 부분에서 만난다. 따라서 그래프는 오른쪽 그림과 같으므로 제2사분면을 지나지 않는다.

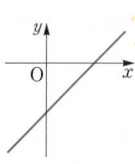

⑤ 기울기가 양수이므로 x의 값이 증가할 때 y의 값도 증가한다.

54 일차함수 $y=-a(x-b)=-ax+ab$의 그래프가 오른쪽 아래로 향하므로
(기울기)$=-a<0$ $\therefore a>0$
또한, y축과 음의 부분에서 만나므로
(y절편)$=ab<0$
이때 $a>0$이므로 $b<0$

55 일차함수 $y=ax-b$의 그래프가 오른쪽 아래로 향하므로 (기울기)$=a<0$이고, y축과 음의 부분에서 만나므로

(y절편)$=-b<0$

∴ $a<0$, $b>0$

이때 $a=-1$, $b=1$이라 하면

③ $a+b=-1+1=0$

④ $a-b=-1-1=-2$

⑤ $b-a=1-(-1)=2$

따라서 가장 작은 값은 ④이다.

56 일차함수 $y=ax+b$의 그래프가 제
1, 2, 3사분면을 지나므로 그래프는 오른쪽
그림과 같다.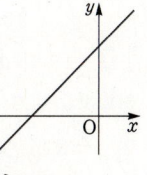
그래프가 오른쪽 위로 향하므로
(기울기)$=a>0$이고, y축과 양의 부분에서 만나므로
(y절편)$=b>0$이다.

57 일차함수 $y=-\dfrac{a}{b}x-\dfrac{c}{b}$의 그래프가 오른쪽 위로 향하

므로 (기울기)$=-\dfrac{a}{b}>0$이고, y축과 음의 부분에서 만나므

로 (y절편)$=-\dfrac{c}{b}<0$

∴ $\dfrac{a}{b}<0$, $\dfrac{c}{b}>0$

따라서 $a>0$, $b<0$, $c<0$ 또는 $a<0$, $b>0$, $c>0$이므로
$ac<0$이다.

58 $ab<0$에서 a, b는 서로 다른 부호이고,
$a-b>0$에서 $a>b$이므로 $a>0$, $b<0$이다.
따라서 $y=ax+b$의 그래프는 오른쪽 위로 향하고 y축과 음
의 부분에서 만나므로 ④와 같다.

59 일차함수 $y=-ax+a-b$의 그래프가 오른쪽 위로 향
하므로 (기울기)$=-a>0$이고, y축과 양의 부분에서 만나므
로 (y절편)$=a-b>0$
즉, $a<0$, $a>b$이므로 $a<0$, $b<0$
$y=-bx+b+a$에서
(기울기)$=-b>0$, (y절편)$=b+a<0$
따라서 그래프는 오른쪽 그림과 같으므로
$y=-bx+b+a$의 그래프는 제2사분면을
지나지 않는다.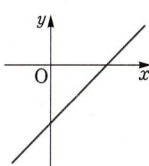

60 일차함수 $y=\dfrac{b}{a}x-\dfrac{c}{a}$의 그래프가 오른쪽 위로 향하므
로
(기울기)$=\dfrac{b}{a}>0$ ∴ $ab>0$

또, y축과 양의 부분에서 만나므로
(y절편)$=-\dfrac{c}{a}>0$, $\dfrac{c}{a}<0$ ∴ $ac<0$
∴ $a>0$, $b>0$, $c<0$ 또는 $a<0$, $b<0$, $c>0$
$y=acx+bc$에서 (기울기)$=ac<0$,
(y절편)$=bc<0$이므로 그래프는 오른쪽
그림과 같다.
따라서 $y=acx+bc$의 그래프는 제1사분
면을 지나지 않는다.

61 $y=-2x+a$에서 $x=-2$일 때 $y=5b$이므로
$5b=-2\times(-2)+a$ ∴ $5b=4+a$ …… ㉠
$x=1$일 때 $y=-b$이므로
$-b=-2\times1+a$ ∴ $-b=-2+a$ …… ㉡
㉠$-$㉡을 하면 $6b=6$ ∴ $b=1$
따라서 y의 값의 범위는 $-b\leq y\leq5b$, 즉
$-1\leq y\leq5$이다.

62 $y=x+b$의 그래프의 기울기가 양수이므로
$x=-3$일 때 $y=3$이고, $x=a$일 때 $y=7$이다.
$3=-3+b$ ∴ $b=6$
$7=a+6$ ∴ $a=1$
∴ $ab=1\times6=6$

63 $y=ax+6$에서 $a<0$이므로 $x=4$일 때 y는 최솟값
-2를 갖는다.
즉, $-2=4a+6$, $4a=-8$
∴ $a=-2$

64 (1) 점 P는 출발한 지 x초 후에는 $3x$ cm만큼 움직이므로
$y=\dfrac{1}{2}\times3x\times6=9x$
이때 점 P에 의해 △ABP가 만들어져야 하므로
$0<3x\leq12$ ∴ $0<x\leq4$
∴ $y=9x$ $(0<x\leq4)$
(2) $y=9x$에 $x=3$을 대입하면
$y=9\times3=27\,(\text{cm}^2)$

65 (1) 점 P는 점 B를 출발하여 매초 0.2 cm의 속력으로 점
C를 향해 움직이므로 x초 후에는 $0.2x$ cm만큼 이동한다.
∴ $y=\dfrac{1}{2}\times0.2x\times4=0.4x$
점 P에 의해 △ABP가 만들어져야 하므로
$0<0.2x\leq10$, $0<2x\leq100$
∴ $0<x\leq50$

따라서 x와 y 사이의 관계식은
$y=0.4x \ (0<x\le50)$이다.

(2) $y=0.4x$에 $y=10$을 대입하면
$10=0.4x$
$\therefore x=25$
따라서 출발한 지 25초 후에 $\triangle$ABP의 넓이가 $10\ cm^2$가 된다.

66 (1) $\overline{PC}=(12-x)\ cm$이므로
$y=\dfrac{1}{2}\times(12-x)\times8=-4x+48$
$\overline{BC}=12\ cm$이므로 $0\le x<12$
$\therefore y=-4x+48\ (0\le x<12)$

(2) $y=-4x+48$에 $x=2$를 대입하면
$y=-4\times2+48=40\ (cm^2)$

67 점 P는 출발한 지 x초 후에는 $0.2x\ cm$만큼 움직이므로
$y=\dfrac{1}{2}\times(4+0.2x)\times14=28+1.4x$
이때 점 P에 의해 사각형 ABCP가 만들어져야 하므로
$0<0.2x\le4$ $\therefore 0<x\le20$
$\therefore y=28+1.4x\ (0<x\le20)$

68 (1) 점 P가 출발한 지 x초 후에는 $2x\ cm$만큼 움직인다.
점 P의 위치에 따라 $\triangle$ABP의 넓이가 변화하므로 다음과 같이 경우를 나누어 생각한다.

(i) $0<2x\le8$일 때,
$y=\dfrac{1}{2}\times2x\times6$
$\quad=6x$

(ii) $8<2x\le14$일 때,
$y=\dfrac{1}{2}\times6\times8$
$\quad=24$

(iii) $14<2x<22$일 때,
$\overline{BC}+\overline{CD}+\overline{DP}=2x$이므로
$\overline{AP}=22-2x$
$\therefore y=\dfrac{1}{2}\times6\times(22-2x)$
$\qquad=-6x+66$

(i), (ii), (iii)에 의하여
$\begin{cases} 0<x\le4\text{일 때, } y=6x \\ 4<x\le7\text{일 때, } y=24 \\ 7<x<11\text{일 때, } y=-6x+66 \end{cases}$
좌표평면 위에 나타내면 오른쪽 그림과 같다.

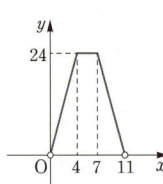

(2) (구하는 넓이)$=\dfrac{1}{2}\times(3+11)\times24=168\ (cm^2)$

69 물의 온도가 매분 $0.6\ ℃$씩 높아지므로 x분 후에는 $0.6x\ ℃$ 높아진다.
열을 가한 지 x분 후의 물의 온도를 $y\ ℃$라 하면
$y=15+0.6x$
물의 온도가 $18\ ℃$가 되는 것은 $y=18$일 때이므로
$18=15+0.6x, \ 0.6x=3$ $\therefore x=5$(분)

70 온도가 $x\ ℃$ 오르면 소리의 속력은 초속 $0.4x\ m$ 증가한다. 온도가 $x\ ℃$ 오른 후의 소리의 속력을 초속 $y\ m$라 하면 $y=325+0.4x$
온도가 $10\ ℃$일 때 $x=10$이므로
$y=325+0.4\times10=325+4=329$
따라서 온도가 $10\ ℃$일 때 소리의 속력은 초속 $329\ m$이다.

71 기차가 출발한 지 x분 후에는 $3x\ km$를 움직이므로
$y=40-3x$
$y=0$일 때 B역에 도착하므로
$0=40-3x$ $\therefore x=\dfrac{40}{3}$
$\therefore y=40-3x\left(0\le x\le\dfrac{40}{3}\right)$

72 길이가 $14\ cm$인 양초는 1분마다 $0.3\ cm$씩 짧아지므로 x분 후에는 $0.3x\ cm$ 짧아진다.
또, 길이가 $20\ cm$인 양초는 1분마다 $0.5\ cm$씩 짧아지므로 x분 후에는 $0.5x\ cm$ 짧아진다.
x분 후에 남은 양초의 길이를 $y\ cm$라 하면
길이가 $14\ cm$인 양초의 남은 길이는 $y=14-0.3x$이고,
길이가 $20\ cm$인 양초의 남은 길이는 $y=20-0.5x$이다.
두 양초의 길이가 같아질 때는
$14-0.3x=20-0.5x$일 때이므로
$0.2x=6$ $\therefore x=30$
따라서 30분 후에 두 양초의 길이가 같아진다.

73 석유 $45\ L$가 난로를 켠 지 180분 만에 소모되므로
$\dfrac{45}{180}=\dfrac{1}{4}$, 즉 1분에 $\dfrac{1}{4}\ L$씩 소모된다.
x분 후에는 $\dfrac{1}{4}x\ L$가 소모되므로
$y=45-\dfrac{1}{4}x\ (0\le x\le180)$
석유 $13\ L$가 남을 때 $y=13$이므로
$13=45-\dfrac{1}{4}x, \ \dfrac{1}{4}x=32$ $\therefore x=128$
따라서 난로를 켠 지 128분 후에 석유 $13\ L$가 남는다.

주제별 실력다지기

150~162쪽

01 ①	**02** 0	**03** -6
04 제3사분면	**05** ①, ③	
06 (1) ㄷ, ㅂ (2) ㄱ, ㄹ (3) ㄱ, ㄹ (4) ㄷ, ㅂ		**07** 80
08 $y=7$	**09** ⑤	**10** ③ **11** 3
12 $\dfrac{1}{3}$	**13** $\dfrac{1}{5}$	**14** $a=0, b<0$
15 $\left(\dfrac{1}{3}, 0\right)$	**16** ④	**17** 5 **18** ①
19 $y=-\dfrac{3}{2}x-3$		**20** 6
21 $y=\dfrac{3}{2}x-6$ **22** ⑤		**23** $\dfrac{2}{3}$
24 -12	**25** $y=-x-1$ **26** $y=-\dfrac{1}{3}x+\dfrac{10}{3}$	
27 3	**28** 14	**29** -4
30 -8	**31** $a=-1, b=5$	**32** ⑤
33 $-2, -\dfrac{7}{4}, -\dfrac{1}{2}$		**34** ③
35 ①, ③	**36** ③	**37** ④ **38** ⑤
39 -2	**40** ①	**41** -16
42 제3사분면		**43** $\dfrac{1}{2}$ **44** 3
45 ⑤	**46** $\dfrac{3}{2}$	**47** $-2<m<2$
48 ④	**49** $\dfrac{3}{4}\leq a\leq 5$ **50** $-\dfrac{1}{2}\leq a\leq 2$	
51 ①	**52** $4\leq k\leq 7$ **53** 1	**54** -2
55 ①	**56** 27	**57** ③ **58** 30
59 9	**60** -2	**61** $-\dfrac{2}{3}$ **62** ②
63 $y=-\dfrac{5}{6}x+5$		

01 $4x+2y-10=0$에서 $2y=-4x+10$

∴ $y=-2x+5$

① $x=2, y=-1$을 대입하면

　$-1\neq -2\times 2+5$

　따라서 점 $(2, -1)$을 지나지 않는다.

② $y=0$이면 $0=-2x+5, 2x=5$　∴ $x=\dfrac{5}{2}$

　따라서 x절편은 $\dfrac{5}{2}$이다.

④ 기울기가 음수이고 y절편이 양수이므로

　그래프는 오른쪽 그림과 같다. 따라서

　제3사분면을 지나지 않는다.

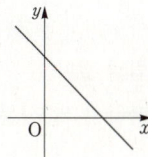

⑤ $2y=-4x-1$에서 $y=-2x-\dfrac{1}{2}$

　따라서 기울기가 같고, y절편이 다르므로 평행하다. 즉, 만나지 않는다.

02 $2ax+by+4=0$에서 $y=-\dfrac{2a}{b}x-\dfrac{4}{b}$

$-\dfrac{2a}{b}=-6, -\dfrac{4}{b}=4$이므로

$a=-3, b=-1$

∴ $a-3b=-3-3\times(-1)=0$

다른 풀이

기울기가 -6이고, y축과 점 $(0, 4)$에서 만나는, 즉 y절편이 4인 직선의 방정식은 $y=-6x+4$이므로 $-6x-y+4=0$
이 식이 주어진 일차방정식 $2ax+by+4=0$과 같으므로
$2a=-6$　∴ $a=-3, b=-1$
∴ $a-3b=-3-3\times(-1)=0$

03 $ax+by=-15$에서 $by=-ax-15$

∴ $y=-\dfrac{a}{b}x-\dfrac{15}{b}$

따라서 $-\dfrac{a}{b}=-3, -\dfrac{15}{b}=5$이므로

$a=-9, b=-3$

∴ $a-b=-9-(-3)=-6$

다른 풀이

기울기가 -3, y절편이 5인 직선을 그래프로 하는 일차함수의 식은 $y=-3x+5$
즉, 두 직선 $ax+by=-15, 3x+y=5$가 일치하므로
$\dfrac{a}{3}=\dfrac{b}{1}=\dfrac{-15}{5}$
따라서 $a=-9, b=-3$이므로
$a-b=-9-(-3)=-6$

04 $x+py+q=0$에서 $py=-x-q$

$$\therefore y=-\frac{1}{p}x-\frac{q}{p}$$

그래프가 오른쪽 위로 향하므로 (기울기)>0

$$-\frac{1}{p}>0 \qquad \therefore p<0$$

y축과 양의 부분에서 만나므로 (y절편)>0

$$-\frac{q}{p}>0 \qquad \therefore \frac{q}{p}<0$$

그런데 $p<0$이므로 $q>0$이다.

따라서 $y=px+q$의 그래프는 기울기 p가
음수이고 y절편 q가 양수이므로 오른쪽 그
림과 같다.

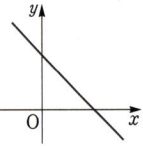

따라서 제3사분면을 지나지 않는다.

05 ① y축에 평행하고 점 $(-2, 3)$을 지나므로 직선의 방정
식은 $x=-2$이다.
③ 점 $(3, 0)$을 지나지 않는다.

06 ㄷ. $3y-9=0$에서 $3y=9$ $\quad \therefore y=3$
ㄹ. $x+5=2$에서 $x=-3$
ㅂ. $2x-2y=2x+1$에서
  $-2y=1$ $\quad \therefore y=-\frac{1}{2}$

⑴ x축에 평행한 직선은 $y=k$의 꼴이므로 ㄷ, ㅂ이다.
⑵ y축에 평행한 직선은 $x=k$의 꼴이므로 ㄱ, ㄹ이다.
⑶ $y=1$에 수직인 직선은 $x=k$의 꼴이므로 ㄱ, ㄹ이다.
⑷ $x=-4$에 수직인 직선은 $y=k$의 꼴이므로 ㄷ, ㅂ이다.

07 네 직선은 모두 축에 평행하므로
좌표평면에 나타내면 오른쪽 그림과
같다.

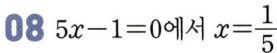

따라서 구하는 도형은 직사각형이므
로 넓이는
$$(3+5)\times(4+6)=8\times10=80$$

08 $5x-1=0$에서 $x=\frac{1}{5}$

직선 $x=\frac{1}{5}$에 수직인 직선의 방정식은 $y=k$의 꼴이고 점
$(-1, 7)$을 지나므로 구하는 직선의 방정식은 $y=7$이다.

09 두 직선의 교점은 연립방정식 $\begin{cases} x-y+2=0 \\ 2x+y-14=0 \end{cases}$의 해와 같

으므로 위의 연립방정식을 풀면
$x=4,\ y=6$
따라서 점 $(4, 6)$을 지난다.
y축에 수직인 직선은 $y=k$의 꼴이므로 구하는 직선의 방정

식은 $y=6$이다.

10 x축에 평행한 직선 위의 점은 y좌표가 모두 같으므로
$-2a+1=5a-6,\ -7a=-7$ $\quad \therefore a=1$

11 y축에 평행한 직선 위의 점은 x좌표가 모두 같으므로
$-3a+8=a-4,\ -4a=-12$ $\quad \therefore a=3$

12 주어진 그래프는 점 $(0, -3)$을 지나고 x축에 평행하므
로 직선의 방정식은 $y=-3$이다.
$ax+by+1=0$에서 $by=-ax-1$
$$\therefore y=-\frac{a}{b}x-\frac{1}{b}$$
따라서 $-\frac{a}{b}=0,\ -\frac{1}{b}=-3$이므로 $a=0,\ b=\frac{1}{3}$
$$\therefore a+b=0+\frac{1}{3}=\frac{1}{3}$$

13 주어진 그래프는 직선 $x=5$이다.
$ax-by=1$에서 $ax=by+1$
$$\therefore x=\frac{b}{a}y+\frac{1}{a}$$
따라서 $\frac{b}{a}=0,\ \frac{1}{a}=5$이므로 $a=\frac{1}{5},\ b=0$
$$\therefore a+b=\frac{1}{5}+0=\frac{1}{5}$$

14 $ax+by+2=0$의 그래프가 x축에 평행하므로 $y=k$의
꼴이다.
$ax+by+2=0$에서 $by=-ax-2$
$$\therefore y=-\frac{a}{b}x-\frac{2}{b}$$
$-\frac{a}{b}=0$이므로 $a=0$
$$\therefore y=-\frac{2}{b}$$
이 그래프가 제1, 2사분면을 지나야 하므로
$$-\frac{2}{b}>0 \qquad \therefore b<0$$
따라서 구하는 조건은 $a=0,\ b<0$이다.

15 일차함수의 식을 $y=ax+b$라 하면
$$a=\frac{-3}{1}=-3 \qquad \therefore y=-3x+b$$
또, 점 $(1, -2)$를 지나므로 $x=1,\ y=-2$를 대입하면
$-2=-3+b$ $\quad \therefore b=1$
$y=-3x+1$에 $y=0$을 대입하면
$0=-3x+1,\ 3x=1$ $\quad \therefore x=\frac{1}{3}$

따라서 x축과 만나는 점의 좌표는 $\left(\dfrac{1}{3},\ 0\right)$이다.

16 구하는 일차함수의 식을 $y=ax+b$라 하면
$y=-\dfrac{2}{3}x+1$의 그래프와 평행하므로 기울기가 같다.
$\therefore a=-\dfrac{2}{3}$
$y=-\dfrac{2}{3}x+b$의 그래프가 점 $(1,\ -1)$을 지나므로
$x=1,\ y=-1$을 대입하면
$-1=-\dfrac{2}{3}+b$ $\therefore b=-\dfrac{1}{3}$
따라서 구하는 일차함수의 식은 $y=-\dfrac{2}{3}x-\dfrac{1}{3}$이다.

① 기울기는 x의 계수이므로 $-\dfrac{2}{3}$이다.

② $x=-2,\ y=1$을 대입하면
$1=-\dfrac{2}{3}\times(-2)-\dfrac{1}{3}$
따라서 점 $(-2,\ 1)$을 지난다.

③ $y=0$을 대입하면 $0=-\dfrac{2}{3}x-\dfrac{1}{3}$, $\dfrac{2}{3}x=-\dfrac{1}{3}$
따라서 $x=-\dfrac{1}{2}$이므로 x절편은 $-\dfrac{1}{2}$이다.

④ y절편은 $-\dfrac{1}{3}$이다.

⑤ 기울기가 음수이고 y절편도 음수이므로
그래프는 오른쪽 그림과 같다. 따라서
제2, 3, 4사분면을 지난다.

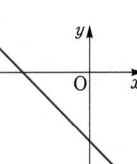

17 $f(x)=5x+a,\ g(x)=bx-3$이라 하자.
$f(-1)=3$이므로 $3=-5+a$ $\therefore a=8$
$g(1)=2$이므로 $2=b-3$ $\therefore b=5$
따라서 $f(x)=5x+8,\ g(x)=5x-3$이므로
$f(1)+g(-1)=(5+8)+(-5-3)=5$

18 주어진 일차함수의 그래프가 두 점 $(-4,\ 0)$,
$(0,\ 5)$를 지나므로
$(기울기)=\dfrac{5-0}{0-(-4)}=\dfrac{5}{4}$
y절편이 5이므로 일차함수의 식은 $y=\dfrac{5}{4}x+5$이다.
이 일차함수의 그래프가 점 $(-8,\ k)$를 지나므로
$x=-8,\ y=k$를 대입하면
$k=\dfrac{5}{4}\times(-8)+5=-10+5=-5$

19 일차함수 $y=\dfrac{1}{2}x+1$의 그래프와 x축에서 만나면 x절

편이 같으므로 $y=0$을 대입하면
$0=\dfrac{1}{2}x+1$ $\therefore x=-2$
따라서 구하는 일차함수의 그래프의 x절편은 -2이다.
또, $y=4x-3$의 그래프와 y축에서 만나면 y절편이 같으므
로 y절편은 -3이다.
x절편이 -2이고, y절편이 -3인 일차함수의 그래프는 두 점
$(-2,\ 0)$, $(0,\ -3)$을 지나므로
$(기울기)=\dfrac{-3-0}{0-(-2)}=-\dfrac{3}{2}$
그러므로 구하는 일차함수의 식은 $y=-\dfrac{3}{2}x-3$이다.

20 일차함수의 식을 $y=ax+k$라 하면 두 점 $(3,\ 0)$,
$(1,\ 4)$를 지나므로
$a=\dfrac{4-0}{1-3}=\dfrac{4}{-2}=-2$ $\therefore y=-2x+k$
점 $(3,\ 0)$을 지나므로 $x=3,\ y=0$을 대입하면
$0=-2\times3+k$ $\therefore k=6$

21 구하는 일차함수의 식을 $y=ax+b$라 하면 주어진 그래
프와 평행하므로 기울기가 같다. $\therefore a=\dfrac{3}{2}$
$y=\dfrac{3}{2}x+b$의 그래프가 점 $(2,\ -3)$을 지나므로
$x=2,\ y=-3$을 대입하면
$-3=\dfrac{3}{2}\times2+b$ $\therefore b=-6$
따라서 일차함수의 식은 $y=\dfrac{3}{2}x-6$이다.

22 구하는 일차함수의 식을 $y=ax+b$라 하면 주어진 그래
프와 평행하므로 기울기가 같다. $\therefore a=-\dfrac{1}{3}$
또, $y=x+2$의 그래프와 y축에서 만나므로 y절편이 같다.
$\therefore b=2$
따라서 일차함수의 식은 $y=-\dfrac{1}{3}x+2$이므로 각각의 점의
좌표를 식에 대입하면
① $\dfrac{1}{3}=-\dfrac{1}{3}\times5+2$ ② $1=-\dfrac{1}{3}\times3+2$
③ $\dfrac{5}{3}=-\dfrac{1}{3}\times1+2$ ④ $2=-\dfrac{1}{3}\times0+2$
⑤ $2\neq-\dfrac{1}{3}\times(-3)+2=3$
따라서 $y=f(x)$의 그래프 위의 점이 아닌 것은 ⑤이다.

23 일차함수 $y=ax+b$의 그래프가 두 점 $\left(-\dfrac{3}{2},\ 0\right)$,
$(0,\ 3)$을 지나므로

$a=\dfrac{3-0}{0-\left(-\dfrac{3}{2}\right)}=2$

y절편이 3이므로 $b=3$

이때 $y=bx-a=3x-2$의 그래프는 y절편이 -2이므로 점 $(0,-2)$를 지나고, $y=0$일 때, $x=\dfrac{2}{3}$이므로 점 $\left(\dfrac{2}{3},0\right)$을 지난다.

따라서 $y=3x-2$의 그래프는 오른쪽 그림과 같으므로 구하는 넓이는

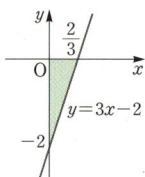

$\dfrac{1}{2}\times\dfrac{2}{3}\times2=\dfrac{2}{3}$

24 두 점 $(-3,8)$, $(2,-7)$을 지나는 직선을 그래프로 하는 일차함수의 식을 $y=px+q$라 하면

$p=\dfrac{-7-8}{2-(-3)}=\dfrac{-15}{5}=-3$ $\therefore y=-3x+q$

$y=-3x+q$의 그래프가 점 $(2,-7)$을 지나므로

$x=2$, $y=-7$을 대입하면

$-7=-3\times2+q$ $\therefore q=-1$

따라서 그래프로 주어진 일차함수의 식은

$y=-3x-1$이므로 이 일차함수의 그래프를 y축의 방향으로 5만큼 평행이동하면

$y=-3x-1+5$ $\therefore y=-3x+4$

즉, $a=-3$, $b=4$이므로 $ab=-12$

25 구하는 일차함수의 식을 $y=ax+b$라 하면

$a=\dfrac{-5-1}{4-(-2)}=\dfrac{-6}{6}=-1$ $\therefore y=-x+b$

점 $(-2,1)$을 지나므로 $x=-2$, $y=1$을 대입하면

$1=-(-2)+b$ $\therefore b=-1$

따라서 구하는 일차함수의 식은 $y=-x-1$이다.

26 점 $(k,4)$가 일차함수 $y=-\dfrac{1}{2}x+3$의 그래프 위에 있으므로 $x=k$, $y=4$를 대입하면

$4=-\dfrac{1}{2}k+3$, $\dfrac{1}{2}k=-1$ $\therefore k=-2$

두 점 $(1,3)$, $(-2,4)$를 지나는 직선을 그래프로 하는 일차함수의 식을 $y=ax+b$라 하면

$a=\dfrac{4-3}{-2-1}=-\dfrac{1}{3}$

$\therefore y=-\dfrac{1}{3}x+b$

$y=-\dfrac{1}{3}x+b$의 그래프가 점 $(1,3)$을 지나므로

$x=1$, $y=3$을 대입하면

$3=-\dfrac{1}{3}+b$ $\therefore b=\dfrac{10}{3}$

따라서 구하는 일차함수의 식은 $y=-\dfrac{1}{3}x+\dfrac{10}{3}$이다.

27 현석이가 잘못 본 일차함수의 식을 $y=ax+c$라 하면

$a=\dfrac{8-(-2)}{-1-1}=\dfrac{10}{-2}=-5$ $\therefore y=-5x+c$

$y=-5x+c$의 그래프가 점 $(1,-2)$를 지나므로

$x=1$, $y=-2$를 대입하면

$-2=-5+c$ $\therefore c=3$

따라서 잘못 본 일차함수의 식은 $y=-5x+3$이므로 현석이가 잘못 본 y절편은 3이다.

28 호영이는 y절편은 올바르게 보았으므로 두 점 $(3,4)$, $(0,5)$를 지나는 직선의 y절편은 5이다.

$\therefore b=5$

유라는 기울기는 올바르게 보았으므로 두 점 $(3,2)$, $(1,-1)$을 지나는 직선의 기울기는

$\dfrac{-1-2}{1-3}=\dfrac{-3}{-2}=\dfrac{3}{2}$ $\therefore a=\dfrac{3}{2}$

따라서 $y=\dfrac{3}{2}x+5$의 그래프가 점 $(6,k)$를 지나므로

$x=6$, $y=k$를 대입하면

$k=\dfrac{3}{2}\times6+5=14$

29 주어진 그래프의 교점의 좌표가 $(2,3)$이므로

연립방정식 $\begin{cases} -2x=y+a & \cdots\cdots \text{㉠} \\ bx-y=3 & \cdots\cdots \text{㉡} \end{cases}$ 의 해는

$x=2$, $y=3$이다.

$x=2$, $y=3$을 ㉠, ㉡에 각각 대입하면

$-4=3+a$, $2b-3=3$ $\therefore a=-7$, $b=3$

$\therefore a+b=-7+3=-4$

30 $x=-1$, $y=b$를 $x+y=-5$에 대입하면

$-1+b=-5$ $\therefore b=-4$

$x=-1$, $y=-4$를 $2x-y=a$에 대입하면

$a=2\times(-1)-(-4)=2$

$\therefore ab=2\times(-4)=-8$

31 두 그래프가 만나는 점의 x좌표가 1이므로

$2x-y+2=0$에 $x=1$을 대입하면

$2-y+2=0$ $\therefore y=4$

그러므로 두 그래프의 교점의 좌표는 $(1,4)$이다.

$ax-y+b=0$, 즉 $y=ax+b$의 그래프의 y절편이 5이므로

$b=5$

따라서 $y=ax+5$이고, 점 $(1, 4)$를 지나므로 $x=1$, $y=4$를 대입하면
$4=a+5$ $\therefore a=-1$

32 $2x-y+1=0$, $x-y-1=0$을 연립하여 풀면
$x=-2$, $y=-3$
따라서 세 직선이 점 $(-2, -3)$에서 만나므로
$3x-y+k=0$에 $x=-2$, $y=-3$을 대입하면
$-6+3+k=0$ $\therefore k=3$

33 $\begin{cases} 2x+y-3=0 & \cdots\cdots \text{㉠} \\ ax-y+2=0 & \cdots\cdots \text{㉡} \\ x+2y+6=0 & \cdots\cdots \text{㉢} \end{cases}$

㉠과 ㉢은 $\dfrac{2}{1}\ne\dfrac{1}{2}$, 즉 한 점에서 만나므로 세 그래프에 의하여 삼각형이 만들어지지 않으려면 세 직선 중 두 직선이 평행하거나 세 직선이 한 점에서 만나야 한다.

(ⅰ) ㉠, ㉡이 평행한 경우
$\dfrac{2}{a}=\dfrac{1}{-1}\ne\dfrac{-3}{2}$ $\therefore a=-2$

(ⅱ) ㉡, ㉢이 평행한 경우
$\dfrac{a}{1}=\dfrac{-1}{2}\ne\dfrac{2}{6}$ $\therefore a=-\dfrac{1}{2}$

(ⅲ) 세 직선이 한 점에서 만나는 경우
㉠, ㉢이 한 점에서 만나므로 직선 ㉡이 ㉠, ㉢의 교점을 지나야 한다.
㉠, ㉢을 연립하여 풀면 $x=4$, $y=-5$
㉡에 $x=4$, $y=-5$를 대입하면
$4a+5+2=0$ $\therefore a=-\dfrac{7}{4}$

따라서 (ⅰ), (ⅱ), (ⅲ)에 의하여 $a=-2$, $-\dfrac{7}{4}$, $-\dfrac{1}{2}$

34 연립방정식 $\begin{cases} x+2y+1=0 \\ 2ax+(a+6)y+3=0 \end{cases}$은 한 쌍의 해를 갖는다.
즉, 두 일차방정식의 그래프는 한 점에서 만나므로
$\dfrac{1}{2a}\ne\dfrac{2}{a+6}$, $4a\ne a+6$
$3a\ne6$ $\therefore a\ne2$

35 두 그래프의 교점이 없으려면 평행해야 하므로 그래프의 기울기가 같고, y절편이 다른 두 일차방정식을 찾는다.
ㄱ. $x-2y+1=0$에서 $2y=x+1$
$\therefore y=\dfrac{1}{2}x+\dfrac{1}{2}$
ㄴ. $\dfrac{x}{2}=\dfrac{y}{4}+1$에서 $2x=y+4$

$\therefore y=2x-4$
ㄷ. $2x-4y=3$에서 $4y=2x-3$
$\therefore y=\dfrac{1}{2}x-\dfrac{3}{4}$
ㅁ. $4x-2y+8=0$에서 $2y=4x+8$
$\therefore y=2x+4$
ㅂ. $3x-y-4=0$에서 $y=3x-4$
따라서 기울기가 같고, y절편이 다른 두 일차방정식은 각각 ㄱ과 ㄷ, ㄴ과 ㅁ이다.

36 연립방정식의 해가 존재하지 않으므로 두 일차방정식의 그래프는 서로 평행하다
따라서 $\dfrac{-2}{a^2}=\dfrac{3}{-6}\ne\dfrac{-1}{-a}$이므로
$\dfrac{-2}{a^2}=\dfrac{3}{-6}$에서 $3a^2=12$, $a^2=4$
$\therefore a=2$ 또는 $a=-2$
$\dfrac{1}{a}\ne\dfrac{3}{-6}$에서 $a\ne-2$
$\therefore a=2$

37 두 일차방정식의 그래프가 만나지 않으므로 평행하다.
따라서 $\dfrac{-8}{2}=\dfrac{m}{-3}\ne\dfrac{2}{5}$이므로
$2m=24$ $\therefore m=12$

38 연립방정식 $\begin{cases} 5x-ay+4=0 \\ y=\dfrac{5}{7}x-2 \end{cases}$에서 두 그래프의 교점이 없으므로 두 일차방정식의 그래프는 서로 평행하다.
$y=\dfrac{5}{7}x-2$에서 $5x-7y-14=0$
$5x-ay+4=0$, $5x-7y-14=0$에서
$\dfrac{5}{5}=\dfrac{-a}{-7}\ne\dfrac{4}{-14}$이므로 $a=7$

39 $ax+y+b=0$의 그래프는 $4x-3y-1=0$의 그래프와 만나지 않으므로 두 일차방정식의 그래프는 평행하다.
따라서 $\dfrac{a}{4}=\dfrac{1}{-3}\ne\dfrac{b}{-1}$이므로 $a=-\dfrac{4}{3}$
$ax+y+b=0$의 그래프와 $5x-3y+2=0$의 그래프가 y축에서 만나므로 y절편이 같다.
$5x-3y+2=0$에서 $x=0$일 때,
$-3y+2=0$, $3y=2$ $\therefore y=\dfrac{2}{3}$
$ax+y+b=0$에서 $y=-ax-b$이므로
$-b=\dfrac{2}{3}$ $\therefore b=-\dfrac{2}{3}$
$\therefore a+b=-\dfrac{4}{3}-\dfrac{2}{3}=-\dfrac{6}{3}=-2$

40 해가 무수히 많으면 두 직선은 일치하므로
$$\frac{3}{b}=\frac{1}{-3}=\frac{-a}{6}$$
따라서 $a=2$, $b=-9$이므로
$$ab=2\times(-9)=-18$$

41 두 일차방정식의 그래프의 교점이 무수히 많으면 두 직선은 일치한다.
따라서 $\frac{3}{a}=\frac{-1}{2}=\frac{5}{b}$이므로 $a=-6$, $b=-10$
$$\therefore a+b=-6-10=-16$$

42 해가 무수히 많으면 두 직선은 일치하므로
$$\frac{1}{a}=\frac{-2}{4}=\frac{-5}{b}$$
$\frac{1}{a}=-\frac{1}{2}$에서 $a=-2$
$-\frac{1}{2}=\frac{-5}{b}$에서 $b=10$
일차함수 $y=ax+b$, 즉 $y=-2x+10$의
그래프는 기울기가 음수이고, y절편이 양수
이므로 오른쪽 그림과 같다. 따라서 제3사
분면을 지나지 않는다.

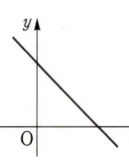

43 해가 무수히 많으면 두 직선은 일치하므로
$$\frac{m-2}{m}=\frac{5}{n}=\frac{2}{1}$$
$\frac{m-2}{m}=2$에서 $m-2=2m$ $\quad\therefore m=-2$
$\frac{5}{n}=2$에서 $2n=5$ $\quad\therefore n=\frac{5}{2}$
$$\therefore m+n=-2+\frac{5}{2}=\frac{1}{2}$$

44 $y=(m-1)x-2m+4$의 그래프가
제1, 2, 3사분면을 모두 지나려면 오른쪽
그림과 같아야 하므로
(기울기)$=m-1>0$ $\quad\therefore m>1$
(y절편)$=-2m+4>0$ $\quad\therefore m<2$
$\therefore 1<m<2$
따라서 $a=1$, $b=2$이므로
$$a+b=1+2=3$$

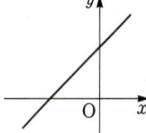

45 $y=(k-2)x+5k$의 그래프가 제3사
분면을 지나지 않으려면 오른쪽 그림과 같
아야 하므로
(기울기)$=k-2\leq0$ $\quad\therefore k\leq2$
(y절편)$=5k\geq0$ $\quad\therefore k\geq0$

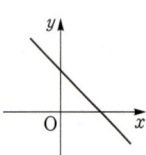

$$\therefore 0\leq k\leq2$$

46 제2사분면을 지나지 않고 기울기가
최대가 되는 경우는 원점을 지날 때이므로
$y=ax$에 $x=-2$, $y=-3$을 대입하면
$-3=a\times(-2)$ $\quad\therefore a=\frac{3}{2}$

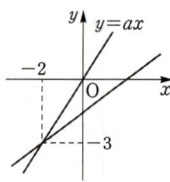

47 연립방정식 $\begin{cases} x+y=m \\ x-y=2 \end{cases}$를 풀면
$$x=\frac{m+2}{2},\ y=\frac{m-2}{2}$$
즉, 두 직선의 교점의 좌표는 $\left(\frac{m+2}{2},\ \frac{m-2}{2}\right)$이고, 이 점
이 제4사분면 위에 있으므로
$$\frac{m+2}{2}>0,\ \frac{m-2}{2}<0$$
따라서 $m>-2$, $m<2$이므로
$$-2<m<2$$

48 (i) $y=ax$의 그래프가 점 $A(1, 3)$을
지날 때,
$3=a\times1$ $\quad\therefore a=3$
(ii) $y=ax$의 그래프가 점 $B(2, 2)$를 지
날 때,
$2=2a$ $\quad\therefore a=1$
따라서 a의 값의 범위는 $1\leq a\leq3$이다.

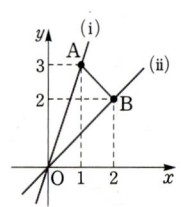

49 $y=ax-1$의 그래프가 $\overline{AB}$와 만나
려면 오른쪽 그림과 같이 (i)의 직선의
기울기보다는 작거나 같고, (ii)의 직선의
기울기보다 크거나 같아야 한다.
(i) $y=ax-1$의 그래프가 점 $A(1, 4)$
를 지날 때,
$4=a-1$ $\quad\therefore a=5$
(ii) $y=ax-1$의 그래프가 점 $B(4, 2)$를 지날 때,
$2=4a-1$, $4a=3$ $\quad\therefore a=\frac{3}{4}$
따라서 a의 값의 범위는 $\frac{3}{4}\leq a\leq5$이다.

50 (i) $y=ax+1$의 그래프가 점
$A(2, 0)$을 지날 때,
$0=2a+1$, $2a=-1$
$\therefore a=-\frac{1}{2}$
(ii) $y=ax+1$의 그래프가 점

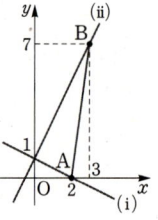

B(3, 7)을 지날 때,

$7=3a+1,\ 3a=6$ $\therefore a=2$

따라서 a의 값의 범위는 $-\dfrac{1}{2}\leq a\leq 2$이다.

51 (ⅰ) $y=ax-3$의 그래프가 점
A(1, 5)를 지날 때,

$5=a-3$ $\therefore a=8$

(ⅱ) $y=ax-3$의 그래프가
점 B(2, -1)을 지날 때,

$-1=2a-3,\ 2a=2$ $\therefore a=1$

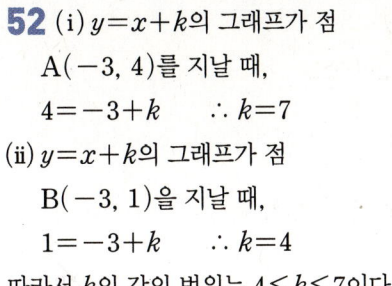

따라서 a의 값의 범위는 $1\leq a\leq 8$이므로 a의 값이 될 수 없는 것은 ① $\dfrac{1}{2}$이다.

52 (ⅰ) $y=x+k$의 그래프가 점
A(-3, 4)를 지날 때,

$4=-3+k$ $\therefore k=7$

(ⅱ) $y=x+k$의 그래프가 점
B(-3, 1)을 지날 때,

$1=-3+k$ $\therefore k=4$

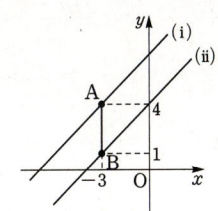

따라서 k의 값의 범위는 $4\leq k\leq 7$이다.

53 △ABC를 좌표평면 위에 나타
내면 오른쪽 그림과 같다.

일차함수 $y=ax-2$의 그래프는 점
(0, -2)를 지나는 직선이므로
△ABC와 만나려면 기울기 a는 점
A를 지나는 직선의 기울기보다 작거나 같고 점 B를 지나는
직선의 기울기보다 크거나 같아야 한다.

(ⅰ) $y=ax-2$의 그래프가 점 A(2, 4)를 지날 때,

   $4=2a-2$ $\therefore a=3$

(ⅱ) $y=ax-2$의 그래프가 점 B(3, -1)을 지날 때,

   $-1=3a-2$ $\therefore a=\dfrac{1}{3}$

따라서 $\dfrac{1}{3}\leq a\leq 3$이므로 $m=\dfrac{1}{3},\ n=3$

$\therefore mn=\dfrac{1}{3}\times 3=1$

54 오른쪽 그림에서 어두운 부분의
넓이가 20이므로 두 그래프의 교점의 x
좌표를 k라 하면

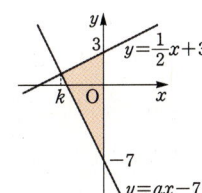

$\dfrac{1}{2}\times(3+7)\times|k|=20$

$5|k|=20,\ |k|=4$

이때 $k<0$이므로 $k=-4$

$x=-4$를 $y=\dfrac{1}{2}x+3$에 대입하면

$y=\dfrac{1}{2}\times(-4)+3=1$

따라서 $y=ax-7$의 그래프가 점 (-4, 1)을 지나므로
$x=-4,\ y=1$을 대입하면

$1=-4a-7,\ 4a=-8$ $\therefore a=-2$

55 $3x-y+6=0$에 $y=0$을 대입하면 $3x+6=0$, 즉
$x=-2$이므로 x절편은 -2이다.

$x+y-2=0$에 $y=0$을 대입하면 $x-2=0$, 즉 $x=2$이므로
x절편은 2이다.

두 일차방정식 $3x-y+6=0$,
$x+y-2=0$을 연립하여 풀면

$x=-1,\ y=3$

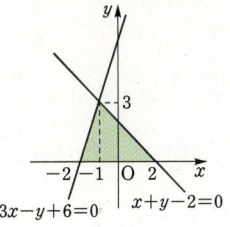

따라서 오른쪽 그림과 같이 두 직선
의 교점의 좌표는 (-1, 3)이므로
구하는 도형의 넓이는

$\dfrac{1}{2}\times(2+2)\times 3=6$

56 $x-y+7=0$에서 $y=0$이면

$x+7=0$ $\therefore x=-7$

$2x+y-4=0$에서 $y=0$이면

$2x-4=0$ $\therefore x=2$

따라서 두 일차방정식의 그래프가 x축과 만나는 점의 좌표는
각각 (-7, 0), (2, 0)이다.

또, 연립방정식 $\begin{cases} x-y+7=0 \\ 2x+y-4=0 \end{cases}$을 풀면

$x=-1,\ y=6$

이므로 두 일차방정식의 그래프의 교점의 좌표는 (-1, 6)
이다.

두 직선과 x축으로 둘러싸인 도형
은 오른쪽 그림과 같으므로 구하는
도형의 넓이는

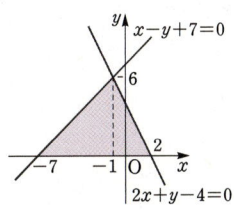

$\dfrac{1}{2}\times(7+2)\times 6=27$

57 두 직선 $2x+y+3=0$과 $y+5=0$의 교점의 좌표는
(1, -5)이고, 두 직선 $x-y=0$과 $y+5=0$의 교점의 좌표
는 (-5, -5)이다.

또, 연립방정식 $\begin{cases} 2x+y+3=0 \\ x-y=0 \end{cases}$을 풀면

$x=-1,\ y=-1$

따라서 두 직선 $2x+y+3=0$과 $x-y=0$의 교점의 좌표는
(-1, -1)이다.

세 직선을 좌표평면 위에 나타내면 오른쪽 그림과 같으므로 구하는 도형의 넓이는

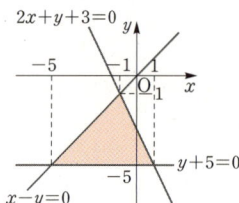

$\dfrac{1}{2} \times (1+5) \times 4 = 12$

58 일차함수 $\dfrac{x}{a} + \dfrac{y}{b} = 1$에서

x절편은 $y=0$일 때 x의 값이므로

$\dfrac{x}{a} = 1$ $\therefore x = a$

y절편은 $x=0$일 때 y의 값이므로

$\dfrac{y}{b} = 1$ $\therefore y = b$

따라서 x절편이 a, y절편이 b이므로

$\triangle \text{OAB} = \dfrac{1}{2} \times a \times b = 15$

$\therefore ab = 30$

59 점 B, C의 좌표를 각각 $(m, 0)$, $(n, 0)$이라고 하면 두 점 A, D의 좌표는 각각 $(m, 3m)$, $(n, -3n+15)$이다.

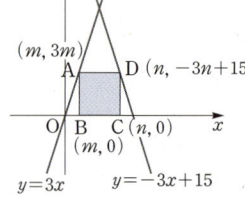

이때 점 A와 D의 y좌표가 같으므로

$3m = -3n + 15$ $\therefore m + n = 5$ ······ ㉠

또 $\overline{BC} = \overline{AB}$이므로

$n - m = 3m$ $\therefore n = 4m$ ······ ㉡

㉠, ㉡을 연립하여 풀면 $m=1$, $n=4$

따라서 사각형 ABCD는 한 변의 길이가 $3m = 3 \times 1 = 3$인 정사각형이므로 구하는 넓이는

$3 \times 3 = 9$

60 오른쪽 그림과 같이 직선 $2x - y + 12 = 0$이 x축과 만나는 점을 A, y축과 만나는 점을 B라 하면

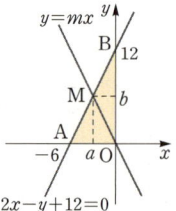

$y=0$일 때, $2x + 12 = 0$

$\therefore x = -6$

즉, 점 A$(-6, 0)$이다.

$x=0$일 때, $-y + 12 = 0$ $\therefore y = 12$

즉, 점 B$(0, 12)$이다.

$\therefore \triangle \text{AOB} = \dfrac{1}{2} \times 6 \times 12 = 36$

두 직선의 교점을 M(a, b)라 하면

$\triangle \text{MAO} = \dfrac{1}{2} \times 6 \times b = 18$

$3b = 18$ $\therefore b = 6$

$2x - y + 12 = 0$에 $x=a$, $y=6$을 대입하면

$2a - 6 + 12 = 0$, $2a = -6$ $\therefore a = -3$

따라서 직선 $y = mx$가 점 M$(-3, 6)$을 지나므로

$x = -3$, $y = 6$을 대입하면

$6 = -3m$ $\therefore m = -2$

다른 풀이

두 직선의 교점을 M이라 하면

$\triangle \text{AMO} = \triangle \text{BMO}$이고 높이가 같으므로

$\overline{AM} = \overline{BM}$이다. 따라서 $y = mx$는 원점과 $\overline{AB}$의 중점을 지나는 직선이다.

$\overline{AB}$의 중점의 좌표는 $\left(\dfrac{-6+0}{2}, \dfrac{0+12}{2} \right)$,

즉 $(-3, 6)$이다.

$6 = -3m$ $\therefore m = -2$

61 오른쪽 그림과 같이 직선 $y = \dfrac{2}{3}x - 4$가 x축과 만나는 점을 A, y축과 만나는 점을 B라 하면

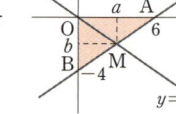

$y = 0$일 때, $0 = \dfrac{2}{3}x - 4$ $\therefore x = 6$

즉, 점 A$(6, 0)$이다.

$x = 0$일 때, $y = -4$, 즉 점 B$(0, -4)$이다.

$\therefore \triangle \text{AOB} = \dfrac{1}{2} \times 6 \times 4 = 12$

두 직선의 교점을 M(a, b)라 하면

$\triangle \text{OBM} = \dfrac{1}{2} \times 4 \times a = 6$에서

$2a = 6$ $\therefore a = 3$

$y = \dfrac{2}{3}x - 4$에 $x=3$, $y=b$를 대입하면

$b = \dfrac{2}{3} \times 3 - 4 = -2$

따라서 직선 $y = mx$가 점 M$(3, -2)$를 지나므로

$x = 3$, $y = -2$를 대입하면

$-2 = 3m$ $\therefore m = -\dfrac{2}{3}$

62 두 직선 $y = 2$와 $y = x$의 교점 A의 좌표는 $(2, 2)$이고,

직선 $y = 2$와 $y = \dfrac{1}{2}x$의 교점 B의 좌표는 $(4, 2)$이다.

$\therefore \triangle \text{AOB} = \dfrac{1}{2} \times 2 \times 2 = 2$

오른쪽 그림과 같이 두 직선 $y = mx$와 $y = 2$의 교점을 M$(a, 2)$라 하면

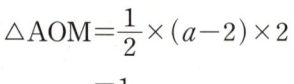
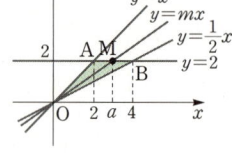

$\triangle \text{AOM} = \dfrac{1}{2} \times (a - 2) \times 2$
$\qquad\qquad = 1$

$a - 2 = 1$ $\therefore a = 3$

따라서 직선 $y=mx$가 점 $M(3, 2)$를 지나므로

$x=3$, $y=2$를 대입하면 $2=3m$ $\therefore m=\dfrac{2}{3}$

63 오른쪽 그림과 같이
점 A, B의 x좌표가 각각
2, 6이므로 점 D의 y좌표는

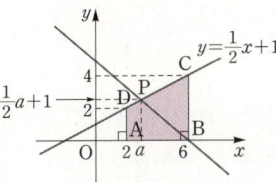

$y=\dfrac{1}{2}\times2+1=2$

$\therefore D(2, 2)$

점 C의 y좌표는 $y=\dfrac{1}{2}\times6+1=4$ $\therefore C(6, 4)$

이때 사각형 ABCD는 사다리꼴이므로 넓이는

$\dfrac{1}{2}\times(2+4)\times(6-2)=12$

구하는 직선과 직선 $y=\dfrac{1}{2}x+1$의 교점을 P라 하면

$\triangle PBC$의 넓이는 $12\times\dfrac{1}{2}=6$이어야 한다.

점 P의 x좌표를 a라 하면 점 P는 직선 $y=\dfrac{1}{2}x+1$

위에 있으므로 $P\left(a, \dfrac{1}{2}a+1\right)$

$\triangle PBC$의 밑변을 $\overline{BC}$라 하면 (높이)$=6-a$이므로

$\triangle PBC=\dfrac{1}{2}\times4\times(6-a)=2(6-a)=6$

$6-a=3$ $\therefore a=3$

그러므로 점 P의 좌표는 $\left(3, \dfrac{5}{2}\right)$이다.

구하는 직선의 방정식을 $y=px+q$라 하면 두 점

$P\left(3, \dfrac{5}{2}\right)$, $B(6, 0)$을 지나므로

$p=\dfrac{0-\dfrac{5}{2}}{6-3}=\dfrac{-\dfrac{5}{2}}{3}=-\dfrac{5}{6}$ $\therefore y=-\dfrac{5}{6}x+q$

$x=6$, $y=0$을 대입하면

$0=-\dfrac{5}{6}\times6+q$, $0=-5+q$ $\therefore q=5$

따라서 구하는 직선의 방정식은 $y=-\dfrac{5}{6}x+5$이다.

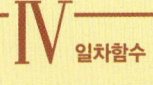

IV 일차함수
단원 종합 문제

01 ⑤	**02** ③, ④	**03** ⑤	**04** 21
05 ②	**06** ④	**07** ⑤	**08** 1
09 ④	**10** ②	**11** ④	**12** -3
13 ⑤	**14** ①	**15** ①	**16** ④
17 ③	**18** ②	**19** ①	**20** ③
21 ⑤	**22** ①	**23** ①	
24 $-\dfrac{12}{5}$	**25** -5	**26** ②	**27** ②
28 3	**29** 18	**30** ⑤	
31 $a\leq-5$	**32** $a=\dfrac{2}{3}, b=2$		
33 $y=240-16x(0\leq x\leq15)$		**34** 4	

01 ⑤ x가 2일 때, y의 값은 2, 4, 6, $\cdots$으로 하나로 정해지지 않으므로 함수가 아니다.

02 ① x가 6일 때, y의 값은 1, 2, 3, 6으로 하나로 정해지지 않으므로 함수가 아니다.

② x가 4일 때, y의 값은 1, 2, 4로 하나로 정해지지 않으므로 함수가 아니다.

③ $y=60x$에서 x의 값이 정해짐에 따라 그에 대응하는 y의 값이 하나씩 정해지므로 y는 x의 함수이다.

④ $\dfrac{1}{2}\times x\times y=10$, 즉 $y=\dfrac{20}{x}$에서 x의 값이 정해짐에 따라 그에 대응하는 y의 값이 하나씩 정해지므로 y는 x의 함수이다.

⑤ x가 2일 때, y의 값은 -2, 2로 하나로 정해지지 않으므로 함수가 아니다.

03 ① $y=70x$ ② $y=\pi\times4x=4\pi x$

③ 양초가 1분에 0.3 cm씩 타므로 $y=20-0.3x$

④ $y=10x$

⑤ $xy=30$ $\therefore y=\dfrac{30}{x}$

분모에 x가 있으므로 일차함수가 아니다.

04 1의 약수는 1 하나뿐이므로 $f(1)=1$
소수는 약수가 1과 자신의 2개뿐이므로
$f(2)=1+2=3$, $f(3)=1+3=4$, $f(5)=1+5=6$
4의 약수는 1, 2, 4이므로 $f(4)=1+2+4=7$
따라서 구하는 함숫값의 합은 $1+3+4+6+7=21$

05 $f(4)=3$이므로 $-\dfrac{1}{2}\times4+k=3$에서 $-2+k=3$
$\therefore k=5$
따라서 $f(x)=-\dfrac{1}{2}x+5$이므로
$f(2)=-\dfrac{1}{2}\times2+5=-1+5=4$ $\therefore a=4$
$f(b)=-\dfrac{1}{2}\times b+5=1$에서 $-\dfrac{1}{2}\times b=-4$
$\therefore b=8$
$\therefore b\div a=8\div4=2$

06 ② $x=-1$, $y=1$을 대입하면
$1=-4\times(-1)-3$
따라서 점 $(-1, 1)$을 지난다.
③ 기울기가 음수이고, y절편이 음수이므로
그래프는 오른쪽 그림과 같다.
따라서 제2, 3, 4사분면을 지난다.

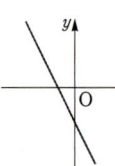

④ (기울기)$=\dfrac{(y\text{의 값의 증가량})}{(x\text{의 값의 증가량})}=-4$이
므로 x의 값이 2만큼 증가할 때 y의 값은 8만큼 감소한다.
⑤ 기울기가 음수이므로 오른쪽 아래로 향하는 직선이다.

07 $y=x-3$에 $y=0$을 대입하면
$0=x-3$ $\therefore x=3$
$y=-3x+p$에 $y=0$을 대입하면
$0=-3x+p$, $3x=p$ $\therefore x=\dfrac{p}{3}$
두 일차함수의 그래프의 x절편이 같으므로
$\dfrac{p}{3}=3$ $\therefore p=9$

08 $y=-\dfrac{2}{3}x+k$의 그래프를 y축의 방향으로 -5만큼 평
행이동하면 $y=-\dfrac{2}{3}x+k-5$이므로
$k-5=-4$ $\therefore k=1$

09 $y=-\dfrac{1}{4}x+k$의 그래프를 y축의 방향으로 -6만큼
평행이동하면
$y=-\dfrac{1}{4}x+k-6$

이 그래프가 점 $(4, -3)$을 지나므로 $x=4$, $y=-3$을 대입
하면
$-3=-\dfrac{1}{4}\times4+k-6$, $-3=-1+k-6$
$\therefore k=4$

10 기울기가 양수인 ㉢, ㉣ 중에서 기울기가 더 큰 것은 y
축에 더 가까운 ㉢이고, 기울기가 음수인 ㉠, ㉡ 중에서 기울
기가 더 작은 것은 y축에 더 가까운 ㉡이다. 따라서 기울기가
가장 큰 것은 ㉢이고, 작은 것은 ㉡이다.

11 $a=(\text{기울기})=\dfrac{(y\text{의 값의 증가량})}{(x\text{의 값의 증가량})}$이므로
$a=\dfrac{3-(-1)}{2}=\dfrac{4}{2}=2$

12 $\dfrac{f(3)-f(-1)}{4}=\dfrac{f(3)-f(-1)}{3-(-1)}$의 값은
$f(x)=-3x+k$의 그래프의 기울기를 뜻하므로 -3이다.

13 $2ax-y-a+5=0$에서 $y=2ax-a+5$
이 직선이 점 $(3, 0)$을 지나므로 $x=3$, $y=0$을 대입하면
$0=6a-a+5$, $5a=-5$ $\therefore a=-1$
따라서 y절편은
$-a+5=-(-1)+5=6$

14 $y=-2x-1$에서
$x=0$일 때, $y=-2\times0-1=-1$
$x=3$일 때, $y=-2\times3-1=-7$
따라서 y의 값의 범위는 $-7\leq y\leq-1$이다.

15 주어진 그래프는 오른쪽 위로 향하고, y축과 양의 부분
에서 만나므로 $(\text{기울기})=-a>0$이고,
$(y\text{절편})=-b>0$이다.
$\therefore a<0$, $b<0$

16 $y=ax+b$의 그래프는 오른쪽 아래로 향하고, y축과 음
의 부분에서 만나므로 $a<0$, $b<0$이다.
$y=-ax-b$에서 $-a>0$, $-b>0$이므로 기울기는 양수이
고 y절편도 양수이다.
따라서 $y=-ax-b$의 그래프는 오른쪽 그
림과 같으므로 제4사분면을 지나지 않는다.

17 $y=ax-b$의 그래프가 제1, 2, 4사분면을 지나면 오른쪽 그림과 같은 그래프이므로 오른쪽 아래로 향하고, y축과 양의 부분에서 만난다.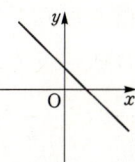

따라서 (기울기)$=a<0$, (y절편)$=-b>0$이므로
$a<0$, $b<0$
따라서 $y=bx-a$에서
(기울기)$=b<0$, (y절편)$=-a>0$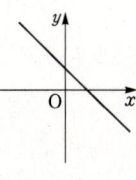
이므로 그래프는 오른쪽 그림과 같다. 즉,
$y=bx-a$의 그래프는 제1, 2, 4사분면을
지나므로 제3사분면을 지나지 않는다.

18 주어진 직선의 방정식은 점 $(-2, 0)$을 지나고 y축에 평행하므로 $x=-2$이다.
$ax+by=1$에서 $ax=-by+1$
$\therefore x=-\dfrac{b}{a}y+\dfrac{1}{a}$
따라서 $-\dfrac{b}{a}=0$, $\dfrac{1}{a}=-2$이므로
$a=-\dfrac{1}{2}$, $b=0$
$\therefore a+b=-\dfrac{1}{2}$

19 두 점 $(3, 0)$, $(0, -1)$을 지나므로
(기울기)$=\dfrac{-1-0}{0-3}=\dfrac{1}{3}$
y절편이 -1이므로 일차함수의 식은 $y=\dfrac{1}{3}x-1$이고 이 그래프가 점 $(2k, k+1)$을 지나므로
$x=2k$, $y=k+1$을 대입하면
$k+1=\dfrac{1}{3}\times 2k-1$
$3k+3=2k-3$ $\therefore k=-6$

20 구하는 일차함수의 식을 $y=ax+b$라 하면
$a=\dfrac{-4}{12}=-\dfrac{1}{3}$ $\therefore y=-\dfrac{1}{3}x+b$
점 $(6, -7)$을 지나므로 $x=6$, $y=-7$을 대입하면
$-7=-\dfrac{1}{3}\times 6+b$, $-7=-2+b$ $\therefore b=-5$
따라서 구하는 일차함수의 식은 $y=-\dfrac{1}{3}x-5$이다.

21 구하는 일차함수의 식을 $y=ax+b$라 하면 일차함수 $y=-2x+5$의 그래프와 평행하므로 기울기 $a=-2$이다.
$\therefore y=-2x+b$
점 $(3, 1)$을 지나므로 $x=3$, $y=1$을 대입하면
$1=-2\times 3+b$ $\therefore b=7$

따라서 일차함수 $y=-2x+7$의 그래프의 y절편은 7이다.

22 $y=-\dfrac{1}{2}x+3$의 그래프와 x축에서 만나면 x절편이 같으므로 $y=-\dfrac{1}{2}x+3$에 $y=0$을 대입하면
$0=-\dfrac{1}{2}x+3$ $\therefore x=6$
따라서 $y=ax+b$의 그래프는 두 점 $(6, 0)$, $(2, 4)$를 지나므로
$a=\dfrac{4-0}{2-6}=\dfrac{4}{-4}=-1$
$\therefore y=-x+b$
점 $(6, 0)$을 지나므로 $x=6$, $y=0$을 대입하면
$0=-6+b$ $\therefore b=6$
$\therefore ab=-1\times 6=-6$

23 두 점 $(3, -2)$, $(5, -4)$를 지나는 직선의 기울기는
$\dfrac{-4-(-2)}{5-3}=\dfrac{-2}{2}=-1$
따라서 두 점 $(5, -4)$, (a, b)를 지나는 직선의 기울기도 -1이다.
$\dfrac{b-(-4)}{a-5}=-1$에서 $\dfrac{b+4}{a-5}=-1$
$b+4=-a+5$ $\therefore a+b=1$

24 두 점 $(0, 5)$, $(-3, 0)$을 지나는 직선의 기울기는
$\dfrac{0-5}{-3-0}=\dfrac{-5}{-3}=\dfrac{5}{3}$
따라서 두 점 $(-3, 0)$, $(a, 1)$을 지나는 직선의 기울기도 $\dfrac{5}{3}$이다.
$\dfrac{1-0}{a-(-3)}=\dfrac{5}{3}$에서 $\dfrac{1}{a+3}=\dfrac{5}{3}$
$a+3=\dfrac{3}{5}$ $\therefore a=-\dfrac{12}{5}$

25 두 일차방정식의 그래프의 교점은 연립방정식의 해이므로 교점의 좌표 $(-1, 3)$, 즉 $x=-1$, $y=3$을 두 일차방정식에 각각 대입하면
$-3-3a=2$, $3a=-5$ $\therefore a=-\dfrac{5}{3}$
$-2b+3=-3$, $-2b=-6$ $\therefore b=3$
$\therefore ab=-\dfrac{5}{3}\times 3=-5$

26 $x+4y-4=0$에서 $4y=-x+4$
$\therefore y=-\dfrac{1}{4}x+1$
해가 존재하지 않으려면 두 일차방정식의 그래프의 교점이

없어야 하므로 서로 평행해야 한다.

따라서 $y=-\dfrac{1}{4}x+1$의 그래프와 기울기는 같고, y절편은

달라야 하므로 ②이다.

27 두 그래프가 서로 만나지 않으려면 평행해야 하므로 두
직선의 기울기가 같아야 한다.

$\dfrac{3-2}{-5-2m}=-1$, $5+2m=1$

$2m=-4$ $\therefore m=-2$

28 $x-y+1=0$에 $y=0$을 대입하면

$x+1=0$, 즉 $x=-1$이므로 x절편은 -1이다.

$2x+y-4=0$에 $y=0$을 대입하면

$2x-4=0$, 즉 $x=2$이므로 x절편은 2이다.

연립방정식 $\begin{cases} x-y+1=0 \\ 2x+y-4=0 \end{cases}$을 풀면

$x=1$, $y=2$

따라서 오른쪽 그림과 같이 두 직선의
교점의 좌표는 $(1, 2)$이므로 구하는
도형의 넓이는

$\dfrac{1}{2}\times(1+2)\times2=3$

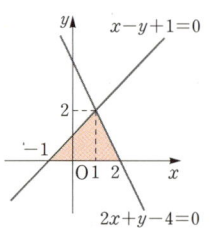

29 $y=\dfrac{1}{3}x+3$에 $y=0$을 대입하면

$0=\dfrac{1}{3}x+3$, $\dfrac{1}{3}x=-3$ $\therefore x=-9$

즉, x절편은 -9이고, y절편은 3이다.

$y=-x+3$에 $y=0$을 대입하면

$0=-x+3$ $\therefore x=3$

즉, x절편은 3이고, y절편도 3이다.

따라서 오른쪽 그림과 같이 두 그래
프와 x축으로 둘러싸인 도형의 넓이
는

$\dfrac{1}{2}\times(9+3)\times3=18$

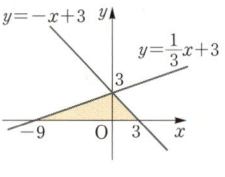

30 1분마다 0.3 cm씩 짧아지므로 x분 후에는 $0.3x$ cm 짧
아진다.

x분 후에 타고 남은 양초의 길이를 y cm라 하면

$y=30-0.3x$

$y=15$일 때, $15=30-0.3x$, $0.3x=15$

$\therefore x=50$

따라서 양초의 길이가 15 cm가 될 때까지 걸리는 시간은 50
분이다.

31 $y=-x+5$의 그래프를 y축의 방향으로 평행이동하면
$y=-x+5+a$이고 이 그래프가 제 1사분면을 지나지 않으
므로

$5+a\leq0$ $\therefore a\leq-5$

32 점 B의 y좌표가 b이므로 $y=\dfrac{1}{3}x$에 $y=b$를 대입하면

$b=\dfrac{1}{3}x$ $\therefore x=3b$

즉, $B(3b, b)$이고, $\overline{AC}=3\overline{BC}=3b$이므로

$A(3b, 3b)$

$y=ax+b$에 $x=3b$, $y=3b$를 대입하면

$3b=3ab+b$, $2b=3ab$

$b\neq0$이므로 $2=3a$ $\therefore a=\dfrac{2}{3}$

이때 $y=\dfrac{2}{3}x+b$의 그래프가 점 $(-6, -2)$를 지나

므로 $x=-6$, $y=-2$를 대입하면

$-2=\dfrac{2}{3}\times(-6)+b$, $-2=-4+b$ $\therefore b=2$

33 물통에서 3분 동안 48 L의 물이 흘러 나오므로 1분 동
안 16 L의 물이 흘러 나온다. 즉, x분 동안 $16x$ L의 물이 흘
러 나오므로

$y=240-16x$

또, $y=0$을 대입하면 $0=240-16x$에서 $x=15$이므로 15분
이 지나면 물통에 남은 물이 없게 된다.

그러므로 x의 값의 범위가 $0\leq x\leq15$이다.

따라서 x와 y 사이의 관계식은

$y=240-16x$ $(0\leq x\leq15)$

34 일차함수 $f(x)=ax+b$ $(a, b$는 상수, $a\neq0)$라고 하면

기울기 $a=\dfrac{f(m)-f(n)}{m-n}$이므로 주어진 식에서

$\dfrac{99}{f(100)-f(1)}=\dfrac{100-1}{f(100)-f(1)}=\dfrac{1}{\dfrac{f(100)-f(1)}{100-1}}=\dfrac{1}{a}$

같은 방법으로

$\dfrac{99-2}{f(99)-f(2)}=\dfrac{98-3}{f(98)-f(3)}$

$\qquad\qquad\quad=\cdots\cdots=\dfrac{51-50}{f(51)-f(50)}=\dfrac{1}{a}$

따라서 $\underbrace{\dfrac{1}{a}+\dfrac{1}{a}+\dfrac{1}{a}+\cdots\cdots+\dfrac{1}{a}}_{50개}=100$, $\dfrac{50}{a}=100$

$\therefore a=\dfrac{1}{2}$

$\therefore f(10)-f(2)=\dfrac{f(10)-f(2)}{10-2}\times8=8a=4$

개념 확장

최상위수학

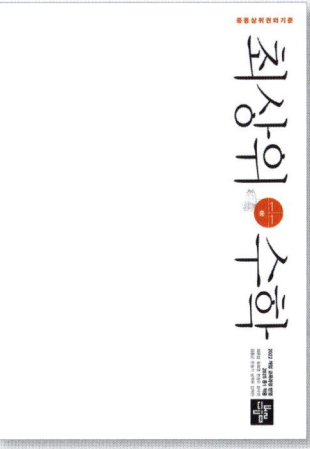

수학적 사고력 확장을 위한
심화 학습 교재

심화 완성

개념부터
심화까지

수학은 개념이다